コミュニティメディアの未来

――新しい声を伝える経路――

松浦さと子
川島　隆　編著

晃洋書房

目　次

序　章　いま，コミュニティメディアの必要性を問う …………… 1

■ 第Ⅰ部　「生きのびる」ためのメディア ■

第1章　マイノリティの社会参加を促すコミュニティラジオ … 14
　　　　──FMわぃわぃを持続可能にする仕組み──

第2章　世界のコミュニティラジオ ……………………………… 29
　　　　──平和と開発のための国際運動──

第3章　コミュニティメディアとジェンダー …………………… 40
　　　　──女性の主体的なコミュニケーションのために──
　Column 1　シングルマザーをつなぐホットライン・電話相談　(52)

第4章　台湾の原住民族電視台 …………………………………… 54
　　　　──「主体の現われ」としてのコミュニティメディア──

第5章　フリーターズフリーという試行 ………………………… 67
　　　　──不安定雇用の若者たちによる社会的起業──
　Column 2　映画「フツーの仕事がしたい」で，つながりたい　(78)

■ 第Ⅱ部　社会運動とコミュニティメディア ■

第6章　権利の獲得とメディア・アクティビズム ……………… 82
　　　　──メディアに関わる市民の課題と可能性──
　Column 3　労働運動の映像表現　(96)
　　　　──「レイバーフェスタ・大阪」を支えて──

第7章　コミュニティ・アクティベーションの視点 …………… 98
　　　　──イタリア・ミラノにおけるメディアの重層性から──
　　Column 4　コミュニティメディアよ，発露せよ！　　（110）

第8章　自由と正義と民主主義を求めて …………… 113
　　　　──ラテンアメリカから学ぶコミュニティラジオ運動──
　　Column 5　FMピパウシ　先住民族のラジオ，ボリビアでの交流から　（125）

第9章　AMARCとは何か …………… 127
　　　　──モントリオールの記憶・ラテンアメリカの実践──

第10章　ヨーロッパの自由ラジオ運動史 …………… 142
　　　　──公共圏がコミュニティに定着する過程──

■　第Ⅲ部　制度化のモデルを問う　■

第11章　北米コミュニティテレビの法政策史 …………… 156
　　　　──地域社会の再生をめざした試みの記録──

第12章　ドイツ市民メディア政策のゆくえ …………… 168
　　　　──社会運動と公的制度をつなぐ細い糸──

第13章　英国コミュニティラジオの展開 …………… 181
　　　　──「新労働党」のメディア政策のもとで──

■　第Ⅳ部　地域社会とネットワーク　■

第14章　自立を模索する英国コミュニティメディア …………… 196
　　　　──公共財源獲得と社会的企業化の挑戦──
　　Column 6　「市民のテレビ局」でゆるやかな変革をまちに，自分に　（209）

第15章　ストーリーテリングと地域社会 ……………………… *211*
　　　　　──虫の目から作りかえる世界──
　Column 7　日本の離島・我ンキャ（私たち）の中心　　（*224*）

第16章　ミックスルーツ ……………………………………… *227*
　　　　　──ネットとSNSが築いた対話──
　Column 8　ダムを止めた川辺川運動体とメーリングリスト　（*240*）

第17章　難民ナウ！が人々をつなぐ ………………………… *242*
　　　　　──放送枠利用者の期待──

終　章　未来への提言 ………………………………………… *255*
　　　　　──制度構築とネットワーク形成へ向けて──

資　料

1　「がんばれコミュニティ放送」要録と議論の課題　（*263*）
2　AMARC-ALC：コミュニティラジオ放送における民主的立法のための行動原理（2007）（AMARC25周年記念シンポジウム配布資料より）　（*274*）
3　欧州におけるコミュニティメディアに関する欧州議会決議（2008年9月25日）（*278*）

あとがき　（*285*）
参考文献一覧　（*287*）
索　引　（*299*）

序章

いま，コミュニティメディアの必要性を問う

はじめに

　従来のマスメディアとは異なるメディアの存在が，世界的に注目を集めている．2008年9月25日，欧州連合（EU）の欧州議会は「コミュニティメディア」（community media）に関する決議を採択し，その社会的な重要性を認め，法的に位置づけて公的支援制度を確立することの必要性を強調した．そこでコミュニティ（オルタナティブ）メディアは，「商業メディア，公共メディアと並ぶ」独自の部門(セクター)として認知され，「非商業的で政府から独立し，社会への貢献を目的とし，市民が主体的に運営しているメディア」と定義されている．この決議は，市民によるメディア活動の多様な実践に包括的な定義を与え，政策に取り込むことを試みたものとして，歴史的な意義をもつ[1]．

1　コミュニティメディアとは何か——公共圏，社会運動，アソシエーション

1-1　公共圏を結ぶもの

　①非商業性，②国家・政府からの独立，③市民の主体的参加を特徴とするコミュニティメディアは，基本的に小さなメディアである．ビラやタウン誌など紙媒体の活動から，低出力のラジオ放送や自家製のビデオ，そしてインターネットや携帯電話によるデジタルなネットワークまで，その実践はきわめて幅広い．

　その活動が今日求められている背景を考えるうえで，ハーバーマスが『公共性の構造転換』（初版1962年）において提起した「公共圏」（public sphere）[2]をめぐる仮説[Habermas 1990]は重要な示唆を与えてくれる．それによると，近代市

民社会の黎明期には，人々がコーヒーハウスなど特定の場に集い，印刷メディアを手がかりに平等な立場で議論に参加する空間ができていた．このタイプの公共圏は，世論＝公論（public opinion）[3]の形成を促し，それを通じて市民が政治の意思決定のプロセスに主体的に参与することを可能にした．しかし，一方でマスメディアが大資本に支配されてジャーナリストの職業化が進み，他方また市民の主体性を育んでいた私的領域（家族の親密圏）に国家の管理が浸透していくにつれ，市民の公共圏は機能不全に陥ったとされる．その後に登場してきた代表的なマスメディアであるラジオとテレビは，その出発点からすでに，商業放送として大衆的娯楽のメディアとなる（＝アメリカ型）か，国営放送／公共放送として国家の強い影響下に置かれた（＝ヨーロッパ型）．そこでは市民がメディアの当事者となることは事実上困難な状況が現出し，その状況はいまも継続している．

　加速するグローバル化のなかで，国家と市場のシステムによる生活世界の「植民地化」[Habermas 1981]がますます進行している現在，公共圏の再構築は切実な課題である．もっとも，ハーバーマスが当初，もっぱら経済力のある男性のみが大局的に天下国家を論じる均質な場として市民的公共圏（ブルジョワ）を想定していたことは，厳しい批判にさらされている[Fraser 1992]．社会において周縁化されてきた女性や労働者，さらには多様なマイノリティの人々が，親密圏にまつわる小さな話題も含めた幅広いテーマを討議し，外部へと発信していく多元的な場のネットワークこそが，現代社会においては重要である．小さなメディアとしてのコミュニティメディアは，こうした対抗的・多元的・連鎖的な公共圏のニーズに応えるものなのだ．

1-2　社会運動のメディア

　その意味での公共圏を足がかりに行われる活動を，本書では「社会運動」（social movement）と呼ぶことにしたい．周知のように20世紀の後半は，この言葉の意味が大きく転換を遂げた時期である．1960年代に始まったアメリカ公民権運動やベトナム反戦運動を皮切りに，1970年代以降，世界各国で「新しい社会運動」の萌芽が随所に見られた[Touraine 1978]．そこでは，環境保護，フェミニズム，マイノリティ問題といった生活世界における自他のアイデンティティの「承認をめぐる闘争」が前面に押し出され，従来型の運動を特徴づけていた「生存をめぐる闘争」と富の再分配というテーマは後景に退いたとされる．た

だし，この見方には批判も多い．現実問題として，社会の多くの局面において，あいかわらず経済格差と物理的暴力によって人々の生存が脅かされているのは疑いようのない事実だからだ．そうした批判を顧慮しつつ，メルッチは社会運動を「日常的な社会的関係のネットワーク」のなかで持続的に遂行されるものと再定義することを提案している［Melucci 1989：邦訳78］．今日の社会運動は，日常的な生活世界を舞台に，人々の生存とアイデンティティの承認とが分かちがたく一体化した問題に立ち向かうのである．

　そして，コミュニティメディアの理論と実践は，以上の意味での社会運動と結びついたものとして発展してきた．1960年代以降の社会運動は，ときに既存のメディアでも大きく報じられたが，しかし長期的に見ると，マスメディアは大衆の関心を持続的なものにせず，むしろ運動から逸らせるように働いてしまうことも明らかになっていった．その状況に対し，アメリカ公民権運動のなかから，運動の当事者である市民が持続的にメディアに参与する権利，すなわち「アクセス権」（access rights）の思想が誕生した［Barron 1973］．この思想が，小型ビデオカメラやケーブルTVの普及などの技術革新によって現実的なものとなり，パブリック・アクセスTVが北米で法制化されることにつながる[4]．この時点で，市民の主体的参加を特徴とするタイプのケーブル放送や地域ラジオ放送が「コミュニティメディア」として定義され［Berrigan 1977］，さらにラテンアメリカを中心に展開していた人民ラジオや教育ラジオの試みが[5]，地域社会の開発（development）に寄与する参加型のメディア［Berrigan 1979：10-13］として，この概念に含められた．

　これとほぼ同時期，「新しい社会運動」の文脈において，協同組合が発行する新聞や，無免許の海賊放送から始まった「自由ラジオ[6]」などのオルタナティブなメディアが駆使され，既存のマスメディアからこぼれ落ちていた領域をカバーする対抗公共圏が様々に形をなすことにもなる．また近年，湾岸戦争をきっかけに改めて活性化した市民のビデオ活動や，イラク戦争で注目を浴びたブログ・ジャーナリズムなどインターネットを通じた独自の情報発信は，社会運動を支えるメディアの新たな可能性に目を開かせた［Waltz 2005］．

　こうした状況を受けて，幅広い対抗的メディア実践を統一的に捉える概念が求められるようになってきている．だが，アクセスと開発に主眼を置き，制度化を視野に入れたコミュニティメディアという言葉は，はじめ社会運動の当事者たちには容易に受け容れられなかった[7]．たしかに，運動と制度は根源的に相

容れず，制度化は必然的に無害化につながると言うこともできる．しかし，そうした亀裂を意識しつつも世界のオルタナティブなメディア活動を「市民メディア」(citizens' media) の概念で包括することを提唱したロドリゲス [Rodríguez 2001：25-64] を先駆けとして，ここ数年で研究状況は飛躍的に進んだ．そして，それらの研究を集約したレニー [Rennie 2006] やハウリー [Howley 2009] により，改めて「コミュニティメディア」が最も有効な統一概念として採用されるに至っている．

1-3　コミュニティとアソシエーションの接合面

　それでは，そこで「共同体(コミュニティ)」の語が光を浴びていることに，いかなる背景があるのだろうか．もとより，ドイツの社会学者テニエスが行った，前近代的な共同体 (Gemeinschaft) と近代的な利益社会 (Gesellschaft) の古典的な区別 [Tönnies 1912] をはじめ，欧米にはコミュニティ概念をめぐる議論の長い歴史がある．例えばスコットランド生まれのアメリカの社会学者マッキーヴァーは，国家 (state) を高次の共同体と位置づけたヘーゲルを批判するため，まず共同生活と帰属意識を前提とする人間集団として「コミュニティ」(community) を概念規定し，共同の目標を追求する組織体である「アソシエーション」(association) とは区別した [MacIver 1917：邦訳45-51]．そのうえで彼は，国家をコミュニティではなくアソシエーションに分類し，なおかつ非国家のアソシエーションの自発性が国家による統制に先立つべきことを強調している．

　アメリカ社会では，そもそも伝統的に国家権力の中央集権に対する警戒感が支配的で，コミュニティの地盤は強い．生活基盤としてのコミュニティに根ざしつつ，社会的課題の解決のために自発的に取り組む非営利 (non-profit) のボランティア・アソシエーションも，この国では一貫して力をもっている [佐藤 2002：15-31]．人々のまとまり(コミュニティ)と人々のつながり(アソシエーション)は，概念上は区別されるにせよ，現象としては決して切り分けられず，むしろ表裏一体をなすものだと言える．

　とはいえ，19世紀から20世紀にかけて，資本主義の高度な発達と都市部への人口流入，そして政治の中央集権化の進行につれて，アメリカの伝統的なコミュニティの多くが崩壊と再編成を余儀なくされた．それだけに，市場や国家の働きを補完し，コミュニティを再生させるためにコミュニティの資源を動員するアソシエーション活動の重要度はいっそう高まる．個人主義的な自由主義(リベラリズム)の行

き過ぎに対抗する形で1980年代に勢いづいたコミュニタリアン思想の文脈でも，個人の利益追求を絶対視する既存の商業的ジャーナリズムへの対抗軸として，コミュニティ的な連帯が新たな意味を帯びた[林 2002：173-98]．そして1990年代，いわば自由主義とコミュニタリアン思想を折衷することを試みたギデンズらの議論を介して，コミュニティを支えるアソシエーションの自助努力を重視する姿勢はイギリス労働党の社会政策へと採り入れられた．その果実として2004年，英国コミュニティメディアの法制化も実現する[8]．この流れを受け，非営利のアソシエーション活動としてのコミュニティメディア概念を研究者たちが新たに定式化し，ひいては冒頭で触れた欧州議会決議の原動力となったのである．

2　日本の「コミュニティ放送」とコミュニティメディア

2-1　コミュニティ放送制度

　この状況は日本とも無関係ではない．1980年代以降，免許不要のミニFMや，県域放送などの電波規制緩和の流れが顕著になる．そして1992年，放送法施行規則の改正によって，市町村単位のFMラジオ放送，すなわち「コミュニティ放送」が可能になった．特に1995年の阪神・淡路大震災を受けて被災地に生まれた多言語放送「FMわぃわぃ」(後述)が災害対策の方面でコミュニティFMの有効性を実証したのをきっかけに，各地で開局が相次いだ．それと並行して出力増強を認める規制緩和が当初の1Wから10W，さらに20Wへと段階的に行われたこともあり，この制度は日本社会に定着していった[金山 2007：27-31]．地域のコミュニティづくりに住民が主体的に参与する可能性を創出し，その重要性を広く社会的に認知させたという点で，この制度には疑いもなく大きな意義がある．

　ただし，先に述べたように資本主義と行政（国家，地方自治体）から基本的に独立した活動として位置づけられている世界のコミュニティメディアと，日本のコミュニティ放送とのあいだに見逃しがたい落差が存在していることも事実である．その背後には，そもそも「コミュニティ」という言葉が日本で受容される際，それが政府主導で行われたという特殊事情も隠れている．1969年，国民生活審議会の報告書『コミュニティ　生活の場における人間性の回復』を受け，自治省は地域政策の目標をコミュニティ創生に置いた．しかし，当時はま

だ行政と市民の協働をめぐる発想は未熟であり，地域の住民がコミュニティづくりに内発的に関与するには至らなかった［中田 1993 : 21-29］．この結果，日本においてコミュニティの語は，いわば「お役所ことば」の響きを含むものとして社会のなかで定着していった観は否めない．――日本のコミュニティ放送が，市民によるアクセス要求の結果というより，行政主導型の地域振興策の一環として導入され，自治体の広報手段や防災情報網としての行政機能が強調されているのも，その事態の延長線上にある．

また，非営利を前提としないコミュニティ FM は，他の商業的な地域メディアと競合しがちな広告・スポンサー収入に大きく頼らざるをえず［金山 2007 : 31-33］，そのため財政が逼迫し，営利追求の圧力が強まることにもなる．これらの要因から，コミュニティ FM が（公共放送とも商業放送とも異なる）独自色を追求するのには不利な状況が生じている．

2-2　生きるためのメディア

にもかかわらず，私たちは「コミュニティメディア」を本書のタイトルに冠し，概念の混乱を引き起こす可能性を恐れず，あえて世界の事例のみならず日本についても用いることにした．コミュニティ概念がもつ広汎な魅力は，これを単に官製語としての地位に留めおくのは惜しい．ともすれば閉鎖的・排他的になりがちなコミュニティの危険性［Bauman 2001］にしばしば注意が促される一方，コミュニティとは本来，「外部に開いた」「外部につながる」性格のもの［広井 2009 : 24-25］だという見方もある．市民社会の公共圏のネットワークを育む基盤としてコミュニティを改めて位置づけ，市民のものとして定着させなおす努力，取り返す気概はあってもよいだろう．

また，最新のデジタル技術が可能にしたネットワーク［遠藤 2008］においては，同じ関心を共有する人々の仮想的（バーチャル）なテーマ・コミュニティが生成し，それがときに現実（リアル）の地域コミュニティと交差し，新たな人間関係を生む．その状況を見るにつけ，私たちはいま，コミュニティという言葉の意味がラディカルに更新される現場に立ち会っているのだという思いが深まる．

そして忘れてはならないのは，日本においても，世界でコミュニティメディアと呼ばれている活動に相当するものが現に存在しているという事実である．それはもちろん地域の FM 放送の分野だけに限定はされず，多様なメディア，多様な住民層，多様な活動領域に及んでいる．壁の落書きや路上のパフォーマ

ンス，ビラやポスター，プラカードや拡声器(メガホン)，地方のミニコミ紙や自費出版の雑誌，自主制作のビデオ作品，インターネット上の掲示板やソーシャル・ネットワーキング・サービス(SNS)，電子メールや携帯電話がつなぐ絆……．メディアは無力ではない．地域的・文化的コミュニティの創出，社会サービスの提供，市民のメディア・リテラシー育成，芸術や技術革新の実験，文化の多様性の確保，異文化コミュニケーション，若者・移民・高齢者の社会参加のために，メディアは現に機能しているのだ．本書の第1章で語られるように，被災地においては人々が文字どおり「生きるために」メディアを必要とし，行政の助けとはまた別にラジオを用いることで実際に心身ともに生きのびた．そして，人々の生存が脅かされているのは，日本において決して被災地だけに見られる現象ではない．第5章が明らかにするように，今日の日本社会においては労働・雇用の問題をめぐる対話が十分になされているとは言い難いのだ．さすがにここ数年，格差社会や派遣切り，非正規雇用の実態がマスメディアで報道されることは増えたが，当事者主体のメディア活動は少ない．自らを語るメディアを当事者が所有し，それらに耳を傾け対話の場を共有しようとする受容者がいてこそ，生きるためのメディアとなりうる．逆に言えば，メディアは生きるために，生きのびるために有用なのである．

3 放送の「三元体制」へ向けて
――非営利セクターを支えるべき公共財源と社会的経済

3-1 求められる公益性の指標

そして現在，日本におけるコミュニティメディア活動は，1つの大きな節目を迎えつつある．本書の編集中，2009年8月末に行われた総選挙で，民主党は予想を上回る圧勝を収め，自民党から政権を引き継いだ．民主党は選挙前から，記者クラブ制度の廃止や独立行政機関としての通信・放送委員会，通称「日本版FCC」の導入を公約に掲げており，この政権交代が日本のメディア状況にもたらす変化は小さくないと思われる．

新たに総務副大臣に就任した内藤正光氏は9月22日，第7回市民メディア全国交流集会（市民メディフェス）のシンポジウムにパネリストとして出席し，民主党のメディア政策について講演を行った．講演後の質疑応答のなかで，内藤副大臣はパブリック・アクセスの重要性を認め，公共放送・商業放送・非営利

放送からなる「三元体制」にも言及した．これは，特に選挙前から活発化した，コミュニケーションの権利の確立を訴える市民運動の成果として記憶されてよいだろう．[9]

　先に放送の「三元体制」を確立した国々では，コミュニティメディアを公共財源で支える仕組みが構築されており，免許交付や財源配分は，国家からも資本からも独立した行政機関に委ねられている．もし日本でも「三元体制」が確立されるとすれば，その制度構築のためのモデルを，本書の執筆者たちが報告するところの海外事例が提供するはずである．そしてその法制化は，近年急速に社会的認知が進んでいるコミュニティ放送制度に接続してなされるのが現実的であろう．ただし現在，ほとんどのコミュニティFM局が創設・運営に十分な財源を確保できず，いずれの局もスタッフの雇用維持すら厳しい状況にある．逆に言えば，それだけいっそう，コミュニティにおけるメディア活動の公益性を認定し，その活動の公益性を判断するための指標づくりを行い，それに応じて公共財源を拠出させる仕組みを作ることが急務なのである．

　もっとも，1つのメディアが現実にコミュニティの形成と維持のために機能しているかどうか，その判断を下すのは簡単ではない．公的支援の対象とすべき組織の形態についても，例えば特定非営利活動法人（NPO）であるか，あるいは株式会社や行政の財源や人材を含む第三セクターであるかという点にこだわると，実際に運営面で市民が主体的に関わっているかどうかの諸相を見失う恐れもある．また逆に，NPOの実装を備えながらも，様々な要因から社会貢献や市民の主体性が十分に引き出せていないケースも考えられる．聴取・視聴可能人口や聴取・視聴率，ボランティア動員数といった数値は，参考にはなるが，必ずしも公益性の評価のものさしにはならない．コミュニティメディアがもたらす社会的貢献，例えば参加者の充足感，地域経済の活性化，新しい雇用の創出，メディア・リテラシー向上，教育的効果，差別の減少，文化の多様化といった社会関係資本（social capital）の蓄積 [Putnam 1993] を地道にフォローする尺度づくりが必要である．

3-2　社会的経済の重要性

　もちろん，制度化により公共財源が配分されることを期待するだけでなく，できるだけ経済的に自立するのがコミュニティメディアの生命線であることは言うまでもない．この問題を考えるにあたっては，今日，世界中で確固とした

足場を築いているNPO活動の動向が示唆に富む．
　先に述べたように非営利アソシエーションの活動に長い歴史をもつアメリカでは，利益配分という要素のある協同組合を除外した非営利セクターの定義が行われてきた［Salamon 1992：邦訳21-23］．これに対してヨーロッパでは，協同組合なども含めた社会的経済（social economy）が発達し，さらにその双方の要素を含むものとして，営利自体を目標にするのではないが，社会的課題の解決を目標にして営利活動を行う「社会的企業」（social enterprise）の活動が広がりつつある［Borzaga and Defourny 2001］．この動きは日本でも急速に関心を集めており，現在，社会的企業という方向によるコミュニティビジネスの理論と実践の例は枚挙に暇がない．現行の法人制度では，狭義のNPOでなくとも非営利運営は可能であるし，有限責任事業組合やワーカーズコレクティブなど，株主に配当しない参加型経営の法人のあり方は広義の非営利セクターに該当する．またこれらと株式会社の社会貢献部門とがパートナーシップを結び，協働することが可能であり，そのように活動している事例も増えている．今後の日本でコミュニティメディアが地歩を固めていくためには，この広義の非営利セクターの流れに接続し，地域とコミュニティに密着したビジネスを展開していく必要があるだろう．現に，コミュニティFMにおける市民参加とビジネス経営とが決して矛盾しないことを，いくつかの成功事例が示している［浅田2008］．
　ただ，こと日本においては，従来の社会福祉の体制が築いたセーフティネットから漏れ落ちる人々が増えつつあるという現状，すなわち社会的排除（social exclusion）の問題解決のためにこそ社会的企業の活動が必要なのだという問題意識は，比較的希薄であるように思われる．これに対しては，社会的経済の起源をあくまで「新しい社会運動」に求め，社会的弱者や少数者の声を意識しながらコミュニティビジネスを見ていく方向［粕谷 2009］が求められる．その方向こそが，コミュニティメディアがめざすべき活動領域なのである．
　コミュニティ放送がこれから先，ビジネスとして自立し，日本社会のなかで適切な認知を受けていけるかどうかは，その最大の魅力であり，また同時に危うさの源でもある「物語性」の強さ［加藤 2007：137-41］をどのように活用するかにかかっている．地域コミュニティのできごとの当事者が放送に参加する，という定型化されたストーリーを超え，人々が公私両面にわたる自らの関心事を主体的に語り，メディアを通じてそれを他の人々と共有することができたな

らば，そこには「開かれた親密圏」とも呼ぶべきものが現出するだろう．こうした「物語」を紡ぐ営みは，現代の社会を生きのびるために必要であるという認識に立つべきことを私たちは主張したい．

4 現在の姿から未来を描く —— 本書の構成

本書のタイトルに「未来」を入れたのは，未来予測をしようとしてのことではない．私たちがここで示すのは，望ましいコミュニティメディア像を想像してもらうため，その想像力の材料となるはずの「現在」である．本書の執筆者は，研究の足場だけでなく，多くは実践の場での体験をもっている．また，政策提言やパブリックコメントの提出など，研究調査の成果を実社会に生かすことを積極的に行っており，そうした活動から，「メディアは社会問題の解決のために有効な道具である」との認識を共有している．しかし，現在はそれが必ずしも有効にはなっていない場面が多いとも実感している．それゆえにこそ，本書の課題は「現在」だけでは完結せず，「未来」をも視野に入れたものとならざるをえないのである．

本書の第Ⅰ部では，人々が生きるためのインフラとしてのコミュニティメディアが，どのような環境下で可能になり，どのような人々に担われ，どのような成果をあげたのかを見ていく．まず，日本のコミュニティメディアの原点をラジオの側面から考えるとき，神戸鷹取地区のFMわぃわぃの存在は無視できない．この放送局を起点にした鷹取のコミュニティづくりと国際的ネットワーク形成について，FMわぃわぃ代表の日比野純一が考察する．続けて，世界コミュニティラジオ放送連盟（AMARC）のスティーブ・バクリー（Steve Buckley）とアシシ・セン（Ashish Sen）が世界各国の状況を概観する．牧田幸文はジェンダー問題へのコミュニティメディアの寄与を扱い，林怡蓉は台湾の「原住民族電視台」が少数民族の「主体」を現出させるメディアとして実現していくプロセスを追う．大阪の釜ヶ崎で日雇労働者として働きながら野宿者支援活動を行う生田武志は，有限責任事業組合による雑誌『フリーターズフリー』の出版活動と，不安定雇用の問題への取り組みについて語る．

第Ⅱ部では，社会運動がコミュニティメディアをどのように活用してきたのかに焦点を絞る．白石草は日本におけるメディア・アクティビズムの流れと，コミュニケーションの権利を求める運動の現状に光を当て，山口洋典はイタリ

アの社会センターが重層的なメディア活動の拠点として機能している状況を分析する．さらに，アイヌ語の普及のためにFM放送に取り組む萱野志朗とともにラテンアメリカ諸国を歴訪した日比野が，先住民の運動と地域社会を結ぶコミュニティメディアの状況を報告する．松浦哲郎と吉富志津代は，南米の鉱山労働者の運動から始まったコミュニティラジオを世界規模のネットワークに結びつけるAMARCの起源と展開を詳らかにし，ヨーロッパの自由ラジオの歴史と各国の放送制度との関わりについて川島隆が総括する．

第Ⅲ部では，コミュニティメディアの制度構築の実例を紹介し，どのようなモデルで公共財源からの拠出が行われているかを確認する．魚住真司は，今日もアメリカの地域再生に大きな役割を果たしているコミュニティテレビの歴史を俯瞰し，ドイツの市民メディア制度をめぐる状況の変化について川島が，そして通信・放送を監理する独立行政機関Ofcomを立ち上げたばかりの英国から，コミュニティメディアの制度構築が可能になった経緯についてサルヴァトーレ・シーフォ（Salvatore Scifo）が述べる．

第Ⅳ部は，コミュニティメディアが地域社会やそこに住む人々に何をもたらしているのかを具体的に取り上げる．松浦さと子は，英国の地域メディアをめぐる経済基盤が激変するなか，コミュニティメディアが財源確保のために社会的企業として自立を試みるありさまを描き，小川明子は，地域住民の生活に根ざした「物語」をつなぐ「デジタル・ストーリーテリング」の試みを伝える．最後に，複数の文化を受け継ぐ青少年の活動を地域に結ぶSNSの体験から須本エドワード豊が，難民情報番組を京都で制作する立場から宗田勝也が，それぞれテーマ・コミュニティと地域コミュニティの相互作用と相互協力の可能性を論じる．

なお，本書では，世界の多様なコミュニティメディアの実践のうちで，放送の分野に，とりわけコミュニティラジオに関して多くのページを割いた．それは，先に述べた理由で，日本におけるコミュニティメディア法制化のために，既存のコミュニティ放送制度が突破口になりうると考えるからである．ただ，ラジオ以外の多様なメディア実践についても充実した視座を確保するため，本書ではコラムという形で事例報告を行っている．また，内外のコミュニティメディアの動向を代表すると思われる資料を巻末に揃えた．議論の材料として活用していただければ幸いである．

注

1）この欧州議会決議の翻訳が本書巻末の資料3に収録されている．
2）ドイツ語 "Öffentlichkeit"．開かれた空間を意味する．
3）ドイツ語 "öffentliche Meinung"．佐藤卓己は，理性的な議論としての「輿論(よろん)」と，大衆感情としての「世論(せろん)」を区別している［佐藤卓己 2008］．
4）北米のパブリック・アクセス制度については［津田・平塚編 1998；津田・平塚編 2006］に詳しい．また本書の第11章を参照のこと．
5）南米の鉱山労働者のラジオ［O'Connor 2004］をはじめとする人民ラジオ・教育ラジオについては，第8章を参照．
6）自由ラジオの歴史については，第10章を参照．
7）運動としてのメディア実践については，第6章で扱っている．また，制度に回収されない運動の活力について，第7章で論じる．
8）労働党のコミュニティ政策については，第13章に詳しい．
9）代表的なものに，政策提言団体 ComRights の運動がある．第6章を参照．

松浦　さと子・川　島　　隆

第 I 部
「生きのびる」ためのメディア

第1章
マイノリティの社会参加を促すコミュニティラジオ
―― FMわぃわぃを持続可能にする仕組み ――

1　震災ヒーローの栄光と墜落

　阪神・淡路大震災で甚大な被害を受けた神戸市長田区に，多文化共生のまちづくりに取り組む7つのNPOとコミュニティ放送局，地縁のまちづくり団体が一緒に活動をしている「たかとりコミュニティセンター」(TCC) という名前の市民活動センターがある．震災直後，大きな被害を受けたカトリックたかとり教会の敷地内で活動をはじめた救援ボランティア・グループ「たかとり救援基地」がその前身で，外国人住民が人口の10％を占めるという地域にあって，言葉，文化，国籍，生活条件などが違っていても，同じ住民として手を携えて多文化共生のまちづくりに取り組んでいくことを目的にしている．TCCの活動には，地域内外から多様な人たちがボランティアとして参加しており，その数は500名を超える．そのTCCの中にあるラジオ局が10言語で放送するFMわぃわぃである．

　FMわぃわぃは，阪神・淡路大震災の直後に在日コリアンが同胞向けに放送をはじめたFMヨボセヨと，たかとり救援基地を拠点に被災ベトナム人の支援活動を行っていたグループ（被災ベトナム人救援連絡会）が中心になって立ち上げたFMユーメンが合体して1つになったラジオ局である．

　1995年1月30日にFMヨボセヨが放送を開始し，ヨボセヨからの声かけをきっかけにFMユーメンが4月16日に放送を開始した．ユーメン開局の前にヨボセヨのスタッフとユーメンのスタッフが顔合わせを行い，震災1年後の1996年1月に多言語のコミュニティ放送局を開局することを共通の夢とする集まりをもった．その後，定期的に協議を重ね，1995年7月17日にFMヨボセヨとFMユーメンが一緒になってFMわぃわぃ（ミニFM）が誕生した．名称

は，ヨボセヨとユーメンのそれぞれのアルファベットの頭文字の２つのＹから命名されたものだが，様々な人々が集い語らう場になるように，という願いが「わぃわぃ」には込められている．

その後，コミュニティ放送局の免許取得に向けて本格的な動き始めがはじまり，1995年12月に免許取得に必要な運営母体「株式会社エフエムわぃわぃ」を設立し，阪神・淡路大震災からちょうど１年後の1996年１月17日にコミュニティ放送局の免許を取得し，"正式開局"した．

たかとり救援基地のニュースレター『焚き火』の1996年１月発行号は，その時の様子を次のように伝えている．

「待ちに待ったFMわぃわぃが正式に開局された．１月17日 "あの日から"一年目のこと．11時30分にセレモニーの幕が落とされ12時ジャストにラジオから『FMわぃわぃです』と声が聞こえた．おめでとう！世界の７ヶ国語を有する初めてのコミュニティFM局．多くの報道関係に囲まれたスタッフの面々．どの顔も喜びと誇りに満ちたいい顔だ．神戸のまちはこれから何年も何年もこの大震災の傷と闘っていかなければならない．その為に勇気と希望が必要だ．FMわぃわぃの送る電波がちょっとでも『今，苦しんでいるヒト』のために『明日への希望を失いかけているヒト』の為になったら……と願い，『今日一日の疲れ』をいやし『今ある情報』を得ることに役立つように，と決意を新たにしたのだ．プログラムの展開も耳新しいものがずらりと顔を見せ…いや聞かせている．誕まれ出る苦しみは終わった．これから育つ苦しみが待っている．しかしそれは大きな喜びなのだ」（たかとり救援基地『焚き火』1996年１月発行号より）．

1-1 託された震災復興のまちづくり

震災救援ボランティアが南木曾の住民から贈られた木材を使って建てた木造のスタジオで，被災地の市民が国籍を越えて自分達のラジオ局を運営する様子は社会を魅了し，開局と同時に取材や視察が相次いだ．1996年１月から７月までの半年間にFMわぃわぃに関することが書かれた新聞記事は100件を超え，いずれの記事も神戸の震災救援のシンボル的な存在としてFMわぃわぃを扱った．FMわぃわぃは，まさに震災救援のヒーローであったのだ．

FMわぃわぃは，活動当初から多くの市民によって支えられてきた．株式会社の資本金2000万円のうち８割は，たかとり救援基地に寄せられた義援金が元となっており，残りの２割は在日外国人とたかとり救援基地の支援者が１株＝

5万円を出し合った．スタジオと事務所スペースは，たかとり救援基地の中にボランティアたちの手で建てられ，救援基地の母体となっているカトリックたかとり教会も全面的にバックアップをした．また，常勤雇用スタッフの人件費は2年以上にわたって「たかとり救援基地」に寄せられた義援金で賄われるなど，イニシャルコストだけでなくランニングコストについても周りに支えられながらの活動であった．それは多くの人たちが，少数者への理解と尊重，住民自治を基本とした震災復興のまちづくりの夢をFMわぃわぃに託していたからだ．

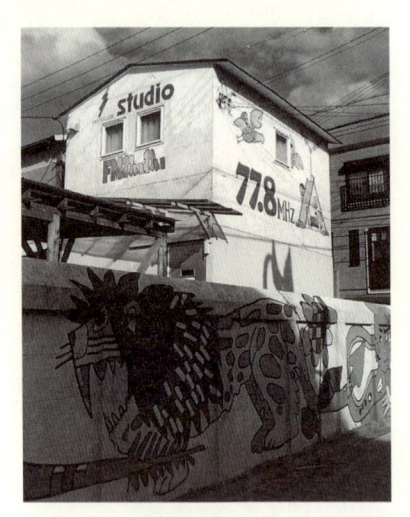

写真1-1 震災救援ボランティアの手で建てられたFMわぃわぃの初代スタジオ

写真提供：FMわぃわぃ．

1-2 開局から時計の針は止まったまま

コミュニティ放送局として正式開局してからのFMわぃわぃは，「多文化共生と人間らしいまちづくり」を基本コンセプトに1週間平均150-160名のボランティア・スタッフに支えられて8言語の番組づくりに努めてきた．しかし，例えば外国語番組についてはスペイン語，ポルトガル語の放送を除き，在日外国人コミュニティによる活動としては位置づけられず，"個人的な発信"の域を脱皮できずにいた．日本語の番組についても対象を広げすぎて焦点を絞り切れず，いわば"幕の内弁当"のような番組編成になってしまった．また，全体として番組編成および番組制作に関わる専従スタッフのキャパシティを超える規模の番組数・時間になってしまったことで，1つ1つの番組に手をかけることができず，地域の声に，とくにマイノリティの「声なき声」に積極的に耳を傾けることを怠り，コミュニティのニーズから離れたものになってしまっていたのだ．

そういう問題を抱えながらもFMわぃわぃは，多文化共生，まちづくり，ボランティア，市民メディア，そんな枕詞でマスメディアに取り上げられ続けた．しかし，それは「そうあってほしい」「そうありたい」というFMわぃわぃ

の理想像であったのかもしれない．確かに，在日外国人が主体的に番組を制作，発信できるラジオ局は1996年当時の日本にはどこにもなく，また日本人と外国人の異文化間対話を促進する場としてのラジオ放送というのも稀な存在であった．それゆえ，なおさら社会の期待を背負って震災救援・復興のシンボルを演じ続けなければいけなかったのかもしれない．

過去から脱皮ができないまま，未来の多文化社会をきどって語るだけの存在になっていき，そして開局から7年半が経ったとき，FMわぃわぃは地域からも仲間のTCC内の団体からも愛想をつかされ，そして時を同じくして経営も破綻した．まちづくりの提案や連携の模索は行われず，震災で痛めつけられた地域社会にはFMわぃわぃを広報媒体として活用していくだけの体力はなく，代わって市民が支える仕組みも"メンテナンス"を怠り機能しなくなったからだ．震災救援活動の神話の存続に努めた震災ヒーローの7年7カ月が終わったのだ．たかとり救援基地にあふれるほどの人が集まる中で開局した1996年1月17日正午から，FMわぃわぃの時計の針は，動いているように見えていただけであったのである．

2　コミュニティのラジオ局への再建

単体のコミュニティ放送局であればFMわぃわぃは解散もしくは経営権の譲渡といったことになり，震災救援の中から生まれたマイノリティの発信の場はなくなっていたかもしれない．しかし，そうはならなかった．TCCの中には，多文化共生社会の実現に向けて汗を流して活動をしているいくつもの市民活動団体があり，その多くはFMわぃわぃの破綻に早くから気づいていて，あえて見て見ぬふりをしていた．しかし，土壇場で見捨てることをせずに，FMわぃわぃをTCCのラジオ局としてもう一度，再建していくことを選択した．発足の歴史のストーリー性，社会への発信力，市民参加の促進，地域社会との架け橋など，多文化社会の形成に資するFMわぃわぃの潜在能力は高く，それを手放す手はないという判断が働いたからだ．しかし，再建に至ったのは機能面だけに着目してのことではない．

阪神・淡路大震災の直後，後にFMわぃわぃを立ち上げることになった救援ボランティアたちは，生き死にを左右する情報を言葉の壁で得られない被災者になんとかしてそれを伝えようと，最初はやさしい日本語を口伝えに，続い

てやさしい日本語のプリントの回覧，少し時間がたって母語の印刷物を配布し，そして最後に多言語の海賊ラジオ放送をはじめた．またデマや流言飛語を怖れて，自ら正しい情報を伝えるために送信機を組み立て，ラジオ放送を開始した在日コリアンたちがいた．ありとあらゆる手段を使って，コミュニケーション上の困難を抱える被災者を助けたFMユーメン．関東大震災の悪夢の再来に怯える被災者を助けたFMヨボセヨ．この2つの海賊放送がFMわぃわぃの源流である．しかし，その希望の一滴はFMわぃわぃにだけ連なるのではなく，TCCの活動の原点でもあるのだ．震災から続くその活動には多くの市民の夢と希望が込められていた．それを，いわばマネジメント力不足だけの理由で終えてしまうのは，社会に対して無責任なことであることを，TCCで活動する者たちは自覚していたのだ．

2-1　再生へ向け姉妹団体と合体

　FMわぃわぃの再建を中心的に担ったツール・ド・コミュニケーションは，1999年5月にたかとり救援基地（現・TCC）の中の団体として設立され，当初はデジタルデバイドの解消を主な目的に，パソコンのリユース，外国人が母語で受講できるパソコン教室の開催，ホームページの作成支援といった活動からスタートし，映像制作を通じて在日外国人の子どもたちと地域の小学校の子どもたちの表現力と発信力を高める活動や米英軍のアフガニスタン攻撃反対サイトの運営など，ICTを活用して幅広い市民運動を展開していた．FMわぃわぃが電波メディアであるのに対して，ツール・ド・コミュニケーションはインターネットと映像を活用して多文化社会の構築に取り組んでいた．いわばTCCの中では，FMわぃわぃのオルタナティブ事業であった．

　そして2003年夏にFMわぃわぃの経営が悪化したのを受けて，再建に向け事業協力していくことになり，同年10月には事務所統合を果たし運営に深く参画していった．FMわぃわぃへの事業参加は，情報機器を活用して市民活動，地域活動，マイノリティの自立支援活動をサポートしていく，ツール・ド・コミュニケーションの目的に沿うものであるが，1999年5月の団体設立以来，"パソコン，ビデオ，インターネット"を活動のツールにしてきただけに，大きな舵を切ったかたちになった．

　しかし，もともとツール・ド・コミュニケーションはFMわぃわぃから細胞分裂によって設立された団体とも言えるため，FMわぃわぃの経営危機に際

して，TCC内の中で最も団体のリソースを投入して支援にあたった．そしてFMわぃわぃと合体する一方で，ICTに特化した受け皿組織づくりにも取り組み，ツール・ド・コミュニケーションが培ったノウハウやネットワークを継承し，それを発展させていく新しい市民活動団体「ひょうごんテック」が2004年6月にTCC内に設立された．

　FMわぃわぃとツール・ド・コミュニケーションの事実上の合体で，多文化をラジオ，インターネット，映像の多メディア表現ができるようになり，翻訳・通訳事業を手がける多言語センターFACIL，在日外国人コミュニティ団体である関西ブラジル人コミュニティ，NGOベトナム in KOBE，ワールドキッズコミュニティなどTCCの仲間たちがFMわぃわぃの活動に積極的に参加するようになった．

2-2　地域とともに高い志を地べたに落とす

　一方，震災から8年が過ぎ，地域コミュニティから取り残されつつあったFMわぃわぃの再建を支援したのもまた地域コミュニティであった．FMわぃわぃの放送エリアである神戸市長田区は震災で甚大な被害を受けた地域であるが，復興へ向かう住民のエネルギーは神戸市内でも随一と言っても過言ではなく，商店街，自治会やまちづくり協議会などの地縁団体，NPO，障害者の作業所，そして区役所などの公的機関が毛細血管のようにネットワークを結び，様々なまちづくり活動を連携して行っていた．TCC内の団体と同様に地域も，震災のヒーローのFMわぃわぃの変容に愛想をつかしながらも，震災を生きて来た仲間として置き去りにはしなかった．再建計画を携えて地域の関係者に頭を下げるFMわぃわぃの再建メンバーに，地域の顔役の1人が語った言葉はそれを証明している．「FMわぃわぃの志の高さはわかってる．けど現実になっていないところだらけや．今なら間に合う．それを一緒に地べたに落とそうや」．

　2004年5月，FMわぃわぃのサポーター組織「わぃわぃクラブ」の設立総会がカトリックたかとり教会の敷地内で開かれた．1996年1月17日の開局時と同様に，そこには国籍を越えて，民族を超えて，老いも若きも，大勢の地域住民が新生FMわぃわぃの門出を祝った．

3 マイノリティの発信を持続可能にする仕組み

　新生FMわぃわぃは，コミュニティ放送とオルタナティブ・メディアの両方の要素を兼ね備えたラジオ局になった．例えば，イラク人質事件が発生するとキャンペーン「人の命は地球より重い」を展開し，マスメディアを含めて日本中が日本人の4名の人質になった若者たちをバッシングする中で，それに対しての異をラジオ番組を通じて発信した．また在日外国人や障害者などマイノリティが制作する番組を公式に最重要番組と位置づけ，障害者の番組参加の拡大，北海道のアイヌによる番組の中継放送などを実現した．新潟県中越地震が発生すると，現地のコミュニティ放送局（エフエムながおか）と協働で被災外国人に母語で震災情報を伝える活動に取り組んだ．一方，地域社会とも番組やイベントなどを通じて関わりを深め，地域社会の様々な人たちがFMわぃわぃのサポーター組織の会員になっていった．そして地域を越えて，国境を越えてコミュニティラジオの世界的な連帯運動への参加も果たした．

3-1 コミュニティラジオの国際組織加盟に歓喜した地元

　世界各地のコミュニティラジオ局が連帯し，国際的な協力のもとにコミュニティと市民参加型ラジオの発展に寄与する活動をしていく国際NGO「世界コミュニティラジオ放送連盟」（AMARC）の日本における窓口となるAMARC日本協議会（英語名：AMARC JAPAN WORKING GROUP）が2007年6月23日にFMわぃわぃのあるカトリックたかとり教会で設立総会を開き，事務局をFMわぃわぃに置いた．そして約1年間の活動を経て，TCCを構成する市民活動団体の1つとして理事会で承認され，あくまでFMわぃわぃの中での活動という位置づけであったものから，他の構成団体と同等の位置づけへと変わった．TCCは，多文化共生のまちづくりを目的にしたローカルなNPOセンターであり，AMARCのような国際NGOは窓口組織といえ異色な存在である．TCCの一員としてAMARC日本協議会が受け入れられたのは，FMわぃわぃの開局時からのキャッチフレーズである「長田から世界へ　多文化共生のまちづくり」を具体化できる存在にAMARC日本協議会がなり得ると判断されたからである．

　FMわぃわぃは，2006年11月にヨルダンの首都アンマンで開催された

AMARC 第9回世界大会で正会員として承認され，日本では京都三条ラジオカフェに次いで2番目の加盟局となった．94カ国・地域から350名以上が参加した総会で新規加盟局としてFMわぃわぃの名前を議長が読み上げると，会場から電子メールを通じてFMわぃわぃにそれが瞬時に伝えられ，TCCはその喜びを皆で分かち合った．そしてFMわぃわぃの看板にAMARCの文字が地域のボランティアによって書き加えられた．

阪神・淡路大震災から救援，復興活動の中で，自然に蓄積されていった様々な経験やノウハウ．それを国内だけでなく国境を越えて世界の人々に伝えていくことが救援・復興支援への大きな恩返しになることを，神戸の人々は知っている．FMわぃわぃのAMARCへの加盟は，TCCで活動する者に国境を越えて経験共有の道筋を拓いたことになったのである．

3-2　系列団体の支援で持続可能な活動に

市民メディアとしての存在感を，地域と地域を越えた場所のいずれにおいても高めていったFMわぃわぃだが，その活動を持続可能にしていくには，さらにもう一段のTCC内の団体のサポートが必要であった．多文化共生社会の構築に向けた市民活動をコミュニティビジネスとして展開していく発想をFMわぃわぃに植え込んだのが，多言語センターFACILである．FACILもまた過去にFMわぃわぃから細胞分裂し，在日外国人が地域社会で必要とするコミュニティ翻訳・通訳分野を地道にコミュニティビジネスに育成してきた団体である．

そして2007年4月，収益事業と非収益事業のバランスをとりながら多文化共生社会に向けた活動を継続していくためにTCC内のFMわぃわぃ，ツール・ド・コミュニケーション，多言語センターFACIL，ワールドキッズコミュニティの4団体が事業グループ「多文化プロキューブ」を結成した．さらに，多文化プロキューブの発足から1年4ヶ月後の2008年7月，ツール・ド・コミュニケーションは取り組んでいた活動を多文化プロキューブの構成団体に継承して発展的に解散した．

3-3　グループ化してスケールメリットを発揮

2009年10月末現在の多文化プロキューブは，FMわぃわぃ，多言語センターFACIL，ワールドキッズコミュニティ，AMARC日本協議会の4団体で構成

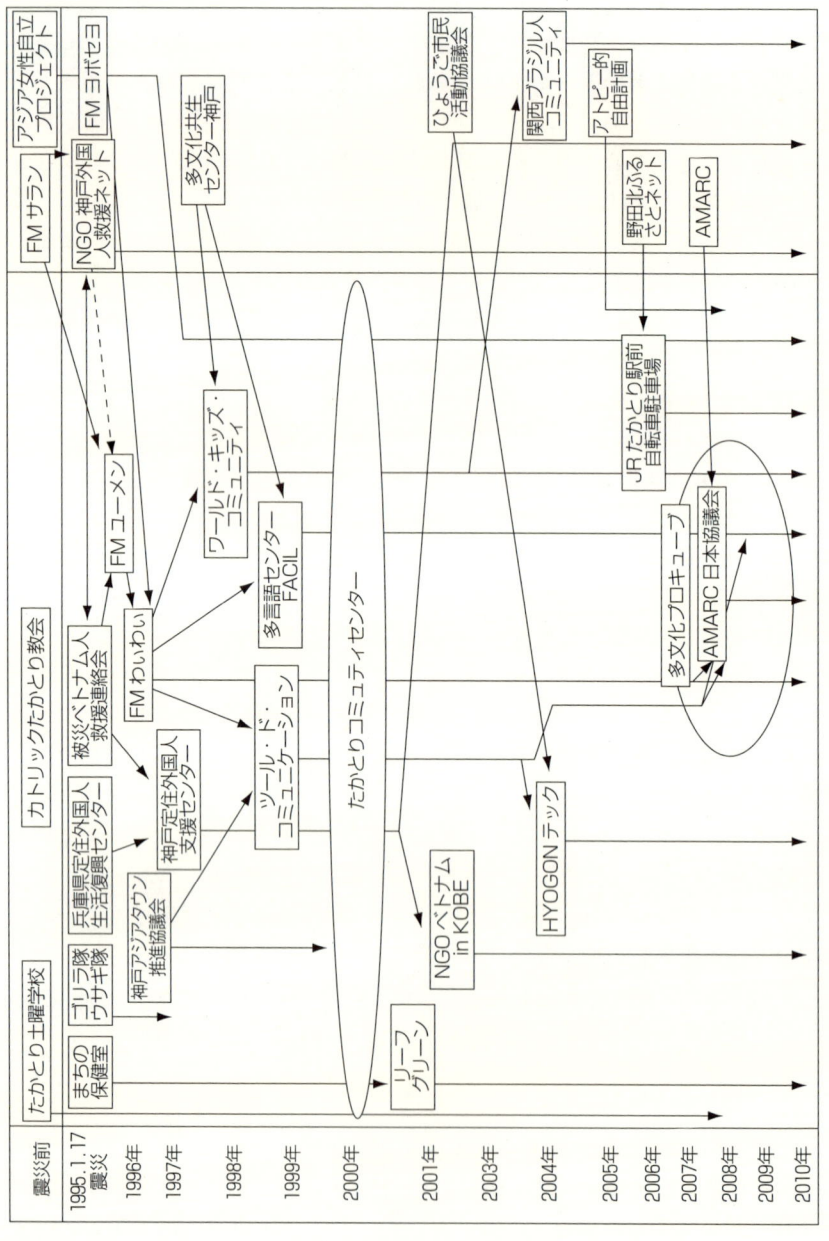

22 第Ⅰ部 「生きのびる」ためのメディア

図1-1 たかとりコミュニティセンターの変遷図

されている．それぞれ団体としては独立し，総会や役員会といった意思決定機関を有しているが，日々の事業遂行にあたってはスケールメリットを生かした一体運営をしている．全体で8名の常勤雇用スタッフ，6名の非常勤雇用スタッフ，5名の実習生が働いており，ラジオ放送，映像制作，イベント，翻訳・通訳，医療通訳，青少年の育成支援，ラテン・コミュニティの自立支援，スペイン語情報誌発行，母語教室，政策提言，といった活動が行われている．この中のラジオ放送事業（FMわぃわぃ）には，100名以上のボランティア・スタッフが番組制作などに参加しているが，そのコーディネートを含めて日常の運営業務は，濃淡はありながらもプロキューブのすべての事務局スタッフによって遂行されている．FMわぃわぃの収入だけでは，2名の事務局スタッフを雇用するだけの財政力しかなく，FMわぃわぃの多岐にわたる活動を維持していくことは困難だ．それを可能にしているのが，グループによる運営体制である．

グループ内の多言語センターFACILは，地域住民である外国人が必要とする情報の翻訳，生活現場で必要な通訳者の派遣など，地域の多言語環境を促進し，また外国人を含む地域の住民や行政機関，医療機関，地域の企業などからの多言語・多文化ニーズに様々な形で応えるため，これまで専門分野でありながら「ボランティア」の領域であった活動をコミュニティビジネスとして展開しているNPOである．

阪神・淡路大震災のときに言葉のわからない被災外国人に救援情報を多言語で翻訳したボランティア活動がFACILのルーツであり，それはFMわぃわぃのルーツとも部分的に重なっている．FACILが1999年に設立されてからFMわぃわぃの外国語番組に関わっていた多くのボランティア・スタッフはFACILの活動にも参加していった．FACILとFMわぃわぃは「震災で生まれた兄弟のような存在」(吉富志津代・多言語センターFACIL理事長) なのだ．

FMわぃわぃには，多文化共生社会の実現に共感する多くの市民が活動に参加している．また，ゲストとしても多様な人が番組に出演している．多くの人にとってFMわぃわぃは，多文化プロキューブの様々な活動への入り口となり，また多文化プロキューブが活動を社会に発信していくための出口となっている．FMわぃわぃが多くの市民の多文化なまちづくり活動への参加を可能にする装置機能をグループ内で発揮することができるからこそ，コミュニティビジネス事業体である多言語センターFACILが財政面でサポートをするのである．

3-4 小さな声を社会に伝え，共生の心を育てる

　TCC は阪神・淡路大震災以降，神戸市長田区の多文化なまちづくりを推進してきた中心的な団体であるが，人権擁護を目的に掲げハードに運動を展開してきたのではない．頭ではなく体でどれだけ「少数者への理解と尊重」を感じることができるかの対話を続け，そこから少しでも共感が芽生えていくような活動を展開している．

　多文化共生に反対はしないが，例えば，毎晩遅くまでサルサの音楽を鳴らして踊っているような隣人は迷惑だ，と思う人は地域の大多数である．もちろん南米から来た人がすべて夜中までサルサを踊っているわけではないが，ステレオ的なイメージが先行してしまいネガティブな反応を示し，ときには排斥につながることも地域社会では起こり得る．その感情を解きほぐす役割を TCC の中で FM わぃわぃは担っている．

　国籍や民族，生活条件の違いなどを越えた様々な市民の社会活動への参加と住民同士の対話を促すことができる FM わぃわぃを TCC の中心メンバーが，非常に大きな苦労をしながらも支え続けたのは，コミュニティラジオという装置が地域社会における多文化共生のまちづくり活動において，他ではなかなか代替できない大きな役割を果たしているからである．

　現在（2009年10月）の FM わぃわぃは，「多文化共生」「市民活動」など開局当初のテーマに立ち返り，多様な人々が暮らす神戸市長田区のユニバーサルなまちづくりにいっそう焦点を当てていく番組で編成されている．編成は「わぃわぃ度」と呼ばれる放送番組基準（表1-1）によって行われ，とくに在日外国人をはじめマイノリティが発信主体となる番組は，「わぃわぃ度」が高い番組として放送枠を優先的に提供するなど，「声なき声」を社会に届けることに重点をおいている．在日外国人が主体となって日本人ボランティアも参加しながら制作している多言語番組や，長田をはじめ阪神間に集住する奄美や沖縄にルーツをもつ人々の参加のもとに制作されている「南の風」，障害者の語り場となっている「ふれてあれこれ好奇心アイ to アイズ」，アトピー患者と医師が語り合って病気への理解を深める「アトピーのリズム」といった番組を通して，「在日外国人と日本人」「障害者と健常者」といった二項対立的に地域をとらえようとするのではなく，多様な人々が暮らす地域社会の中で，それぞれが認め合い，助け合い，そして関わり合う，まちづくりの契機になるような放送づくりに努めている．

表1-1　FMわぃわぃ放送番組基準

(わぃわぃ度)

1	エスニック・マイノリティが発信主体となる番組（とくに長田・神戸）	A
2	マイノリティが発信主体となる番組（とくに長田・神戸）	A
3	外国語およびやさしい日本語による情報提供番組	A
4	人権擁護を目的にした番組	A
5	文化の多様性（＝多文化）を伝えていく番組	A
6	協働しているNPO／NGOが発信主体となる番組	B
7	地域コミュニティづくりに資する番組	B
8	長田・神戸の青少年の育成に資する番組	B
9	長田・神戸の情報・文化を発信していく番組	B
10	協働の乏しいNPO／NGOが発信主体となる番組	C
11	音楽の魅力を伝えていく番組	C
12	行政が発信主体となる番組	D
13	企業が発信主体となる番組	D
14	コマーシャルを目的とした番組	D

＊わぃわぃ度について

A	YYのリソースを積極的に投入して支える 放送枠を最優先に提供する
B	可能な場合に限りYYのリソースを提供する 担い手の余力があれば放送料金が発生する
C	放送料金が発生することを基本にするが、ケースバイケースでの判断もある 団体のリソースは投入しない
D	放送料金が発生する

4　少数者の発信を公共が支える社会に

4-1　障害者の発信の場はまだ一握り

　FMわぃわぃで障害者の語り場となっている番組「ふれてあれこれ好奇心アイtoアイズ」は，全盲の女性が始めた番組である．彼女は「ここなら発信できるかもしれない」と思い，勇気を出して自分からFMわぃわぃの門を叩き，障害者が生きにくい社会に物申す番組をはじめた．しかし，彼女のように行動できる障害者をいまの社会ではまだ少ない．障害者の多くは，自分の声を社会に伝えことに気後れを感じており，またそうした機会も非常に限られている．

写真1-2　障害者の語り場となっている番組「ふれてあれこれ
　　　　　好奇心 アイ to アイズ」
出所：日比野純一撮影．

ましてやラジオで自分の声を社会に届けることなど考えてもいない．
　「ふれてあれこれ好奇心アイ to アイズ」は1人の発信から始まった番組だが，次第に小規模作業者で働く障害者や支援者が参加するようになり，語り場としての役割を果たすとともに，ともすると端に追いやられてしまう障害者を社会の構成員として可視化させている．障害者グループの集まりでは，FMわぃわぃでこんなことを話した，あんなことを伝えた，といった弾んだ会話がいつもなされている．それを聞いて，遠く淡路島から番組に出演した小規模作業所で働く障害者たちもいる．
　1992年に函館で最初のコミュニティ放送局が開局して17年が経ち，現在，全国のコミュニティ放送局の数は230を超えた．いずれも地域密着をキーワードにした番組を放送しているが，「ふれてあれこれ好奇心アイ to アイズ」のようにマイノリティが主体となっている番組があるコミュニティ放送局はまだほんの一握りである．

4-2　特別な環境がなくても取り組める制度づくりへ
　FMわぃわぃは恵まれた環境にある，と言われることがある．この章で述べてきたように，阪神・淡路大震災という未曾有の惨事がなかったら，それに立

ち向かっていく市民の力は発揮されず，ラジオ放送も始まらなかっただろうし，TCCという母体とそれに理解を示し支援をしてきたカトリック教会の存在がなければ，その後の困難を乗り切れずに，とうに放送をやめていたかもしれない．阪神・淡路大震災から15年が経ち，神戸のまちは復興し，FMわぃわぃからはマイノリティの声が毎日，地域社会に流れている．いまもFMわぃわぃは，公に代わって民が力を合わせて小さな声を社会に伝える"特別な"コミュニティ放送局であり，マスメディアがそれを伝える内容は15年前と大きく変わっていない．FMわぃわぃは，決して恵まれていたから続いたのではなく，震災で突きつけられた社会課題を解決しようと立ち上がった市民による，地を這うような草の根の活動の上に成り立った放送局なのである．時代と環境がさせた仕事を，同じように他の地域に，他のコミュニティ放送局に求めることはできない．15年経っても公共を民の力だけに頼っているのは，社会の怠慢としか言えない．

4-3　小さな声を公が支える欧州諸国

　世界人権宣言は1948年12月に国連総会で採択された，すべての人民が達成すべき基本的人権についての宣言である．その19条は「すべての人は，意見および表現の自由に対する権利を有する．この権利は，干渉を受けることなく，自己の意見を持つ自由ならびにあらゆる手段により，また，国境を越えると否とにかかわりなく，情報および思想を求め，受け，および伝える自由を含む」とコミュニケーションの権利についてうたっている．この条文の「すべての人は」の中には，例えば日本においては，在日外国人や障害者など，しばしば社会の中で端に追いやられている人たちは含まれているのだろうか．「あらゆる手段により」という部分の手段の1つに放送は位置づけられているのだろうか．とくに周縁化されている人たちにとっては，それは一部の人たちが使っているもので自分たちはもっぱら受け手だと思っている人がたくさんいる．

　世界では今，電波を多くの人に開放すべきだという運動が盛んになっている．2008年秋の欧州議会では，加盟するすべての国に対してコミュニティメディアを制度化すべしとする決議がなされた．イギリスやフランスでは1970年代以降，市民の運動によってコミュニティメディアの法制度がつくられてきたが，遅れてEUに入ってきた東欧諸国などでもそうした制度化を進めていくことを求めた決議である．その決議文には，社会が多様化していく中では異文化

間の対話が持続可能な社会づくりには欠かせないもので，そのために声なき声に耳を傾け，その人たちの声をしっかり社会に反映させていくことをコミュニティメディアは可能にする，と明記されている．そして，そのコミュニティメディアを持続可能にしていくために財政的支援を国家や地方レベル，あるいはその他の財源によって行うべきであると記されている．

4-4　全国の市民メディアと連帯し運動を開始

「小さな声を社会に届けるのは公の仕事である」と声を大にして言わないと，日本社会はなかなか欧州のようには変わらない．FMわぃわぃは同じ志をもった全国の仲間たちと「コミュニケーションの権利を考えるメディアネットワーク」(ComRights)を2008年9月につくり，コミュニティメディアの制度づくりへ向けた運動を開始した．FMわぃわぃが"普通"のコミュニティ放送局になるまで，震災は終わらない．

日比野　純一

第2章

世界のコミュニティラジオ
——平和と開発のための国際運動——[1]

1 コミュニティラジオの萌芽と発達

　私は1980年代初頭から，コミュニティラジオに関わってきた．当初は非合法の，いわゆる「海賊放送」を行っていた．長年にわたる取り組みを経て，2004年，ついにイギリスでコミュニティラジオが法制化された．現在私は自分が住むシェフィールドでコミュニティラジオ局の運営に関わっている．人口30万人の中都市だが，200人のボランティアが放送に参加している．
　AMARCの国際理事に就任したのは2003年である．AMARCが創設された1980年代初頭，私たちは世界の様々なコミュニティラジオ活動に感銘を受けた．カリフォルニアの「KPFA」，ミラノの「ラジオ・ポポラーレ」に代表される，イタリアやフランスの自由ラジオ局，オーストラリア・アデレードの「5UV」，アイルランド・ダブリン南部の「BLB」などである．
　もちろん「先進国」における取り組みだけではなく，ラテンアメリカの活動は国際的なコミュニティラジオ運動に大きな影響を与えてきた．ラテンアメリカ以外の「開発途上」地域では開局が遅れていたが，1991年にフィリピンのタンブーリ・ラジオがアジア・太平洋地域で初めて開局，同年アフリカのマリで，1992年にはベナンでコミュニティラジオ局が誕生した．南アフリカでは1993年に開局した非合法放送局が，1994年，暫定政府からライセンスを取得した．アパルトヘイト後，南アフリカではコミュニティラジオが成長し，それまで国営メディアによって排除されてきた人々へ発言の機会を提供した．ほとんどの場合，コミュニティ放送の出現と民主主義へ向けた政治的変化は，密接な連関関係にある[2]．
　またインドネシア全土には400を超えるコミュニティラジオ局が存在し，

2004年の大津波により甚大な被害を受けたアチェでは，その復興において，欠くことのできない機能を果たしている．

1990年代から続くアフリカやアジア・太平洋地域におけるコミュニティラジオの発達により，開発におけるコミュニティ放送の役割は従来にも増して注目を集めるようになっている．

1-1 コミュニティ放送の定義と国際的認知

コミュニティ放送は一般的に次のように定義される：
「(あらゆる権力から) 独立し，市民社会に根付いた放送メディアである．非営利で，社会的利益のために運営され，コミュニティに，番組制作と運営への参加の機会を提供する」．

コミュニティ放送は，しばしばローカル放送と混同されるが，「コミュニティ」とは地理的な近接性にもとづくだけではなく，文化的，言語的，あるいはその他の利益・関心にもとづく場合もある．

近年コミュニティメディアの国際的認知が進んでおり，著名な経済学者たちが，持続可能な発展のためには，自由で独立した，多様なメディア環境が必要であると指摘している．メディアは単に知識や情報へのアクセスを提供するだけではなく，透明性やガバナンスの質を高め，汚職を断ち切ることに貢献する．UNESCOやUNDP (国連開発計画) は，世界中の好事例を紹介するなどし，貧しく周縁化されたコミュニティにコミュニケーションの権利を保障する上で，コミュニティ放送が果たす効果を強調している．

2007年12月に，「意見と表現の自由に関する国連特別報告者」らを含む4つの国際組織が採択した，「放送における多様性に関する共同宣言」にある次の一節は意義深い．

「コミュニティ放送は，放送の一つの形態として，法律によって明確に位置づけられるべきである．公正で簡潔な免許手続きにより恩恵を受けるべきである．技術的あるいはその他の面で複雑な基準を満たさなくてもよいようにすべきである．(商業放送よりも) 低く設定された免許料金により恩恵を受けるべきである．広告へのアクセスを有するべきである」．

1-2 コミュニティ放送を促進する環境とは

コミュニティ放送の誕生と発達を可能にする上で，好ましい規則や法律環境

はどのようなものか，これまで様々な国を対象に多くの調査や研究がなされてきた．オーストラリア，ベナン，カナダ，コロンビア，デンマーク，フランス，アイルランド，オランダ，南アフリカ，イギリス，ウルグアイ，ベネズエラなどの国々は，好例として挙げられるだろう．重要となるのは主に次の3点である．

1. コミュニティ放送は，その特徴を明示した上で，政策と法律の中に位置づけられるべきである．ラジオ周波数や，デジタルを含めたその他の放送手段に，公正で公平なアクセスを保障されるべきである．
2. コミュニティ放送に対する放送免許と周波数監理の手続きは，独立監理機関の責任の下，公正で，オープンに，かつ透明性を確保して行わなければならない．
3. コミュニティ放送は，不合理な規制なしに，多様な財源へのアクセスを認められるべきである．これには，放送局の独立性を損なわない方法で管理された，公的財源も含まれるであろう．

放送は「周波数」という限られた資源へのアクセスを伴う．ゆえにコミュニティ放送を促進する法律や規則を持つ国々では，一定の周波数帯をそのために確保してある．例えばフランスでは，FM周波数帯のおよそ25%は，非営利ラジオ放送に割り当てることになっており，その枠内で600以上の放送局が放送を行っている．

電波への公正で平等なアクセスを保障するため，放送事業に対する免許制度の必要性は一般的に認められている．周波数の監理がない場合，電波の混線などを引き起こす可能性があるからだ．しかし多くの国々では，コミュニティ放送に関する適切な法的枠組みを欠いており，多くの実践は免許制度の枠外で始まっている．免許制度は，コミュニティ放送を含め，独立した多様な放送を促進するものでなければならず，それらを阻害したり，放送の内容や所有に対する政府の支配力を温存するためのものであったりしてはならない．

コミュニティ放送の財源は，国によって多種多様である．南アフリカでは，広告を含め，財源に関する法的規制は一切なく，国際的な助成組織の支援も大きい．フランスでは，商業放送局の収入の一部を徴収し，2000万ドルほどの「ラジオ表現支援基金」を設けている．「基金」は約600のコミュニティラジオ局の運営コストの，およそ40%をまかなっている．オーストラリアには「コミュニティ

放送基金」がある．政府から独立した非営利助成組織として，1984年に設立され，コミュニケーション・情報技術・芸術省から毎年交付金を受けている．

　このように様々な公的財源が存在するが，コミュニティ放送の経済的持続可能性を高めるうえで最も重要なのは，コミュニティからの財源を確保する力だ．コミュニティの団体や商店から広告収入やスポンサー収入を得たり，様々なグループに放送枠を販売したりするなどの方法がある．もちろん持続可能性は経済的側面からのみ考慮されるべきではない．コミュニティとの双方向の番組制作，説明責任を有した参加型の運営方式などを通じて，コミュニティとの密接なつながりを築くことが重要である．

1-3　コミュニティ放送——これからの課題と可能性

　電波の商業化，周波数帯の私有化やメディア集中が急速に進行し，デジタル放送を含む放送制度や放送環境の改革において，政治家が，公共の利益にもとづき行動することが困難になっている．

　デジタル化に伴う新技術への移行は，コミュニティ放送にとっては，チャンスでもあると同時に，非常に大きな脅威でもある．移行からコミュニティ放送が取り残され，セクター全体が周縁化されるか，消滅する危険性もある．公共の利益にもとづく放送監理と，新たな伝送手段の開発を急ぐ経済圧力との間に，強い緊張関係が生まれている．

　デジタルを用いた多様な音声放送技術の中で，長期的な成功を納める技術は何なのか，未だに明確な解答は見いだせない．しかし，インターネットと携帯電話が，コミュニティ放送にとってその重要性を増していることだけは間違いない．

　コミュニティラジオ局は，FMやAM電波を用いて放送を行うだけではなく，インターネットでストリーミング放送を行ったり，ポッドキャスティングを通じて番組を提供したりしている．また，リスナーとプレゼンターが番組中に交流することを可能とするオンライン・チャットや，ブログ，ソーシャル・ネットワーキング・サービス (SNS) など，ウェブ技術の発達は，コミュニティの参加を促進する手段としての可能性を秘めている．携帯電話に関して言えば，その多くにFMラジオ受信機が搭載されるようになり，ラジオ受信の機会を広げている．また，携帯電話を用いることで，スタジオの外からのレポートにかかるコストを大幅に削減できる．コミュニティメディアが将来，ラジオ

にとどまらず，様々なメディア・フォーマットと伝送経路を駆使した形態へと発展していくのは間違いないだろう．

　過去25年間，コミュニティ放送は世界中で急成長してきた．コミュニティ放送局の総数が増加してきただけではなく，コミュニティ放送を政策や法律の中に位置づける国の数も増加してきたのだ．それはコミュニティ放送が，他のメディアには十分に顧みられない社会的要求を満たし，現代の放送環境の形成に大きな貢献をしてきたことの証である．

　コミュニティ放送の重要性を示す上で，紛争地帯や人権保障のままならない国家など，時に命をも危険にさらす困難な場所と状況の中で活動を続けてきた勇敢なコミュニティラジオ・アクティビストらの存在を忘れることはできない．メキシコやフィリピンをはじめ，多くの国々でコミュニティ放送者が殺害されてきた．

　コミュニティ放送者が迫害され，殺害され，またコミュニティ放送局が閉鎖の圧力にさらされ，そして強制的に閉鎖された時，また自然災害や人災によってコミュニケーション・システムの必要性が叫ばれた時，そのような危機的な時にこそ，私たちは国際的な連帯の重要性によりいっそう気づかされるのだ．

　コミュニティ放送は草の根の取り組みだ．情報へのアクセス，コミュニケーションの手段，自らの主張を表現する機会，関心・文化・意見を共有する機会，それらを求めるコミュニティによるボトム・アップの活動である．しかし私たちは同時に，国内での協働や国際的連帯を通じて，コミュニティ放送者として共に活動することによって，取り組みを強化することができる．今日，コミュニティ放送が世界的運動であり，日本がその一翼を担っていることは明らかだ．世界中の市民社会の声を強化するために，日本のみなさんと議論し，ともに行動できる機会の訪れを歓迎する．

2　南アジアにおけるコミュニティラジオの概況

　南アジアのコミュニティラジオはまさに千差万別である．バングラデシュやインドではまだ誕生したばかりだが，ネパールでは15年以上にわたり，豊かな取り組みが続けられてきた．貧困，紛争，災害といった気の遠くなるような数々の課題に対処しなければならない地域において，コミュニティラジオの拡大と強化は，ますます重要性を増している．

発展のためには表現の自由が必要不可欠である，という著名な経済学者アマルティア・センの考察を裏付けるがごとく，政策立案者や開発機関は，「声」と貧困根絶との関係を最重要視してきた．しかし，それらの提言は，いまだに本格的な実践には移されていない．よく考えてほしい．今日のメディアから，いつも聞こえてくるのは，いったい誰の声だろうか？

多様な状況を抱える南アジア地域ではあるが，そのどこにいようとも，この問いと無関係ではいられない．コミュニティラジオが法律によって制度化されている国であっても，コミュニティの声は本当に聞かれているだろうか？ コミュニティ内部で周縁化された声は，コミュニティラジオを通じて公平に，そして世界人権宣言の理念に調和する形で聞かれているだろうか？

2008年の不況は，いわゆる「市場原理万能主義」に疑問符を突きつけた．しかし，コミュニティの声——とりわけ，貧しい人々の声——は，相変わらず極めて脆弱なままで，南アジア地域のメディアにおいて，注目を浴びることはめったにない（世界的にも同じような状況が続いている）．

2-1 南アジアのコミュニティラジオが直面する課題

今日の南アジアのコミュニティラジオは，次の3つの難題に直面している．法制化，技術へのアクセス，ネットワーク形成である．

(1) 法制化

100以上のコミュニティラジオ局を擁し，コミュニティラジオの強い伝統を誇っている唯一の国が，ネパールである．しかしこの国でさえ，法律の改革が火急の課題となっている．政府は，国内にローカルラジオ（営利）とコミュニティラジオ（非営利）という2つのタイプのラジオ局が存在することを認識しているにも関わらず，両者に同様の免許手続きを課している．その結果，両者は同じ額の申請金を支払わなければならない．また，免許手続きに違いがないために，商業ラジオとコミュニティラジオの境界が曖昧になっている．確かにネパールでは近年，ローカルラジオとコミュニティラジオが協働し，王国政府の統制に対して効果的に抵抗してきたという事実がある．しかし世界的にコミュニティラジオの特徴とされている非営利性は，やはり重視されなければならない．

またネパールでは，コミュニティラジオ局のNGO化に対する懸念が増大している．コミュニティラジオ局は，本当にコミュニティに根付き，コミュニティ

の声を反映しているのだろうか？　これを考える上で，コミュニティラジオ・リソースセンターとネパール環境ジャーナリスト・フォーラムが最近共同で発行した，『コミュニティラジオ・パフォーマンス評価システム』は，ネパールだけではなく，南アジア地域全体にとって非常に有益である．この『システム』には，コミュニティラジオ局を分類・評価分析するための様々な項目が，一覧として掲載されている．項目ごとの評価点を合計した結果によって，コミュニティラジオ局を次の4つに分類している：「模範的」(100点満点中80点以上)，「優良」(79-60点)，「良」(59-45点)，「発展途上」(44-35点)．34点以下はコミュニティラジオと見なさない．

　この『システム』の内容は，世界コミュニティラジオ放送連盟（AMARC）が2006年に行った，コミュニティラジオの影響力に関する世界規模の研究から得られた知見と一致している．この研究は，「コミュニティラジオが及ぼす社会的影響力を評価するための適切な手段と評価基準が必要であり，それらは単に情報がどれだけの人々に届いたか，とか，小規模なプロジェクトが個々人にどれだけの影響を与えたか，とかを測定する際に用いる手段や基準とは異なる」点に注目している．

　このような努力は，インドでも重要である．インドでは，2007年にようやく草の根のコミュニティ団体がコミュニティラジオ放送免許を申請できるようになった．公共放送，民間放送，コミュニティ放送，という三元体制のメディア構造が認知されたことは歓迎に値するが，大きな懸案も残っている．1つは，放送に関する指針が，キャンパスラジオ，コミュニティラジオ，農業大学ラジオを全て同じカテゴリーに含めている点だ．コミュニティラジオとは，コミュニティによって所有され，運営されるものであり，キャンパスラジオや農業大学ラジオには当てはまらない．1つの枠で括るのは非現実的である．

　また，指針はコミュニティラジオ局のニュース放送を禁じている．インドにおけるコミュニティラジオの法制化は，声なき人々に声を提供することを目的としていたはずである．コミュニティの，コミュニティによる，コミュニティのためのニュース放送の禁止は，その目的の実現を阻害し，法の理念と中身との乖離を露にしている．

　インドのコミュニティラジオ局は増加しているものの，免許申請から交付にいたる手続きの行政側の処理が遅く，いまだに免許を受けられないでいる団体も多い．2007年3月の政府の算出によると，インドには4000のコミュニティラ

ジオ局が存在する余地があるという．この数字の信頼性はともかく，目下のところキャンパスラジオとコミュニティラジオを合わせても開局したのはわずか60局，という事実を前に心穏やかではいられない．しかもその中でコミュニティラジオは10局以下である．これは「需要」がないからではなく，コミュニティラジオの開局を十分に可能とする環境がないからである．

　コミュニティラジオに関連するバングラデシュの政策（2008年3月16日公示）は，ほぼインドの指針をモデルとしているため，今後よく似た課題が出てくるだろう（ただし大学には免許申請資格がないため，同一のカテゴリーに，キャンパス／コミュニティ／農業大学ラジオが混在するという事態が起こらない点は，注目すべきだ）．2008年4月30日の第1次締切までに180の団体から申請が出され，そのうちの116団体に免許が交付される見込みだ．審査などが長期に渡っているが，試験放送が間もなく開始される兆しである．

　バングラデシュのように，多くの自然災害にさらされる国では，コミュニティラジオはいっそう重要となる（もっとも，これは南アジア全体に当てはまる話であるが）．コミュニティで活動するいくつかのNGOが，コミュニティラジオ局とメディアセンターを設立する必要性を訴えてきた．洪水・サイクロン・海面急上昇などに対する防災，発生時の緊急警報，その後の救援や復興における有効性が期待されているからだ．

　スリランカにおける「コミュニティラジオ」の定義は，本来の定義とは異なっている．政府の統制下にあるスリランカ放送協会が「コミュニティラジオ」局の運営資金をまかなっているからである．モルジブ政府は近年立て続けにコミュニティラジオに関する諮問を行っているが，いまだ法制化には至っていない．パキスタン，ブータン，ビルマでも同様に，コミュニティラジオは放送の枠組みの外に置かれたままである．

(2) 技術へのアクセス

　コミュニティラジオの特徴は，シンプルでコスト効率の良い技術の使用にある．しかしながら，インドやバングラデシュといった国々では，従来の高価な音声／ラジオ技術への信頼と依存が過度に大きい．つい最近まで，国内では公営の2つの送信機会社しか認可されておらず，海外製品と比べ，製造と導入にコストがかかっていた．数カ月前，NGOの「NOMADテクノロジー」が製造する低コストの送信機がついに試験に合格し，現場への導入が可能となった．しかしコミュニティラジオがこの国で地歩を固めるには，NOMADのような

生産者がさらに増加する必要があるだろう．

　技術へのアクセスを考える上で，移動式放送局の合法化は重要である．ネパールでは「ドコ・ラジオ」（「ドコ」は「籠」を意味する．背負い籠にラジオ機材一式と送信機を入れて運搬可能）が，スリランカでは「トゥクトゥク・ラジオ」（三輪自動車に設備一式を搭載した移動式ラジオ局）が成果を上げている．メディアと技術へのアクセスが困難な遠隔地域のコミュニティに，ラジオ局が自ら出向くのである．

　同様の目的で，インドでは様々なメディアを組み合わせた取り組みを行っている．インターネット，ラジオ，携帯電話を駆使し，「最後の一マイル」を克服する努力が続けられている．ナガパッティナムの「ラジオ・カランジアン」，ポンディチェリの「MSスワミナタン研究財団」，カルナタカの「ナンマ・ドワニ」などのコミュニティ団体が知られている．コミュニティラジオの発展には，このような新旧の技術の組み合わせが必要であろう．

(3) ネットワーク形成

　ネパールを例外として，南アジア地域では，コミュニティラジオに対する認識が比較的欠如している．インドでは，国営の「全インド・ラジオ」が全国各地に置いている地方局を，コミュニティラジオのことだと思い込んでいる人々が未だに多い．コミュニティラジオの人材育成プログラムの実施などを通じて，認識の拡大を急がなければならない．そのためにも，各国レベル，そして南アジア地域全体でのネットワーキングを促進し，政策提言・人材育成・認識向上に協働で取り組むためのプラットフォームづくりを進めることが重要である．

　ネパールの「コミュニティラジオ放送協会」(ACORAB) による「コミュニティ情報ネットワーク」(CIN) の立ち上げ (2009年) は，上記に向けた一歩である．国内の105のコミュニティラジオを1つの衛星ネットワークで結び，ニュース，情報，ラジオ番組共有のためのプラットフォームを提供する．ナショナル・アイデンティティ，民主主義，人権，ガバナンス，社会的結束，社会的包摂，社会正義，平和構築，憲法制定，開発など，さまざまな社会・政治的な課題について，ローカルな視点にもとづくクリティカルな対話を促進することを目的としている．

　インドにおける「コミュニティラジオ・フォーラム」(CRF) の創設 (2007年2月) も，同じ目標へ向けた努力によるものだ．しかし，CRFが有効に機能す

るためには，会員構成や組織の規模を早急に見直す必要があるだろう．コミュニティラジオ関係者だけが集うフォーラムでは，山積する諸課題に継続的に対処することはできない．ジェンダー・バランスを確保し，障害者，エイズ感染者，難民などの参加を促し，多様なコミュニティの声を反映するとともに，その声に支持されることが必要なのだ．この点において，世界中の4000を超えるコミュニティラジオ局が会員として参加し，様々な分野との協働を通じて信頼と経験を蓄積してきたAMARCからの助言やサポートは極めて重要である．

2-2　学界とコミュニティラジオ実践者との協働

南アジア地域のコミュニティラジオが直面する諸課題を，法制化，技術へのアクセス，ネットワーク形成という3つの視点から俯瞰してきた．これらへの取り組みを進めるためには，コミュニティラジオ実践者と学界との協働をより豊かにし，コミュニティラジオの効果を跡づけ，社会に示して行く必要がある．

近年UNESCOが民族学的なアクション・リサーチ手法を用いて行った「貧困削減のための情報通信技術」に関する調査や，ハイデラバード大学による，コミュニティメディアの役割と開発に与えるその影響に関する調査，また同大学のヴィノド・パヴララが，カンチャン・マリックと共に，周縁化された人々のためのコミュニティラジオとオルタナティブメディアの実践を調査し著した『他の声』，クイーンズランド大学とロンドン・スクール・オブ・エコノミクスが，コミュニティラジオ実践者と協働して行ったコミュニティラジオと貧困根絶との相互関係に関する調査，など注目すべき研究が行われている．このような調査研究がより多く実施されることが重要だ．

2-3　南アジアにおけるコミュニティラジオの可能性

南アジア地域も国連が提唱する「ミレニアム開発目標」(MDG) に深く関与している．MDGとは，食糧，住居，衣服，教育，防災など，人々の暮らしにとって重要な項目に関して設定された開発目標と，その達成に向けた取り組みを差す．コミュニティラジオがこれらの分野で果たす有効性は，世界の他地域においてすでに実証済みである．南アジア地域でも同様の効果が期待されている．

防災におけるコミュニティラジオの役割は殊に重要である．2004年から2005年にかけてインド南岸を津波が襲い甚大な被害を与えた．ナヴィン・チャウラ

情報放送大臣（当時）は，「コミュニティラジオが普及していれば被害の程度はもっと軽微だっただろう」と述べた．コミュニティラジオが法制化される以前のこの発言は注目を集めた．しかし残念なことに，法制化後の2008年，大規模な洪水によりインド＝ネパール国境地帯で大きな被害が発生した際，政府は緊急ラジオ局開設の努力を結局行わなかった．災害の規模と頻度が増大の一途をたどる今日，コミュニティラジオのような低コストの早期警報メカニズムはその重要性を増すばかりである．これに目をつぶることは，自分たち自身をより危険にさらす行為に他ならない．

　南アジアのコミュニティラジオの発展のために，私たちは何ができるだろうか？　まずは政府や行政ではなく，市民社会の主導により，各国内で情報や経験の共有を進めることだ．国内の優れた取り組みを見学してまわったり，関連する政策，法律，規則を協働で調査したりすると同時に，ディスカッション，ワークショップや研究プロジェクトを促進すべきだ．

　その次の段階として，各国のネットワークが連携して，地域連合体を形成することも可能ではないだろうか．その連合体を通じて，南アジア8カ国の政府から成る「南アジア地域協力連合」の政策を考慮し，働きかけを行いながら，この地域におけるコミュニティラジオの誕生と成長を促す環境づくりを進めることができるだろう．

訳注

[1] 本章は，2009年6月13日に龍谷大学で開催された同大学370周年記念シンポジウム「世界のコミュニティラジオに平和の声を聞く　地域と世界を結んで」に際し，バクリー氏とセン氏が行った講演と報告にもとづく．両氏の原稿の翻訳文章を，一部省略，パラフレーズした他，訳者の判断により情報を一部補足するなどして，編集を施した．

[2] 翻訳の際，原文（英語）における"community broadcasting"を「コミュニティ放送」と訳した．ただし，本章における「コミュニティ放送」とは，本書がいう「コミュニティメディア」の一伝送形態（放送）ならびにそれにともなう諸活動のことであり，1992年に日本で制度化された「コミュニティ放送」とは，その性質，活動理念，活動実践において異なる点が多いことに留意されたい．

スティーブ・バクリー（1節）／アシシ・セン（2節）
翻訳：松浦哲郎・牧田幸文

第3章

コミュニティメディアとジェンダー
——女性の主体的なコミュニケーションのために——

1 メディアのジェンダー問題

　世界コミュニティラジオ連盟（AMARC）「女性国際ネットワーク」（Women's International Net Work）の代表理事マビック・カブレラ（Mavic Cabrera）氏は「アメリカで人気のあるサンデーモーニングショウという TV 番組では，ゲストの4人が男性で女性が1人という割合である．その女性たちのほとんどが男性ゲストの妻である．トークショウの司会は35名おり，そのうち男性が29人で，全員が白人である」と指摘した．彼女は，女性がどれほどメディアにおいて周辺的で，一方的に描かれてきたかを説明し，こうした従来のメディアとは違う方向で，コミュニティメディアは女性を積極的に取り入れ，女性の声を地域や社会そして政治へ届けることを呼びかけた．
　カブレラ氏が指摘した冒頭の TV 番組の例は，筆者自身が持っていたメディアのジェンダーイメージをより明確にした．メディアの中の女性は，「可愛いい，嫁にしたい女性」，「よい母親」や「清楚な女性」が多く，また一方では「セクシー」なイメージで描かれている．これら「よい母親」と「セクシー」な女性のイメージは対立した物に見えるのだが，実際には男性に従属した，もしくは男性のコントロール下にある女性として，どれもが受け身の女性であるように見ることができる．さらにメディアはそうした受身の女性をそのままに表現し，能動的な女性は悪い女性のイメージを付けてきた［井上 1989；村松 1998］．
　現在 AMARC は，公共・国家放送や，公共放送，商業放送では取り上げられない民衆，マイノリティや女性の声を取り上げるコミュニティメディアを支援し，情報へのアクセスを可能にする活動を通して市民の政治参加を促進し，意思決定へと導くためにエンパワーメントを行い，ラジオを媒体とした草の根

運動を展開している．こうした活動を展開しているコミュニティラジオはマスコミにおける従来の女性像とは違う，多様な女性の実像を映し出し，また女性へ情報を積極的に提供している．

本章では特に AMARC の「女性国際ネットワーク」の活動に注目して，AMARC のジェンダーポリシーとその実践例から，女性が市民として公的領域に参加する機会を提供するコミュニティメディアの役割を検討する．

2　ジェンダー問題に対するコミュニティメディアの取り組み

女性のコミュニティラジオは，アイルランドの「女性の井戸端会議ラジオの放送」の開始から，女性によるフェミニストラジオ運動へと広がった［鈴木 1997：237］．女性の主体的なコミュニケーションへの参加は1990年代になってカナダ，チリ，ラテンアメリカなどでも盛んになる．各国での女性の運動がAMARC でも取り上げられ，世界各地でコミュニティラジオに取り組んでいる女性グループや市民グループなどに呼びかけ，1992年の AMARC 女性国際ネットワークの発足につながっている［同：239］．

2-1　AMARC 女性国際ネットワークが取り上げるジェンダー問題

現在，AMARC 女性国際ネットワークは，メディアにおけるジェンダー問題は，グローバルとローカルにおいて3つの問題を抱えている[2]，と見ている．第1の問題点は，女性はメディアでは十分に表現されていないことである．カナダのメディアに関する調査によると，世界各国でニュースに取り上げられている男女比は，1995年では女性が17％，男性が83％であった．2005年では21％と79％というように，女性の割合は増加している．しかし圧倒的に男性あるいは男性に関するトピックがメディアで取り上げられており，女性は周辺的である．

第2の問題は冒頭で述べたように，メディアにおける男女はステレオタイプに描かれ，伝統的なジェンダー関係が継続されていることである．女性は家庭的であり，若くてスリム，そして男性や子どもの世話で手がいっぱいであり，パワーを持つ独立した男性に依存していると描かれている．カブレラ氏は，女性は2つの反対するイメージ，良い女性（可愛く，献身的，きれい，家族に献身的）か悪い女性（売春婦や悪女，自由な女，パワーがありキャリア志向），どちらかで表現

されており，その中間がないことを指摘している．よい女性は男性に従順であり，悪い女性は男性を脅かす，つまり男性の権力を揺るがす女性は悪い女性として描かれている．

第3の問題は，そうやって男性と女性の伝統的な関係が広く維持された結果，女性に対しての不平等や女性に対する男性の暴力が肯定的に描かれていることである．このことは男性が力を持ち，時には暴力的であることを認めることにつながり，そうしたイメージをメディアが形成してきた．

2-2 コミュニティメディアが伝える女性の実像

コミュニティメディアは，女性を無視した，あるいは一方的なイメージで女性を描くメインストリームのメディアとは違い，女性の実際の声を取り入れ，地域のコミュニティへの参加さらに政治への参加を支援し，女性の実像を表していくことを可能にする道具である．コミュニティメディアはどのようにして偏りのない女性イメージを伝え，女性やマイノリティの発言を可能にしているのだろうか．

その答えは，財源と活動にある．コミュニティメディアの多くは，スポンサーや国政に依拠しない資金で設立されており，それらに左右されない自由で活発な発言の場を提供することが可能になっている．現在各地のコミュニティラジオは各国のNPO，国連の「ミレニアム開発目標」(Millennium Development Goals =MDGs)[3]や開発プログラム，UNESCOからの資金援助を受けている．

営利追求やスポンサーに左右されないコミュニティメディアは，女性の身体についての議論を可能にしている．女性の身体や性，そしてセクシュアリティに関する議論は地域や国によっては扱いが難しい問題であり，公式な教育から排除されている場合が多い．それゆえ，女性が自分たちの声で，身体についての不安や健康について議論する場をコミュニティメディアが提供していることの意義は大きい．

2-3 AMARC女性国際ネットワークの活動

各国のコミュニティメディアの活動に対してAMARC女性国際ネットワークは具体的に4つの支援をこれまでに行っている．第1に，女性がメディアで働くことを可能にするためのトレーニングや技術支援を提供する．メディアでは一般的に女性は秘書や事務部署で働き，技術をもった専門職で男性は働くと

いう性別職務分業が根強い．また意思決定機構はほとんど男性で占められている．1995年に北京で開催された第4回国連世界女性会議で採択された『北京行動綱領』のセクションJ項[4]が指摘しているように，技術職，番組の構成にかかわる職務に女性が少ないことが，メディアでの固定したジェンダーイメージの形成を支えている．そのため，専門技術を持ち，番組制作にかかわる女性を増やす必要がある．AMARC女性国際ネットワークは技術や道具を提供し，女性の専門職への道を切り開くようなトレーニングやセミナーを行っている．また問題を提示し，アクションリサーチを積極的に行っている［Cabrera 2008：11］．

第2に，放送番組の国際的キャンペーンを行う．ジェンダーに関する放送番組の構成を行い，特別番組を制作し，メンバー間でその番組を使い放送する．例えば3月8日の「国際女性デー」にキャンペーンを実施し，男女平等と女性の権利についての番組を各地で1カ月間放送する[5]．他にも毎年11月25日から12月10日まで，女性に対する暴力に反対するキャンペーン番組を放送している[6]．

第3に，ジェンダーポリシーを掲げ，ステレオタイプにとらわれないバランスのとれた女性像の提供を約束している．最後に第4には，アドボカシーを行うことである．AMARC女性国際ネットワークは各国のコミュニティメディア活動にあらゆるレベルで（国際的に地域的に）賛同し，支援を行っている．

2-4　AMARC女性国際ネットワークのジェンダーポリシー

AMARC女性国際ネットワークは，女性の人権，知る権利，意思決定権への参加促進を達成するために最前線に立つべきである，という使命感を持っている．

以下ではAMARCのジェンダーポリシーの内容を見ていきたい．その序文[7]は，世界人権憲章と女性差別撤廃条約（CEDAW）の宣言，そして『北京行動綱領』J項の提案に沿い，女性の平等を促進するにはメディアの役割は極めて重要であると明記している．

AMARCのジェンダーポリシーの第1章の内容は，電波への女性のアクセスである．自分たちの番組を作り，社会，政治そして女性問題に関する番組作りを可能にし，番組作りに関する技術やトレーニングを提供する環境を提案している．

第2章の内容は，放送の中の女性像である．ステレオタイプな女性像ではなく多様な女性像を描くこと．女性を専門的な技術や意見を持った情報源と考

え，彼女たちの意見をニュースや番組で反映させることを提案している．

第3章の内容は，多様なエスニシティ・性的指向を含む少数派の女性による特別な要求を取り入れることを提案している．多様な女性の経験を認識し，少数派の女性たちの問題や議論を優先して番組を放送する時間を作り，エンパワーし，安全で差別のない環境を提供する．

第4章の内容は，放送の運営にかかわるすべてのレベルへの女性の参画の実現である．AMARC女性国際ネットワークのアジア太平洋地域における調査[8]によると，コミュニティラジオの全従業員における女性スタッフの割合は44.6%を占めている（表3-1参照）．しかし技術スタッフには27.7%，リーダー的ポジション，つまり意思決定にかかわるポジションには女性は28.0%と，他のポジションに比べて低く，3割を切っている．この数値をどう見るか．例えば日本のNHKの管理職・専門職における女性比率は3.1%である．こうして比べると，コミュニティラジオでの女性の意思決定権への関わりはメインストリームのメディアと比べると大変高いとみることができる．しかしながらそれ以上にAMARC女性国際ネットワークのジェンダーポリシーは，女性代表者を30%にまで増やすことを目標とし，リーダーシップやマネージメントに関するトレーニングを提供することを掲げている．

第5章の内容は，適切なテクノロジーの使用である．多くの地域では，女性は教育やテクノロジー技術から排除されてきた経緯もあり，コミュニティラジオでも技術スタッフの女性割合は低い．このようなジェンダー化された専門技術の知識を解消するには，女性への専門的な技術トレーニングと投資が必要である．女性だけでなく，誰にとっても使いやすい放送機器は，放送局を設立す

表3-1 AMARC女性国際ネットワークのアジア太平洋地域における女性のスタッフとNHKの女性職員割合

ポジション	スタッフ総数	女性スタッフ数	女性の割合	NHKの女性職員割合
総数	291	130	44.6%	11.9%
リーダー的ポジション	75	21	28.0%	3.1%（管理・専門職）
技術スタッフ	54	15	27.7%	4.3%
事務スタッフ	61	27	44.2%	16.0%
番組プロデューサー	108	47	43.5%	12.8%（取材部門）
ボランティア	315	137	43.4%	

出所：Miglioretto and Lopez [2008：96-97] と総合ジャーナリズム編 [2009：48-49] より作成．

るのに役立つ．簡単で安いテクノロジーを作ることは貧困地域の人たちが放送機器を購入し，自分たちの手で放送を始めることを可能にする．

第6章の内容は，女性によるラジオへの経済的支援と能力開発である．ジェンダー平等に到達するには，能力開発は欠かせない．これは女性だけを対象とするのではなく，男性も視野にいれており，男女が一緒に，放送局の成功に貢献できる環境を支援することを重視している．

3 コミュニティメディアの広がりと女性のエンパワーメント

では具体的にどのようにコミュニティラジオは女性のエンパワーメントを行っているのだろうか．AMARC 女性国際ネットワークが出版した報告書［AMARC 2008］から，各地で展開されている女性を中心としたコミュニティメディアの活動とエンパワーメントについて説明したい．

報告書には，アフリカ（8カ国，8例），東南アジア（2カ国，5例）そして南アメリカ（4カ国，4例）の3つの地域でのコミュニティラジオの女性に関する活動がまとめられている．

3-1 アフリカでの事例

ブルキナファソでは，現在77のコミュニティラジオが設立され，2つのラジオ局が女性を主なリスナーとしてターゲットに絞っている．このラジオ局の番組は，水へのアクセス，土地の権利，女子の教育，強制結婚などを扱う．ナイジェリアでは，女性は結婚を強制され，遺産相続権を持たない，女性は男性と同じような職場で働く機会がなく，女性と子どもの貧困が深刻である．こうした状況下で，AMARC，PIWA そして IMS という国際組織が共同でナイジェリアのコミュニティラジオの活動を先導し，女性の問題を扱う番組を運営している．他にもニジェールやカメルーンでは UN や UNESCO そして NGO の支援を受けて，HIV／AIDS の問題やジェンダー認識とその発展についての放送が行われている．

アフリカに共通する問題は，最近まで独裁政権下であった国が多く，1990年代中ごろまで政府がメディアを独占していたことである．こうした独裁政権からの一方的な情報に対して，UN や UNESCO などの国際組織と地元の女性団体が一緒になってコミュニティラジオを開局し，多様な情報を提供している．

政治的，宗教的な理由で閉鎖に追い込まれ，財政不足によって存続が困難なコミュニティラジオもある．しかし教育が受けられず，女性の識字率が20％と低い国も少なくないアフリカにおいて，コミュニティラジオは女性にとってアクセス可能な教育と情報源であることから，放送の維持が今後の課題である．

3-2 アジア太平洋地域の事例

アジア太平洋地域のコミュニティラジオについては，4カ国（ヨルダン，インドネシア，インド，フィジー）の例と，アジア太平洋地域のコミュニティラジオを対象にしたアンケート調査の結果があげられている．

インドネシアにはコミュニティラジオが600局あり，大変多い．しかし女性の雇用や女性管理職は少なく，女性は周辺化されている状況である．それでもいくつかの放送局は女性の権利や健康，宗教，子どもの教育，性に関する番組を地域の言語を使い放送している．パリアマンと西スマトラで「女性の声ラジオ」(Women Voice Radio) を設立したヌハヤティ・カハー (Nurhayati Kahar) 氏は，ラジオの放送を通して，これらの地域女性に対する暴力が多いことを知る．そこで彼女は2002年に女性と子どもに対する暴力と被害者のための施設も設立した．施設とラジオ局を拠点として，女性への暴力に反対するキャンペーンを展開している［Tanesia 2008: 75］．また毎週日曜日には「Mingang物語」という日々の女性の物語が放送される．女性を中心に据えた物語を聞いて，地域の女性たちは自分たちの意識と知識を高め，生活の支えとしている．このように，ラジオでの物語が女性のエンパワーメントを促進していることが報告されている．

「女性ジャーナルラジオ番組」(Women Journal Radio Program) は1999年から始められ，現在162のパートナー局と契約し，これまで334の番組が各地で放送されている．中流階級や下流階級の女性をリスナーとしており，番組内容は約10分とコンパクトであるが，女性に対する暴力，出産，女性を代表する政治，地域の女性，女性労働者の権利などが含まれている［Tanesia 2008: 76］．

アチェでは，女性組織であるBaBAEが女性にわたる予算の要求を訴えるためコミュニティラジオを設立した．例えば，政府のメディアで家庭内暴力や健康についての番組が減らされることは，政府の女性に対する予算が減少することだと指摘し，予算の明瞭化や公表を政府に要求をコミュニティラジオが行っている［Miglioretto 2008: 79］．

インドでも同じように女性自営業者協会 (Self Employed Women's Association =

SEWA）を中心として，テレキャストによる最初の番組が「アハメダバッド・ボラダ・ラジオ」(Ahamedabad Borada Radio) によって2005年に放送された．そこでも SEWA の情報をもとにして，女性による番組が制作されている．

以上のようにインドネシアやインドでは女性団体との連携で女性による，女性をターゲットにしたコミュニティラジオが続々と開局されているが，コミュニティラジオの開局は容易ではないことをヨルダンのケースが示している．2006年に行われたヨルダンでの AMARC 会議のセミナーに参加した女性2名はヨルダンバレーにおいて女性農業従事者向けのコミュニティラジオ設立準備を進めていた [Aqrabawe 2008 : 64-66]．しかしながら，2007年にライセンスを獲得することができず，2009年にも申請をしたが，再度政府から拒否された[9]．

3-3 南アメリカでの事例

南アメリカのコミュニティラジオにおける女性の活動はアジア太平洋地域の活動とよく似ている．例えばメキシコでは，国営テレビ・ラジオが2つあることから，政府はコミュニティラジオのライセンスを出さなかった．しかしメキシコ南部にあるオアハカ (Oaxaca) 州のミヘ (Mixe) 地域ではコミュニティラジオの設立を模索し，2004年に放送を開始している．現在では，女性や子どもへの暴力に関する問題がラジオを通して語られるようになり，今後社会の変化させることを可能にしている [Chavez 2008 : 103-104]．

ニカラグアでは1980年代から活動しているマタガルパ女性コレクティブ (Women's collective of Matagalpa) が「ラジオ・ステレオ・ヴォス」(Radio Stereo Vos FM101.7) の番組構成やマネージメントを行っている．この番組では家庭内暴力，中絶，セクシュアリティ，生殖という，カトリック教徒が多い国では扱いが難しい内容を放送している [Parisaca 2008 : 106-108]．

アジア太平洋と南アメリカでの報告書で扱われている例では，地域の女性団体が主体となってコミュニティラジオを運営しているという特徴を持つ．一方で，アフリカの場合は貧困問題解決のために，国際組織が主導となって，教育と女性の情報を広げるためにコミュニティラジオが運営されている．

4　日本のコミュニティメディアとジェンダー

各国でのコミュニティラジオの活動の中にいくつかジェンダー問題を重視と

していることが報告から見ることができるが，日本ではどうなのだろうか．日本では現在コミュニティ放送局が232局あるが，そのうちほとんどが株式会社か，行政セクター（地方自治体）の出資により運営されている放送局であり，非営利活動法人によるコミュニティ放送局はたった14局である．つまりAMARCが定義するようなコミュニティラジオと日本の法律で定義された「コミュニティ放送」は別物なのである．

日本のコミュニティ放送局の中にAMARCの活動に賛同し，会員となった局は，「FMわぃわぃ」と「京都コミュニティ放送」の2局である．他には個人で参加している人たちが多い．2007年にメンバーによって「AMARC日本協議会」が立ちあげられ，協議会では個々の番組や番組制作者との連携，コミュニティラジオの活動理念，活動内容の社会的認知の浸透を促進していくことを課題としている．

4-1　コミュニティラジオにおける**女性職員**——6ラジオ局の事例から

2009年6月に京都で行われたトークセッションには，日本のコミュニティラジオ局，6局（表3-2参照，うち3局が非営利放送局である）が参加した．そこでは放送局の活動内容と活動の問題を提示し，AMARCのメンバーがそれぞれ，各国の事例と問題点を紹介するという形で，情報交換が行われた．このセッションに参加した6局は，人権擁護や多文化共生，コミュニティ，高齢者問題，地域情報などの地域に根差した番組を放送している．

女性職員の人数を見てみると，6局すべてで職員数（表3-2を参照）が少なく，男性と女性職員数はおおよそ同じである．このことは制作スタッフや管理職でも反映されている．しかし技術スタッフでは6局のうち2局が男性のみである．一方でボランティアスタッフは，「FMいかる」と「京都三条ラジオカフェ」以外，どの局でも圧倒的に女性が多い．NHK職員の女性割合（表3-1参照）と6局のデータを単純に比較することは不可能であるが，この6局では女性職員の占める割合は高い．しかしこれら6局の中で，女性による番組放送は多くあるが，男女平等，女性への暴力やセクシュアリティの問題を中心にして積極的に議論する番組は放送されていない．このことは，女性が多く働く局では必ずしも女性の問題を積極的に取り上げるということではないことを示している．

表3-2 コミュニティ放送局の職員数

	FM わぃわぃ	FM いかる (FMikaru)	NPO京都コミュニティ放送 愛称：京都三条ラジオカフェ（非営利）	あまみエフエムディ！ウェイヴ（非営利）	えふえむ草津 Rockets785	特定非営利活動法人京丹後コミュニティ放送 FMたんご（非営利）
職員数	女性＝1人 男性＝1人	女性＝4人 男性＝3人	女性＝1人 男性2人 （うち1人は非常勤）	女性4人 男性4人	女性1人 男性3人	女性2人 男性2人
制作スタッフ	女性80人 男性30人	女性3人 男性1人	ボランティアスタッフで分担	女性2人 男性2人	女性1人 男性5人	女性2人 男性3人
技術スタッフ	女性50人 男性30人	女性1人 男性1人	ボランティアスタッフで分担	女性1人 男性1人	女性0人 男性5人	女性0人 男性3人
ボランティアスタッフ	女性80人 男性50人	女性4人 男性4人	女性15人 男性15人	女性20人 男性10人	女性51人 男性4人	女性34人 男性14人
管理職	女性2人 男性1人	女性0人 男性2人	NPOなので該当しない	女性1人 男性1人	女性1人 男性1人	女性1人 男性1人

出所：2009年6月12日，トークセッション「コミュニテイィメディアの現在」で配布された各局のプロフィールから作成．

4-2 新しい情報発信とジェンダー

最後に，狭義のFMコミュニティ放送には該当していないが，女性のコミュニティ形成とエンパワーメントに実質的に寄与している例に少し触れたい．2009年9月に東京で開かれた全国市民メディア交流集会の分科会で「命綱としての携帯」がテーマとして話し合われた．当事者からの問題提起として，シングルマザーたちは携帯電話をPCよりも安く利用しやすい情報収集源として利用している．また性的マイノリティの人たちも「身近でパーソナルなメディアである携帯」として携帯サイトを情報発信と仲間づくりに欠かせないメディアとして活用している．PCを購入できないという女性の貧困の問題と合わせると，携帯電話は比較的安価で，利用が簡単であり，ラジオ放送も可聴であり，情報を送受信することができる．携帯電話は個と個を結びつけることができる

メディアである，とこの分科会で再確認されている[16]．

インターネットラジオ局「ラジオパープル」[17]はNPO法人全国女性シェルターネットによって設立され，2009年6月から開局した．狭義のコミュニティ放送には該当しないが，ウェブ放送として従来の地域コミュニティに限定されず，新しいコミュニティの場を提供している．番組内容は主に家庭内暴力の問題を扱い，その対応としてのシェルターの情報，カウンセリング，法律，女性の労働，セクシュアル・マイノリティの問題と共生の情報も提供している．また，経済・法律・社会によって形成されてきた女性労働者への制約を家庭内暴力の一連のつながりとして取り上げ，各専門家によって説明やアドバイスがされている．ラジオパープルの取り組みは，社会的・経済的に女性の権利が明瞭になっているはずの日本でもまだまだ不足している女性の情報や知識を共有して議論する場を提供し，女性のエンパワーメントに寄与するという重要な役割を担っている．

5　女性の主体的なメディアに向けて

AMARC女性国際ネットワークの取り組みは，各国での多岐にわたる活動によって見ることができるが，カブレラ氏は「道はまだ半ばである」とし，さらに「女性はメディア専門職に入ってきており，女性団体は彼女たち自身のメディア材料を使っているが，彼女たちに対する妨害はまだある．そして女性はまだメディアでの意思決定構造の中の代表は少なく，ネガティブな女性のステレオタイプ的な表象はまだ広がっている．こうした現実は統治組織への女性のフルの参加を阻止している．こうした問題に，AMARC女性国際ネットワークは取り組み，チャレンジするのである」と，京都でのシンポジウムで発言している．

日本でのコミュニティメディアのジェンダー問題への取り組みは，現在のところ残念ながらまだわずかである．女性が多くコミュニティ放送局で働き，メディアにアクセスしているが，必ずしもジェンダー問題を積極的に取り上げ，女性の表現を変えていくというわけではない．しかしAMARC女性国際ネットワークの例とよく似た形，すなわち，女性の問題やジェンダーを取り上げる団体がコミュニティラジオ番組や放送局を作り，情報発信を行っているケースもある．コミュニティメディアは身近な地域そして個人的な問題を取り上げ，

女性たちが直面している問題に向き合い，女性たちに問題意識を起こさせ，エンパワーすることを可能にしている．そこには女性の現実の声や物語が他の女性と共有され，相互に刺激し反復する過程があり，その声や知識は広がっていく．今後，各国でこうした活動がコミュニティメディアを通して情報発信を行い，新たなネットワークを形成し，その結果メディアそして公的領域におけるジェンダー関係が大きく変わることを期待したい．

注
1) 2009年6月13日国際シンポジウム「世界のコミュニティラジオに平和の声を聞く」から．
2) 同上．
3) OECDが1996年に打ち出した国際発展の21世紀の戦略は，2015年までに世界の貧困を半分にすることであり，そしてこの戦略はMDGsの方針の基礎となる．MDGsの主要なゴールは，1) 貧困の撲滅，2) 人的資源の発展，3) ジェンダー平等と女性のエンパワーメント，4) 子供の死亡率の減少，5) 母親の健康の増進，6) HIV/AIDSマラリアなどの病気の除去，7) 維持可能な環境を確実にすることであり，これらの目標と各国の女性組織とのグローバルパートナーシップである [Kabeer 2003：8]．これらの目標と各国の女性組織の取り組みが一致し，コミュニティラジオの設立のためにUNから助成金を得ているケースはアフリカに見られる．
4) 『北京行動綱領』のJ項は「女性とメディア」について言及しており，そこでは「ほとんどの国の活字及ぶ電子メディアは，変わりゆく世界における女性の多様な生活と社会への起用についてバランス良く描写していない」(J項236)とメディアで歪められた女性表現に対しての異議申し立てが行われ，メディアの性別役割分業を改善するために，ジェンダー戦略目標を立て，メディアがとるべき行動を明確にしている．
5) http://win.amarc.org/index.php?p=March_8&l=EN (2009年8月20日閲覧)
6) http://win.amarc.org/index.php?p=16_Days_Against_Violence_on_Women_2008 (2009年8月20日閲覧)
7) AMARC日本協議会「コミュニティラジオのためのジェンダーポリシー　仮訳」．以下から英語版の冊子をダウンロード可能．http://www.amarc.org/index.php?p=Gender_Policy&l=EN
8) 2006年に行われたAMARCの調査．12カ国，23の回答があった．
9) http://mediascape.amisnet.org/2009/02/03/jordan-government-denies-jordan-valley-women-radio/ (2009年8月20日閲覧)
10) 総務省「コミュニティ放送局一覧2009年8月11日」．http://www.tele.soumu.go.jp/j/

adm/system/bc/now/index.htm（2009年8月20日閲覧）
11）本書の序章を参照．
12）本書の終章を参照．
13）この6局中，「えふえむ草津」は女性が代表取締役である．
14）「FMわぃわぃ」は女性スタッフ数が男性スタッフを大幅に上回っている．
15）しかしそうしたサイトはアダルトサイトもしくは有害サイトとして，フィルタリングがかけられ，規制対象に含まれてしまうケースがある．同性愛に関するサイトはフィルタリングにかけられているのが実情である．しかし総務庁と「個別に交渉すればフィルタリングは解除できるようになっている」という有益なアドバイスが分科会であった．
16）東京メディフェス分化会「命綱としての携帯」については，分科会のノートから引用．
17）ホームページは，http://www.radiopurple.org/acw 2 /

牧田幸文

Column 1　シングルマザーをつなぐホットライン・電話相談

　私たちは母子家庭の当事者団体として，シングルマザーへの情報提供，相談事業，国や行政に対する政策提言等を行っている．シングルマザーはその9割近くが働いているが，低賃金で労働条件も悪い非正規職がほとんどである．おまけに，社会にはいまだにシングルマザーに対する偏見と差別があり，特に，離婚する女性はわがままだ，非婚の女性はふしだらだと，女性を非難する風潮が根強く残っていて，シングルマザーは自分がシングルマザーであることを言いづらく，地域で孤立している．また，離婚原因の多くはDVであるが，やっと離婚できても心身に後遺症が残って働けなかったり，いつ前夫があらわれるかと怯えながら暮らすために，安定した生活を営めないでいる人も数多い．従って母子家庭の就労収入は140万円前後と低く，頼みの綱は，児童扶養手当である．児童扶養手当は，母子家庭の8割が受給していて，所得に応じて最大年額50万円程度（2人目は年額6万円，3人目以上は年額各3万6000円）支給される，国からの母子家庭に対する唯一の直接的経済支援である．
　受給者は毎年夏に窓口に現況届けを提出しなければならないのだが，その時に，担当者からプライバシーを侵害されたり，偏見や差別に基づいた言葉を浴びせられることがある．離婚した前夫の両親が近くに住んでいたりすると偽装離婚ではないかと言われたり，男性の陰がないかと詮索されたりする．また，児童扶養手当は所得制限があるのだが，逆にあまり所得が少ないと，これでは生活できないはずだ，なにか不正しているのではないかと言われたりもする（必死でやりくりし

て生活しているのだが）．当事者は制度に精通しているわけではないから，窓口でだめだと言われたらそうなのかとあきらめて，いっそう困窮状態に陥る．また，言われた言葉に傷ついても，反論すると手当を切られるかもしれないと思い，悔しい気持ちを飲み込み，自分を責めて閉じこもってしまったりする．私たちはこういった事態を防ぐために，現況届の時期に合わせて毎年ホットラインを開設し，制度をかみ砕いて説明したり，窓口の理不尽な対応には抗議をするなどしている．多いときでは50件近く，少ないときでも10件ほど，上記のような相談も含め，生活や仕事，子育ての悩みなどの相談が寄せられている．中には，急に額が減ったとか意味がわからない書類が届いたとかいう相談もある．実は児童扶養手当は財源不足を名目に，削減を目的とした制度変更が繰りかえされているのだが，その情報が当事者に届かないことがあるのだ．低収入の母子家庭の中には新聞を取るのを止める人も多く，ただでさえ情報を得にくい状況にある．また仕事や子育てに毎日忙しいため，役所からの書類（たいてい非常に難しい言葉遣いである）もなかなか精読できず，手続きの変更を知らないでいる場合もあるのだ．

　このホットラインを開設してつくづく思うのは，情報の大切さである．特にぎりぎりの生活をしている人にとって情報不足は命に関わることもあるのに，ぎりぎりなればこそ情報からも阻害されてしまうのだ．私たちのホットラインは，当事者にとって必要な情報を，当事者の立場で読み解き，当事者に提供する役割を果たしている．また逆に，当事者からさまざまなニーズや意見を得て，行政につないだり政策提言に盛り込んだり，私たちの活動につなげたりもしている．まさに双方向メディアである．もう1つ重要なことは，このホットラインが地域のネットワークをつなぐラインでもあるということである．シングルマザーの悩みは多様だ．地域の子育てグループや労働問題，貧困問題等に取り組んでいる様々なNPOとの連携によってこそ，その悩みに答えることができるのである．

　さらにこのホットラインの特徴は，電話をかけてくるのはもちろん当事者だが，話を聞くのも当事者だということだ．電話の向こうに自分と同じ立場のシングルマザーがいるというだけでも，不安で孤立している当事者は少し元気になる．元気になるのは実はスタッフもなのである．スタッフにとっては，当事者の怒りや不安は自分の経験に重なることも多い．自分ならどうするか，自分ならどうだったのかと，かっての自分を問い直しながら，そのときはただただ無力だと感じるだけだった自分の経験が，電話の向こうの当事者への共感となり相手に伝わり，ほっとされていることがわかり，自分の経験が単につらいだけではなく人の役にも立つことに気づいて元気になるのである．

　当事者の安心と元気をつなぐホットライン．小さなメディアであるが，重要なメディアとして，これからも大切に育てていきたいと思っている．

　　　　（中野冬美：NPO法人しんぐるまざあず・ふぉーらむ・関西 事務局長）

第4章

台湾の原住民族電視台
―― 「主体の現われ」としてのコミュニティメディア ――

「他者の前に現われる可能性を奪われることはリアリティを奪われることを意味する」[Arendt 1958：邦訳320-21；齋藤 2008：68]．

　民主主義社会においてメディアには様々な役割が求められ，メディアもそれらの役割を実践することが公器としての自らの社会的責任の実現であるとしてきた／いる．他方に，インターネットの普及，さらにはメディアの技術革新が進み，多メディア，多チャンネルが現実となった今，従来とは異なるメディアとの接し方も出現し，メディアと社会の新たな関係の展開が模索されている．なかでもプロの記者によって伝え，表象される「対象」であった人々が，情報の送り手となり，自らの言葉，視角に基づく眼差しでメディアにおいて「現われる」動きが活発になっている．
　本章で扱う「原住民族電視台」の主体である台湾原住民族は，後述するように長期にわたって植民地支配を受け続けてきた．「1970年代以降，台湾の原住民のほとんどが彼／彼女らのエスニック・アイデンティティへの手がかりと文化的象徴を失い，内なる自我が完全に崩壊し」，1980年代になると，「私は誰」と絶えず自分に問い続けた [孫 1995：213；2000：145]．本章では，周縁化された原住民族が1980年代から生のリアリティを回復するためのアイデンティティの確立と生存を求める社会運動を通じて，台湾社会において他者へ現われてきた経緯を概観する．そして，原住民族の課題を議論し，自らのアイデンティティを確認し再構築する公共的な表現空間となる「原住民族電視台」の成立とその実践を考察し，それがコミュニティメディアとして果たし，これからもちうる役割を考えていく．

1 原住民族の現われへの社会運動

1-1 四大族群と重層的なアイデンティティをもつ人々の同化

　台湾は17世紀から異なる文化体系をもつ勢力——オランダ，鄭成功，清朝，日本，中華民国・中国国民党政権（以下「国民党政府」と略称する）によって支配されてきた．現在では，17世紀以降，主に清朝の中頃に中国本土から台湾に移住した移住漢族である「閩南（福佬）人」(70%)と「客家人」(13%)，そして同じく漢族であるが，国民党政府とともに中国本土各地から移り住んだ「外省人」(15%)，さらには先住民族である「原住民族」(2%)からなる四大族群が存在している．

　本章の議論の対象となる台湾の最小族群の原住民族は南島語族（Austronesian，またはMalayo-Polynesian）であり，2009年8月現在，政府が認定しているのは14種族——泰雅族，賽夏族，布農族，鄒族，邵族，排湾族，魯凱族，卑南族，阿美族，達悟族（雅美族ともいう），噶瑪蘭族，太魯閣族，撒奇莱雅族，賽徳克族——がある．原住民族の各種族間はもちろんのこと，閩南人，客家人，外省人の文化，慣習や言語，歴史的社会的経験もそれぞれ異なっている．重層的なアイデンティティをもつ人々の共通語は日本植民地時代では日本語で，それが戦後になると，国民党政府が定めた「国語」として強制的に学習させられた中国語（いわゆる北京語）となった．37年間（1949年-1987年）に及んだ戒厳令が実施され，高圧的な管理体制のもとで中華思想，中華文化を継承する中華民族の一員としての同化政策が進められ，「反攻復国」（中国本土を取り戻し，国を復興させること）の使命を想像させた．

　なかでも原住民はときの権力者によって一方的に「○○である」と呼ばれてきた．清朝は「熟番」（部分的に漢化した番人）と「生番」（漢化していない番人）とに分けられ，日本の植民地期の台湾総督府は「蕃人」（もしくは「蕃族」），のちに「高砂族」と呼んだ．それが戦後になると，「高山族」，「平地／山地同胞」（通称「山胞」）と呼称されるようになった．居住する土地（日本の植民地時代は「蕃界」，「蕃地」，戦後は「山地郷」）もそれぞれの時期の政策によって狭められた．国民党政府下では1950年初頭から原住民の生活改善，定着農耕，造林の奨励，国語教育などを通じてマジョリティ社会への同化が展開された．さらにいわゆる「山地平地化」の同化政策によって，多くの原住民青年が原住民村落を離れ，漢族

中心の経済体系に入り込んだ．しかし原住民村落の多くは辺鄙で開発の度合いが低く，教育資源も著しく悪いところにあるため，都会に入った原住民は一般の漢族よりもその平均教育水準が低く，就業マーケットの低層の仕事をせざるを得なかった [王 2003：107]．

1-2　原住民族の社会運動の興起

　原住民への呼称，生活基盤，生存に関わる事柄が，いずれも強者の日本人や漢族によって脅かされてきた状況下で，1980年代に始まった原住民族社会運動はまさにアイデンティティの獲得と生存をめぐるものである．ここでいうアイデンティティの獲得とは2つの意味をもっている．1つは前述した「番人」や「高山族」，「山地同胞」といった他者によって付された呼称を真の名に正す作業である．もう1つは他者が作り上げた原住民のイメージとそれによって傷つけられた原住民自身のアイデンティティの回復を目指すものである．生存とはこうしたアイデンティティの回復を通じて正当な生存権利を求めることである．

　1980年代初期の多様な民主化運動，社会運動の波にあった原住民族社会運動の背景には，国民党政府の教育体系下で成長した各種族の原住民青年がこの時期に大学に入りはじめたことに加え，それぞれの文化的相違よりも漢族社会で自らの地位が不利な立場にあるのは自分たちが「原住民」であることに原因があるとの認識がある [王 2003：113-14]．その後の運動の発端となった台湾大学の原住民学生による手書き回覧雑誌『高山青』（イバン・ユカン[泰雅族，漢族名林文正]執筆）がその創刊号（1983年5月1日）で，「台湾高山族はまさに種族滅亡の危機に瀕している」，「高山族の民族自覚運動を興そう」と呼びかけた．10月の第2号では「呉鳳は我々が殺した．彼は悪徳商人だったからだ」と題する文章を載せた [若林 2008：321]．これは清朝期に漢族と鄒族の通訳を務めた呉鳳が自分であることを伏せて，首を取らせて鄒族の首狩りの慣習を止めさせた，いわゆる「公のための犠牲」，「野蛮＝原住民族／文明＝日本人，漢族」の日本植民地期から伝わってきた象徴的な「呉鳳説話」に対して歴史的な汚名化（stigmatization）に異議を唱えたものである．

　1984年12月29日に原住民青年たちはキリスト教長老教会の支援を受け，権利が侵害される原住民を救済する「台湾原住民権利促進会」を結成し，この頃から一切の他称を廃し，「原住民」と名乗りはじめた．このことがのちの民族的

な集結の鍵となった［若林 2008：321］．

1-3　原住民族社会運動のスタンスの確立と成果

　台湾原住民権利促進会は1987年3月に根本的な原住民族問題の解決を目指すために活動目的を政策への抗議と体制改革に転換し，10月に名称を「台湾原住民族権利促進会」に改めた．その後の活動の総綱領ともいえる「台湾原住民族権利宣言」——自己アイデンティティ，歴史と現状に対する認識，原住民族としての権利主張，民族自治の実現——が提案され，1988年3月の執行委員会で正式に会則の一部として取り入れられた［若林 2008：322-23］．この権利宣言では原住民族は漢族と違って南島語族であると強調し，これまで外来支配のなかで伝統的な生活領域が侵され，文化も同化の圧力に脅かされ，まさに種族滅亡の危機に直面しているとの認識を前提に，生活基本権（生存権，就労権，土地権，財産権，教育権），自決権，文化的アイデンティティの権利を有することを主張した［同：323］．

　先に触れた『高山青』の第2号で疑問を呈した呉鳳説話への打破運動は1987年9月に展開された．長い間，検証されなかった「神話」は，日本植民地期では公学校（漢族向けの初等教育機関）と小学校（主に日本人子女）で教材として習い，日本人，漢族の原住民差別を助長するだけではなく，その後の国民党政府が進める一元主義的教育政策のなかで，原住民児童にも同じ教科書を学ばせ，自己卑下の心理を植え付けるものとなった．運動の結果，1988年9月に教科書を編纂する国立編訳館はこの説話を全廃することを決定した［若林 2008：325-26］．

　他称を正す「正名」（呼称を正す）の動きも進められた．1994年の第3回憲法改革の際に「平地／山地同胞」に代わって「平地／山地原住民」という語が用いられた（第1条二項，第3条二項）．さらに第9条の各社会的弱者集団の権益保障と促進の部分では「国家は自由地区の原住民の地位と政治参加を保障すべきであり，その教育文化，社会福祉，経済事業をも扶助し発展を促進させるべきである」とした．第4回憲法改革時（1997年）はさらに集団的アイデンティティを指す「原住民族」が使われ，基本国策となる第10条では多元主義を盛り込み，原住民族の各種権益の保障を言及した．他方に個人名の「正名」も行われた．日本統治末期に日本名に改名した名から回復する名前のなかった原住民のほとんどは戦後，漢族式の名前を付けた．1994年の憲法改革後に民進党の葉菊蘭立法院議員が提案した「姓名条例」修正が採択され，「台湾原住民族権利宣言」

の第17条で求めた族名を回復する権利が認められた.

このほかに，1996年12月10日に行政院（日本の内閣にあたる）で原住民族に関わる権益の政策推進を行う「行政院原住民委員会」(2002年に「行政院原住民族委員会」に改称，以下「原民会」と略称する）が設置された．1998年には「原住民族教育法」，2005年には「原住民族基本法」が設けられ，文化と族語の継承のための族語能力認定制度も導入された．土地権と自治権の主張は部分的に認められるだけとなっている．

アイデンティティの回復と生存への社会運動によって原住民族の社会的地位，生活，教育環境改善の多様な施策が実施されるようになった．しかしながら現在なお，高等教育水準は一般民衆より低く，失業率は漢族との間の差が小さくなってきているものの［行政院原住民族委員会 2009：5］，年間世帯所得は一般民衆のそれの半分にも満たない（2006年時点）［行政院原住民族委員会 2007：24-26］．そこで全方位的で継続的な生活，社会環境の改善と原住民族の知る権利とメディアアクセス権の実践のために，原民会の文化事業の一環として「原住民（族）電視台」が設置された．

2 「原住民族電視台」[4] の設立と運営

2-1 設立背景

戒厳令施行中の台湾において放送メディアはもちろんのこと，新規新聞の発行が禁止されたことが象徴するように，活字メディアまでもが国民党政府によって管理され，影響を及ぼされうる状況下にあった．1987年の戒厳令の解除を境に1988年に活字メディアは自由化された．1990年代中頃になると非合法ケーブルテレビの合法化に伴い，多チャンネル化が急速に普及した．1998年には台湾初めての公共テレビ局の「公共電視台」が放送を開始した．2004年に成立した「通訊伝播基本法」，「国家通訊伝播委員会組織法」でマスメディアの通信・放送における多文化的配慮の必要性が謳われている．台湾のマジョリティ言語である閩南語（福佬語）によるニュースやドラマの放送のみならず，相次いで設立された「客家電視台」(2003年7月開局)，「原住民族電視台」(2005年7月開局）によって，エスニック・グループの視角に立った情報の伝達，族語を使用したニュース番組なども放送されるようになった．

メディア研究者の劉幼琍が1998年に行った調査によれば，86.2%の原住民が

原住民のテレビ番組が「足りない／非常に足りない」と認識し，原住民のためのケーブルテレビチャンネルが「必要／非常に必要」と考える原住民はさらに高く91.7％にも達している［劉 1998］．この背景には，長期にわたって，ごくわずかなドキュメンタリー作家による原住民族の描写を除けば，マジョリティ中心のマスメディアがドラマや映画で提示してきたステレオタイプな原住民族像が，日頃原住民族と接触する機会のない一般民衆の原住民イメージを構築したことに加えて，原住民関連の議題がほとんどマジョリティのマスメディアには取り上げられていないことがある．そして，上述の原住民関連のドキュメンタリー作品の多くは他者（漢族）によって観察され，漢族とは異なるという他者をみる眼差しで描かれたものが多かった．こうしたことはもちろん，原住民族の台湾での社会的地位を象徴的に反映しているだけではなく，マスメディア制度におけるマイノリティ・グループへの関心の低さ，さらには明確な社会的制度保障の不備が問題として指摘でき，原住民のほとんどが映像活動に参与できるほどの十分な技能をもたなかったことも一因と考えられる．

　原住民はいかにしてメディアに現われるか．1994年9月に当時まだ設置準備段階にあった公共電視台の「公共電視準備委員会」が24名の原住民に対して映像制作訓練を実施した．うち優秀な11名が公共電視台の記者になり，原住民がテレビメディア業界に初めて正式に参与した．先に触れた「行政院原住民委員会」は原住民のメディアを輔導すると明文化し，1997年に成立した「公共電視法」では第11条に「多元性，客観性，公平性を保持し，エスニック・グループの均衡をも鑑みる」と定め，放送開始後に原住民記者による企画，取材，撮影，編集，ナレーションを担当し番組制作するという，台湾で初めて原住民によって組織されたテレビ番組制作チームが成立した［原住民族電視台 2009：50］．そして原住民の目線に立った「原住民新聞雑誌」や「部落面対面」などの原住民による原住民のための番組を制作・放送しはじめた（のちに原住民族電視台の番組となった）．

2-2　法的根拠と運営

　1998年6月に設けられた「原住民族教育法」が初めて原住民のためのチャンネルの設立（第26条；2004年の法改正で第29条に修正）を法律レベルで言及した．4年後の2002年になると原民会は原住民専属のテレビ局の設置を推し進めるために，2003年に3.3億台湾元（1元≒2.9，約10億円・2009年9月末現在）の予算を編成

したが，立法院は原住民の多くが居住する山間部での視聴環境が十分に改善されていないことを理由に予算凍結した．9月に新聞局（当時の放送行政監督機関）と原民会が共同で電波転送のための衛星を借り，受信環境が悪い地域の原住民世帯に対して受信機を配布するという「地上波テレビ局の共通アンテナ」政策を進めた．翌年に立法院が原住民族専属のテレビチャンネルの設置を承諾した．2005年2月に成立した「原住民族基本法」の第12条ではさらに原住民族のコミュニケーションとメディアアクセス権を保障するメディアの役割を強調した．

しかし，放送設備をもたなかったため，既存の商業テレビ局による入札で制作放送委託先（台視文化公司，のちに東森電視公司）を決めて2005年7月1日に「原住民電視台」が正式に放送をはじめ，アジア地域初めての先住民族テレビ局となった．ただし，見切り発車の感が否めず，開局1年半のうちに3回も放送委託先が変わるという不安定な経営体制下で長期的なビジョンを示せず，番組内容も特定政党の政治的意識が含まれると指摘され［mayaw biho wsay kolas 2005；魏玓 2005］，商業色の強いテレビ局の下で望まれる番組の質も確保できなかった．この状況に変化をもたらしたのは2006年に成立した「無線電視事業公股処理条例」の第14条第3項の規定である．これにより原住民電視台は2007年から公共電視文化事業基金会が運営し，公共電視台ともう1つのエスニック・グループの客家人の「客家電視台」などとともに「台湾公共広播電視集団」の一員となり，名称を「原住民族電視台」（以下「原視」と略称する）に改めた．また，「財団法人公共文化事業基金会公視理事，監事会」と「財団法人公共文化事業基金会原住民族電視台諮問委員会」を設立し，内部監督メカニズムを整え，ある一定の自律性をもつ環境になった．

事業経費は2005年放送開始以来，中央政府総予算案のなかで原民会の「原住民族教育推進」のうちの「原住民族電視台及び番組制作，人材育成及び番組ウォッチなどの費用」の業務費から拠出している．シーズンごとの運営状況報告書を原民会に提出し，審査を受けたのちに当該シーズンの予算行使が可能になる．さらに2009年度より関連経費は年度事業計画及び収支予算書を添付し，原民会の予算審議手続きを経て経費執行しなければならないとなった．また，2009年11月23日に実施予定の「原住民族文化事業基金会設置条例」が施行されれば，原民会と財団法人公共文化事業基金会から独立して，より自律性の高い原住民族のメディアとして主体性が際立つ運営が期待される．なお，年間の運営資金は3.5億台湾元である．

3 他者による表象から自らの現われへ

3-1 原住民族電視台の実践

 決して潤沢とは言えない運営資金であるが，原視は現在4つの使命——原住民エスニック・グループの力を凝集し，文化の涵養と色彩を豊かにし，原住民族の地位向上を求め，平等的正義ある社会の実現を目指すこと——をもとに活動し，多元性を尊重し，原住民村落を優先し，プロフェッショナルで自立・自律であることを経営理念としている．こうした使命と経営理念を達成するために，様々な取り組みを行っている．

 原視の番組を大きく5つのジャンルに分けるとそれぞれが占める割合は，ニュース報道番組(56%)，ドキュメンタリー報道番組(15%)，談話番組(11%)，教育番組（＝数学，科学，英語番組，いずれも原住民文化を織り込んで構成する；10%），バラエティー番組(6%)，ドラマ(2%)となっている[原住民族電視台 2009：70]．番組自己制作率は76%と高く，初回放送の番組は1日8時間を占め，番組の再放送を入れての24時間放送を行っている．スタッフ全員(100名・うち8名休職中)のうち，原住民が9割近くを占め，ニュース部は92.3%（原住民スタッフ48名，漢族4名）で，番組部は85.7%（原住民24名，漢族4名）である(2008年度・現在)[原住民族電視台 2009：78]．

 以下では，原視による自主制作で取材に局の1/3もの経費を費やし，もっとも力を入れているニュース報道番組を中心に紹介する．

 原住民だけではなく，一般視聴者をも対象にする「**原視毎日新聞**」(「原視毎日ニュース」・月曜日－日曜日の1日3回生放送，12：00-13：00，19：00-20：00，23：00-00：00，土日のみ30分編成) は原住民の観点からニュースを伝え，原住民に関連する重大な議題や天災が起きたときは特別編成し対応している．原住民人口の多い台湾東部の花蓮，台東，屏東地区のニュースを強化するため，2008年10月3日に「東部ニュースセンター」を設置し，昼夜のニュース番組枠において各15分間ローカル観点に基づく情報を放送している．将来は制作放送センターに改組する予定である．

 「**族語新聞**」(「族語ニュース」) は月曜日から金曜日の1日3回，それぞれ異なる原住民族語によるニュース番組の録画放送番組（6：30-7：30，11：00-12：00，18：00-19：00）である．2008年は12族語で放送し，2009年は順次に「邵
サオ

族」と「賽徳克族ｾﾃﾞｯｸ」の族語を取り入れ，すべての原住民族語による放送が実現されている．番組内容はメインニュースとキャスターの解説のほか，国際ニュース，年長者のコメントや原住民村落で行われた文化的行事や祭典の紹介，村落のイベント予告と求職情報，原住民村落の物語と歴史的事件についてのコーナーもある．失われつつある原住民族語の伝承というほかに，それぞれの原住民種族の観点からニュースや情報を解釈，発信することを目指している．

公共電視台時代から放送開始した「部落面対面」に代わって，「**原地発声**」(「原住民・族のところから声を発する」・木曜日と金曜日20：00–21：00；2010年1月30日より土曜日19：30–21：00に変更) は2009年4月2日に放送開始した．「部落面対面」と同じく生放送し，視聴者は電話で番組の議論に参加できる．スタジオから出て原住民村落に直接出向き，住民参加型公開討論会形式で収録されることもある．扱う話題は広義の政治——例えば，自治，族語と学校入試，原住民村落の保育，経済問題等々——が中心である．ただ，「部落面対面」と異なる点はインターネットを利用し，種族や村落の独自のローカルな問題をこの番組を通じて全国各地の観点につなげることを図ろうとすることである．原地（原住民・族のところ）の声が番組を通じて，すべての原住民／族，もしくは台湾全民衆の視点と競い合わされることから，ローカルな問題が地域内で完結せず，場合によっては他の種族の同類型の問題解決の糸口となったり，異なる民族の理解を深めたりすることにつながると考えられている．実際に，台湾各地に点在して居住する異なる種族の原住民が抱く大きな関心の1つは，同じ原住民族である他の種族はどうしているかであるという．

2007年10月16日に「**8点打給我**」(「8時に私に電話を下さい」・月曜日–水曜日20：00–21：00；2010年1月25日より月曜日–金曜日の週5日放送へ) が生で放送開始した．番組では原住民に密接する時事問題，原住民がよくかかる病気や健康関連の話題，ドメスティックバイオレンスの問題から，原住民を扱うドラマ，原住民のバンドの紹介等々，時事的で幅広い話題を扱い，わかりやすく視聴できる生活バラエティー番組である．また，番組内で視聴者からの生電話も受け付けており，視聴者が質問や感想を自らの声で直接反映することができる．

このほかに，原住民族文化について多角的に扱う番組も多く制作し，特に「**原視音雄榜**」という歌や踊りが好きで優れた才能を持つ人が多い原住民が参加して歌を披露し，競争し合う番組があり，多くの実力派新人を発掘し，原住民視聴者から絶大な人気を博している．

3-2　ローカリティの重視とグローバルなつながり

　2009年8月8日に台湾南部に大きな災害をもたらした台風が上陸した．特に原住民が多く居住する山間部での被災状況のひどさと被災者数の多さは，台風が過ぎ去った後に少しずつ明らかになった．継続的な豪雨で道路や橋が寸断され，生活インフラも壊滅状態となり，ヘリコプターによる救出作業も思い通りに行かず，中央，地方政府の危機管理と責任問題が取りざたされる一方で，ボランティアや救援物資，支援金が続々と集まった．この間，原視は多くの特別番組を編成した．元々1時間番組だった「原視毎日新聞」は「八八水害特別報道」と題した2時間番組になり，番組内では現地住民からの状況報告のためのホットラインを開設し，特に避難した住民が自らの声で居住した村落の生情報をも放送した．連絡が途絶えた村落から被災者がビデオカメラで撮影した被災地映像と報告が，辛うじて残っていたバッテリでインターネットを経由して原視に送られ，放送されたことで，被災が外部に発見されるケースもあった．また，救助された人々のリストとその人たちが収容されている一時避難所の場所を知らせるなど，親戚や家族を残して都会に移住したり，出稼ぎや進学したりする原住民たちが知りたい最新情報をまとめ，伝えた．
　このほか，「原地発声」と「8点打給我」も2時間の特別編成を行った．原視に集まった情報をもとに原住民村落で必要な物資とその連絡先や，救助が必要な人と情報，一時避難所の電話番号，被災者の声などを伝えていた．また，両番組ともに，緊急な災害救助が一段落した8月20日頃になると，被災地の再建についてどのようにすればよいかを議論しはじめた．多くの親族や隣人を亡くし，家を失うなか，PTSDや心理的ストレスに関する話題を取り上げ，被災後の心理の段階的変化の様子を詳しく伝え，問題が起きたときの相談先を知らせ，政府による被災地再建政策についての紹介とその問題点を扱うなど，被災者に寄り添い，未来への一歩を踏み出すための生活再建に関わる議題で議論を交わした．
　山間部に点在して居住する原住民村落の情報を被災者から原視へ，原視から視聴者と被災者へと双方向的な情報伝達が実現された．また，被災地，住民のその後の生活再建に関する討論もいち早く登場し，被災者の声を生で聞き，伝えるという，従来のマスメディアの役割に加えて，ローカリティに寄り添い，被災者のこれからの「生」に関わるローカリティに足場をおき，政策を形成するプラットフォームとしての役割をも体現したといえる．

「TITV Weekly」(金曜日22：00-23：00)は台湾唯一の英語による，グローバルな先住民村落の観点から出発し，台湾原住民と世界の先住民ニュース，文化を伝える番組である．この番組はインターネットでも台湾原住民の声と文化を伝達している．そして，「世界先住民放送ネットワーク」(World Indigenous Television Broadcasting Network＝WITBN)[6]の立ち上げメンバーとなり，グローバルな連携をとるなかで，台湾の各地に点在するローカルな情報から，ナショナル，さらにはグローバルな領域へとつなげる試みをしている．

さらなる他者による同一的，画一的表象から自らの複数性としての現われへの1つの努力として人材育成プログラムの実施がある．原視は専門的な人材育成を半年にわたって週6日間，1日10時間の技能習得プログラムを実施した．より多くの村落的な観点に密着する番組制作ができる人材を輩出し，視聴者のニーズに応えようとしている．もう1つは，台湾公共廣播電視集団が開設した「公民新聞」(People post，略称「Peopo」)という市民による映像・音声で伝えるインターネットニュースサイトを利用した動きがある．原視はこのプラットフォームを原住民が積極的に利用するよう促すために，簡単な撮影機材を使って撮影し，Peopoサイドで用意された編集用プログラムで編集・アップする方法の講習会「原住民新聞工作坊」を2008年度に15回開催し，プロではない一般の原住民が自らの視点で情報を集め，伝える活動をはじめている．他方に，2008年は「健康と愛――村落からスタート」と題するテーマで環境，土地，生命，健康的な生活態度などに関連する短編ビデオを公募した．こうした活動を通じて村落の記録映像資料が蓄積されると同時に人材育成につながることが期待され，集まった映像は原視で放送される．

3-3　評価と課題

公共廣播電視集団の一員になる前の原視についての全体的満足度も高かったが，公共化された翌年の2008年度に行われた留め置きの日誌形式アンケート調査結果によれば，「非常に満足」と「満足」を併せると94％に達し，視聴するチャンネルのうち，原視の占有率は13.6％ともっとも高く，原視の1日あたりの視聴時間は平均して43分前後となっている［原住民族電視台 2009：84］．この数字からは原住民世帯にとって原視が重要なメディアであることがわかるが，100点で採点すれば77.7点となっているように，改善の余地も残されている結果となっている［原住民族電視台 2009：85］．

郭暁真が太魯閣族を対象にした質的調査によれば，プラスの評価をする視聴者は，原視について「番組内容が原住民を主とする」，「自らの種族とそのほかの種族・民族の相違を識別し認識するツールである」，「改めて自分を知る方法を提供してくれる」とみており，文化の差異と新たなエスニック・グループ関係が，エスニック・グループについての知識を増進し，自己と他者を認識して，幅広いエスニック・グループ観念を培い，人それぞれが様々な型のアイデンティティを作り上げていく［郭 2007：136］手助けとなる可能性を原視は持っているといえる．

　かつては，一部の積極的な者を除けば，そもそも原住民に関連する議題に自らが参与することなく，さほど関心も持たず，原住民であることを認めようとしない人も多かった．しかし原視の放送開始後，番組を媒介に原住民社会の公共的な議題を知り，関心を呼び起こし，エスニック・グループとしての意識が高揚している．場合によっては排他的なほど強くなったところもある［市民とメディアと調査団（台湾）2008：22］という．

　しかしながら，原住民族以外の視聴者では知らない／見ない人が多いのも事実である．いかに一般視聴者に原視を知ってもらい，原視が漢族と原住民族との架け橋となることと，原住民族と漢族両者の「自己隔離」問題を解消することが大きな課題であろう．

4　アイデンティティの確立／生きること／メディア
──主体の現われとしてのコミュニティメディア

　ニュース，ドラマ，バラエティー番組や学校教育で使用される教科書は直接に原住民と接しない人々が原住民とはどういう者なのかを知るツールである．しかしながら，「我々」漢族とは違う非文明的で劣る種族としての「彼ら」原住民のステレオタイプなイメージが繰り返し作り上げられてきた．「何を語ったか」，「何を行ったか」ではなく「何であるか」によって構築された原住民への偏見は，単に漢族による原住民族支配の正当な理由として使われるだけではなく，原住民が自らを否定的に捉える要因としても作動した．公共的な現われの空間から締め出された経験のなかで原住民は名前を奪われ，自らを語る言語を喪失し，文化や慣習さらには従来ある社会の仕組みが全面的な解体に直面した．この状態はまさに，ジョセフ・ラズが危惧する，人々が公共のメディアに

自らの生き方を表現されずに孤立した感覚を覚え，かつ他者が抱くステレオタイプなイメージを払拭できず，場合によって増幅してしまう事態である［Raz 1991；邦訳284-94；斎藤 2005：18-19］．

　従来のマスメディア環境では，マスメディアによる多様性の担保は重要であり，かつ必要不可欠であった．しかし1つのメディアがローカル／ナショナル／トランスナショナルなものとつながりをもつポテンシャルが現実となった今，他者の描写によって表象される主体の具現の必要性に加え，技術的にも主体が自ら現われとなる契機が生まれた．人々の生とアイデンティティができるかぎり，主体による言葉，表現によって他者の前に現われることは，他者へ自己を開くことになると同時に，自らと他者とのアイデンティティの構築と再構築につながる．本章でみた原視がはじめた取り組みはまさにラズが懸念した事態を回避し，主体に根ざした形でローカリティでは終わらない今日的なコミュニティメディアの事例を提供してくれる．

注
1) これらの人口割合はおよその比率であり，実際にはエスニシティ間の通婚によって複数のエスニシティ感覚をもつ人々が増えているのが現状である．詳細は［行政院客家委員会 2004；2008］で詳しく分析されている．
2) この区分は3つの異なる基準によって成り立っている．(1) 民族の違いでは原住民族と移住漢族，(2) 移住漢族のなかにはほぼ同時期に中国本土から移住してきた出身地の異なる閩南人と客家人，(3) さらに同じ漢族であるが，台湾に移住した時期の違いで本省人と外省人とに分けられる．
3) 本稿では，日本の台湾学術研究界の用法にならい，先住民族を現地の用語である「原住民族」と記し，そのまま用いる．
4) 原住民族電視台，http://www.titv.org.tw/
5) 原住民族電視台，「2008経費來源」http://www.pts.org.tw/titv/indigenoustv/information/01-operations/a 3 /a 3 -1.pdf（2009年8月31日閲覧）．
6) 2008年現在・会員は台湾の Public Television Service, PTS/ Taiwan Indigenous TV, TITV；ニュージーランドの Māori Television；オーストラリアの National Indigenous Television, NITV；スコットランドの BBC Alba；アイルランドの TG 4；ウェールズの S 4 C；ノルウェーの Sámi Radio；南アフリカの South African Broadcasting Corporation, SABC となっている．

林　　怡蓉

第5章

フリーターズフリーという試行
――不安定雇用の若者たちによる社会的起業――[1]

1 釜ヶ崎の全国化

1-1 日雇労働者がリハーサルし,フリーターが本番をする

 ぼくは,1986年から日雇労働者の街,釜ヶ崎と関わってきた.その中で,労働者が「仕事がない」というそれだけの理由で野宿になり,年間に数百人が路上死していくのを見てきた.釜ヶ崎では,結核罹患率はカンボジアや南アフリカよりも2倍近く高く,「世界最悪の感染地」(毎日新聞2006年9月4日) と呼ばれている.原因は,栄養不足や不安定な生活,つまり「貧困」である.また,釜ヶ崎の救急搬送件数は現在1日30件程度 (0.62km^{2}の釜ヶ崎だけで大阪市全体の約1割) で「救急車出動数が全国最多」を記録している.また,大阪府立大の黒田研二教授らの研究によれば,大阪市内で餓死や凍死,治療を受ければ治る病気などで路上死した野宿者が2000年に計213人を数えたという [黒田 2002].
 海外の難民問題に取り組む「国境なき医師団」は,ここ数年,日本の野宿者の医療問題に関わってきた.「国境なき医師団」の先進国での診療所開設は異例で,日本は本格的な「支援対象国」だ.大阪の「国境なき医師団」のメンバーと話したことがあるが,上の大阪府立大学の研究データを元に「大阪の野宿者のおかれている医療状況は海外の難民キャンプのかなり悪い状態に相当する」と言っていた.いわば,大阪という大都会の中に「第三世界」が広がっている状況にある.
 釜ヶ崎では,釜ヶ崎キリスト教協友会と日雇労働組合が両軸となって長年にわたって日雇労働者,野宿者の支援活動を続けてきた.しかし,問題の深刻さのため,貧困と野宿の解決には至っていない.問題の深刻さに支援活動がまったく追いつかない状況が続いている.

ぼくは20年近く日雇労働者，野宿者に関わる活動を続け，2000年頃，「フリーターは多業種の日雇労働者である」「したがって，フリーターのかなりの部分は野宿になる」と思うようになった．全国に幾つかある日雇労働者の街，従来の「地域」としての寄せ場が消滅するのと平行して，携帯電話とアルバイト情報誌（情報サイト）を軸にした新たな「寄せ場」が生まれつつある，ということに気がついたのだ．

フリーターは現実として「多業種の日雇労働者」である．フリーター，派遣社員をはじめとする不安定雇用の労働者の多くは，健康保険や雇用保険といったセーフティネットを保障される職場にいない．むしろ，突然の解雇，低賃金，危険な労働など，雇用側の一方的な都合，あるいは理不尽な横暴に最もさらされやすい立場にいる．しかも，ちょっとした病気や何かのアクシデントでいつクビになるかわからない．

また，日本全国で「派遣」と「日雇い」が合体した「日雇い派遣」に行く人が増えた．日雇い派遣労働者の数は，派遣事業所の48.3％の集計で４万3222人（2007年）．人材派遣業者から携帯電話やメールで仕事の紹介を受けて，１日限りの職場で働いて賃金をもらう．要するに，釜ヶ崎の日雇労働者の21世紀版だ．日雇い派遣の平均月収は12万1000円（経済産業研究所，2009年）[2]．労働組合「派遣ユニオン」が調べると，日雇派遣大手の会社では33％−40％，2005年の厚生労働省調査では31％のマージン率（ピンハネ）だった．釜ヶ崎の日雇労働では手配師のピンハネが１−２割と言われていたから，それより２倍高い．また，日雇労働者には「日雇雇用保険」「日雇健康保険」があるが，日雇い派遣の労働者で雇用保険を受給している人は「日本に１人」しかいない（2009年）．ピンハネがきつくて仕事が不安定な上，セーフティネットが全くないという「ウソ」のような状態だ．

日本の社会の状況が変わらなければ，フリーターの一部は日雇労働者がそうだったように野宿生活化していくのかもしれない．「不安定就労から野宿へ」という社会問題の主役が，かつての日雇労働者からフリーターなどへと移っていく．いわば，「日雇労働者がリハーサルし，フリーターが本番をしている」という状況である．

1-2　20年後のホームレス問題

ぼくは1964年生まれだが，これは従来の日雇労働者とフリーターとの中間の

年代にあたる．ぼくは十数年間，建築や土木の労働者として多くの日雇労働者と働いてきたが，ほとんどの現場で最年少者だった．一方，フルキャストに登録して何度か日雇い派遣の仕事にも行ってきたが，そこでは文句なしの最高齢者だった．この両方のタイプの労働者は，ほぼ1世代（集団就職層などの「団塊の世代」と「団塊ジュニア」「ロストジェネレーション」）の間隔を置いて，同じ問題に直面し始めている．

2007年は「ネットカフェ難民」がそうであるように若者の貧困が社会問題化した年だった．一般に，社会現象について日本は欧米を20年遅れで追いかけていると言われているが，実は，欧米で若者のホームレス化が社会問題になったのは1980年代だった．つまり，日本はちょうど20年遅れでホームレス問題を追いかけているのだ．そして現在，アメリカでは「最も適切な推定は Urban Institute による研究（2000）で，それによるとこの年にホームレスを経験した人数は350万人であり，そのうち子どもは135万人である」[3]．そして，イギリスでは「7万5000人が youth homeless で，2万3000人以上が19〜20歳である」[4]．これは20年後の日本の姿なのかもしれない．

若者の不安定雇用と貧困の問題は，日雇労働者の現実を考えれば，簡単に解決するとは思えない．日雇労働者が野宿問題の主役を演じた要因は，不安定就労，家族との問題，そして行政の対策の不十分さだった．今のフリーターをはじめとする若者の問題は，不安定就労問題，経済界の労働者の使い捨て問題，そして行政の対策の遅れにあり，その点で従来の日雇労働者と変わりはない．唯一の違いは，若者の場合，「家族を頼れる」ことが多いということだ．しかし，親の資源はいつかは切れる．家族の支援が切れたとき，若者の貧困と野宿の問題はいよいよ本番に入るかもしれない．事実，若者で野宿になった人やいわゆる「ネットカフェ難民」の経歴調査を見ると，なんらかの家族のトラブルを抱えている人が非常に多いことが知られている．

2　貧困化する若者

2-1　最近の若者からの相談

最近，ぼくの持っている野宿者ネットワークの携帯電話へ「生活ができず，野宿になりそうだ」という人からの相談が増えている．「派遣の仕事がなくなって寮を出て行くところがない．生活に困って知り合い何人にも借金をして，そ

の返済に困っている」という30歳の男性，「会社でいじめにあい，鬱で通院している．会社を続けるのは難しいが，辞めたあとで生活保護を受けることはできるだろうか」という人，「大学を出て研究員として働いてきたが，予算カットで解雇された．コンビニでバイトしていたが，体調を悪くして仕事ができなくなった」という20代の女性……（個人特定できないように一部情報を変えている）．

電話を受けると，ぼくがよく自転車で駆けつけて話を聞く．すると，多くの人は「本当に来てくれた！」という感じでびっくりしている．というのも，電話をかけてきた人の多くは，福祉事務所やハローワーク，他の団体などに相談して，「うちでは何もできません」とたらい回しにされているからだ．その人たちは，「苦しい実情を訴えたのに，誰も助けてくれなかった」という社会への絶望が積み重なっている．

ぼくはその人たちに「実家に帰ることは無理なんでしょうね」と一応確認する．すると，いろんな答えが帰ってくる．例えば，「私の母親は母子家庭で，私の他に子どもが4人いて生活保護を受けています」「父親は私の財布から何度も金を取って警察沙汰になりました」「私の母は再婚しましたが，私と義理の父親との関係がとても悪くてとても帰れません」など．つまり，失業し，親を頼ることのできない若者たちが野宿になっているのだ．

2-2 貧困化する社会からの打開策

若者の貧困問題の大きな要因に，「不安定就労」「低賃金」があるとすれば，その問題の解決には，当然，労働運動によって条件を向上させること，行政に働きかけて労働法制を改善させるなどの方法がある．近年，首都圏青年ユニオン，関西非正規労働組合など，フリーター当事者による労働組合が各地で結成され，不当労働行為やピンハネに対して団交を行い，グッドウィルの「データ装備費」問題がそうであるように大きな成果を挙げた．これは「労使関係」での運動だ．

また，「最低賃金」があまりに安く，フルタイムで働いても月収が生活保護水準を下回るという「ワーキングプア」問題が注目され，最低賃金の底上げが政治的な1つの目標となっている．また，派遣法の改正によって「日雇い派遣」を始めとする細切れで不安定な仕事が激増したが，法的にこうした流れに歯止めをかけることも期待されている．

そして，生活に困窮した人たちを受け止める「最後のセーフティネット」と

して生活保護の充実という問題がある．「水際作戦」と言われるように，本来なら生活保護を受けられる人たちが，福祉事務所に相談に行っても追い返される事態が続いていた．憲法25条，生活保護法にあるように，生活に困窮したすべての人が無差別平等に最低限度の文化的な生活を保障されるよう，行政現場に対して働きかける活動も続けられている．これは「対行政関係」での運動だ．

　そして，もう1つのやり方として，若者自身が起業し，仕事を作るという方向がありえる．しかも，利益を目的にした雇用・被雇用という関係ではなく，社会的貢献と収益性を両立させようとする共同事業による社会的起業という方向だ．

　フリーター当事者の起業はすでに多くある．しかし，その流れは，例えば「一発当てよう」「IT企業で六本木ヒルズを目指そう」といった話になりがちだった．例えば，なぜ（元）ライブドアの堀江貴文は数年前，あれほど若者から人気があったのだろうか．経済的に成功したという点とともに，彼はプロ野球問題や経済界に対して既得権益を壊そうとしており（今から見ればポーズでしかなかったとも言えるが），それが若者に強く支持されていたのかもしれない．また，かつて小泉首相があれほど支持率を誇ったのはなぜだったのだろうか．自民党にいながら「自民党をぶっ壊す」と言い，単純明快な「ワンフレーズ」によって既得権益や守旧勢力を壊すかに思えたからではないだろうか．「今の閉塞した社会に風穴を開けたい」という気分を多くの若者は持っている．しかし，その出口は「ホリエモン」「コイズミ」，あるいは「希望は戦争」［赤木 2007］という方向にしか見いだせていなかった．

　その1つの理由は，今の社会からのまともで建設的な「出口」がなかなか見いだせないからだ．従来の企業の風土や方針に風穴を開けられるような経営体系や方針を自分たちで作ることは，日本では圧倒的に少数だ．経営側と闘い，「……させろ」と権利を要求すること，行政と闘い交渉し，法的権利を獲得していくことは必要だ．だが，それと同時に，自分たち自身で協働して仕事を作り出す，しかも「フリーター問題」についての声を集めて社会に問う場を作り出すことには意味がある．こうした状態の中で，生田武志，大澤信亮，栗田隆子，杉田俊介の4人が組合員となって始めたのが「有限責任事業組合（LLP）」としてのフリーターズフリーだった．「このような『社会的起業』を試みるのは，もう我慢できないから．さんざん使いまわされた挙句，路上に放り出されて死んでいく人々がいます．日々の労働の中で精神がボロボロになってしま

い，一生薬を飲み続けなければならない人がいます．どうやってもお金を稼げない人に対しても，社会は最低限の保障さえできません．何よりそれらすべてが「ないもの」とされていく現実がたまらない．そんな現実に対して一矢報いたい．そんな思いで出来たのがこの『フリーターズフリー』（通称 FF）なのです」（巻頭言）．

3　『フリーターズフリー』の起業・創刊

3-1　語られる当事者の「声」

　「あれはとにかくね……．何回か言ったと思うけど，12時間立ちっぱなしで延々とプリンのカップとかガムの容器とか検品し続けるわけ．油ついてないかどうか．油っつってもホント見えないようなやつ．それがまたすっごい早さなんだよね．5秒の間に検品して，閉じて，箱につめる．それを一日12時間，立ちっぱなし」

　「おれももう30歳になるからホント考えさせられるよね．でも正直に言うと何をやりたいってものないんだよね．それが一番だよね．何かを経営したいってのはつねにあるんだけど．このまま時間が経っていくのがすごく怖くて，もがき続けてるっていうかさ．かといって何をしていいかわからない．ほとんどの人間がそうだと思うんだよね．だからほとんどの人がそうであるように，おれも同じ道を辿っていくんだろうなって思う．40歳くらいの期間工が，みんな『経営したいと思ってたけど』って言う．おれもこういう風になるのかって．だから変えるなら今だ，と思うんだけど，気づいたらまた期間工やってるわけで．これだんだん笑い事じゃなくなってきたよ．このスパイラルから抜けらんない」［ドンキー工具.Jr 2007：123］．

　派遣労働者や自動車工場の期間工として働いた30代の男性がこう話している．そして，日雇い派遣で働く20代の女性がこう話している．

　「いま4社くらい登録していて交通費と賃金が別だったんですけど，今度からいっしょになるという所があって．だから交通費を引かれる場合8時間働いて5000ナンボ．労働基準法の最低賃金に達しているのかって思って，5750円くらいを8で割ると719円なんですよ．おや？　とおもって，最賃（最低賃金）調べたら714円なんです．5円高いんです．ぎりぎり最低賃金割れしてないと思いきや，工場で働く時に安全協力費とか言って，日給から200円引かれるんで

す．それを引いて，8で割ると600いくらになっちゃう．だけど，それを訴えたとしても，会社は最低労働基準はきっと最低賃金以上の賃金渡した上で，安全協力費を貰っているんですよというでしょう．そういう逃げ道まで考えられている」[ちろる 2007：174-75]．

「派遣労働者の中にもABCDEみたいにランク付けがあって，『この会社おかしいよね』って話が出来るのはランクEとかDとかの人ばかりで，そこがとても難しいなと．『ここおかしいよね』とかいえるのって，どうしても一番下っ端．だけど下っ端では力とかないし，命懸けてやってないというか，そんなに派遣に深入りするつもりはないという人が，そういう風に言えて，本当に派遣しか仕事がないという人は，点呼とったりする立場になっていて『これおかしくない？』とか，『こういうのヘンじゃないか』と言えない立場になる．むしろ会社のほうに気持ちが向いていて，作業に対しても『早くしてください』とか言う，いわば権力側になってしまうというか」[ちろる 2007：172]．

2007年6月，雑誌『フリーターズフリー』を創刊した．タイトルは，「フリーター（をはじめとする不安定就労の若者）にとって『自由』とは何か」という問いを表わしている．生田武志，大澤信亮，栗田隆子，杉田俊介の4人が組合員となって「有限責任事業組合（LLP）」という事業体を作って発行した雑誌だ．雑誌には，日雇労働者，派遣労働者，会社員，福祉労働者，作家，期間工，学者，コンサルタント，精神障害者，野宿者，物書きなど様々な人の声が原稿，対談，インタビューなどの形で集められている．組合員の4人も，それぞれが日雇労働やフリーター経験があり，今も不安定な雇用状態で働いている．

ここ数年，フリーターをはじめとする若者の低賃金問題や不安定就労問題について多くの本が作られた．『フリーターという生き方』『フリーターとニート』『フリーター漂流』……．そうした本の中には良質な内容のものがある（ひどいものも多いが）．だが，その多くは「フリーターや若者の仕事を研究する学者」が書いたものだった．その中では，学者が「主体」で当事者は「研究対象」だった．その内容が正しいとしても，そこでは当事者は常に置き去りにされているように感じられた．『フリーターズフリー』創刊号の巻頭言で言うように，「気になるのはこれらがみんな『彼らの言葉』であることです．彼らが『わたしたち』のことを本気で考えているのかどうかはこのさいおきます．彼らが本気であろうとなかろうと，やっぱり，わたしたちのことはわたしたちが考えるべきだと思うのです．彼らが頼りにならないから，ではなくて，それが自分たちの

問題だから……」．

　はじめ，この企画は『重力』(参加者の共同出資による雑誌) の企画として始まった．そこに参加していた大澤信亮，杉田俊介が『重力』03号の特集として「若者の労働問題」を企画し，ぼくに声をかけた．そこで，重力編集実行委員会の中で企画の議論を行っていたが，他の委員との意見の相違などから『重力』で行うことを断念した．その後，栗田隆子を誘って現在の4人のメンバーが集まったのが2003年頃．そのときには，みんなで原稿を持ち寄ってどこかの出版社に出版を任せようかとも考えた．しかし，最終的に，自分たちで事業体を起こす「起業」によって雑誌を作るという形をとることにした．具体的には，有限責任事業組合 (LLP) の登記である．

3-2　有限責任事業組合 (LLP) とは

　有限責任事業組合 (LLP) とは何なのか．その特徴は4つある．1つは，「共同事業性の用件」．これは，資金を出すだけで事業そのものに参加しないということはありえないということを意味する．それぞれが資金を出すと同時に，事業にもそれぞれ関わるということが要請されている．そして，「内部自治の柔軟性」．われわれ自身で事業体の中身を決定していく中で，かなりの柔軟性が可能だということ．例えば，出資は10％だけれども利益は50％取れるなど，各人の能力や意欲に応じて内部の問題を決定していくことがシステムとして可能となる．そして，「構成員課税制度」．一般の株式会社などでは，法人そのものに課税されると同時にメンバー個人にも課税されるという「二重課税」の問題が生じる．しかし，LLPに関しては，構成員それぞれに課税されるだけですむ．最後に「有限責任」．これは，仮に負債が発生した時にも，組合員の負債責任が有限ということを意味する．

　従来この4つの要件は，株式会社，民法組合，それぞれが一部ずつ持っていた．例えば，「株式会社」では有限責任ではあるが，内部問題の柔軟性はなくさらに「二重課税」になる．一方，「民法組合」は，内部自治の柔軟性は保障されるが，無限責任がかかる．つまり，なんらかのプロジェクトを始めたいと思っても無限責任であるためにリスクが大きく，それを考えると起業に踏み切れないということがあった．その意味で，LLPは「株式会社」と「民法組合」のいいとこ取りである．

　こうした特徴によって可能になるのは，人材活用と共同事業だ．なんらかの

技能を持っていたり，意欲がある人が集まって何かをしたいというときに，LLPは有効な制度なのだ．

　こうして，自分たちで作った「組合」という企業で雑誌を創刊した結果として，『フリーターズフリー』では，組合員であるぼくたち自身が出資，企画，編集，執筆，テープ起こし，校正，会計，全てを行った．1人1人が数十万円の出資をし，編集や企画などの作業をする．メンバー4人は，それぞれ東京，埼玉，神奈川，大阪に住んでいる．何度も会って話をしたが，ほとんどはMLとインターネット電話（複数で同時に会話ができる）で事業を進めてきた．

　販売，営業についても自分たちでかなりやってきた．実は，従来型の出版社から書店を通すとわれわれの取り分はかなり少なくなる．『フリーターズフリー』は1575円という定価（税込み）だが，出版社→取次→書店というルートに流すと，それぞれで「中抜き」され，われわれには3-4割しか残らない（これは，実働する労働者に渡るまでにお金が「中抜き」される構造を思い出させる）．それに対して，自分たちでウェブ販売や手売りすると，経費（郵送料など）を別にすれば1575円がまるまるわれわれに入る．そこで，赤字を出さないため，少なくとも次の雑誌を出すための資金を作るため，自分たち自身で直売をかなり展開してきた．

　発行したのは初版3000部．この条件だと，実売2500部が損益分岐点になる．つまり，それ以下しか売れないと「赤字」で，われわれ組合員の負担となる．2500部以上売れれば，「黒字」は次号の資金になる．個人的には，関西ではぼく1人ということもあって，1人で1100冊以上を手売りしてきた．こうした販売努力の結果，2刷1000部，3刷1000部を増刷し，2008年には女性労働を特集した「フリーターズフリー2号」を発行した．また，創刊記念イベントなどでのトークセッションなどの対談を集成した『フリーター論争2.0』を人文書院から刊行するなど，活動を幅をひろげつつある．

3-3　読者の反応

　『フリーターズフリー』の購買層は，やはり20代から30代の若い非正規労働の人たちが多いようだ．反応の1つを，アマゾンのレビューから引用しよう．「今年1年読んだ本の中で最も刺激を受けました．働く・働けない・あらゆる現場からの声が丹念に編集されていて，すばらしいです．世の中に必要なのは論評ではなく当事者の声だと思います．新しいこのような表現運動がどこへい

くのか，とても興味があります．これまで労働問題は男たちのメシの問題で，いまでもニート就労支援というのは男子に対する支援が一般的だと思います．例えばニートの女の子たちは性産業で働いていたり，家にいても家事手伝いとなったり，問題が社会化されない．そこへ切り込んでいくジェンダーの視点も，そこここに見ることが出来ました．編集メンバーである女性の，文芸・まんが評論みたいなのもおもしろかったです．創刊号とあるので，次号も深まりを楽しみにしています」．

一方では，「1500円の雑誌って，フリーターは買えませんよ」と批判されることもある．その批判はもっともと言える．そこで，ほぼ無料で読めるものとして，東京で引きこもり支援をしながらフリーター全般労組で活動している梶屋大輔さん，コムニタス・フォロという場で大阪で不登校問題に取り組んでいる山下耕平さん，そして生田とフリーターズフリーの栗田隆子の4人で，主に不登校問題を考えるディスカッションを行い，それをテープ起こしし，『フリーターズフリー』のサイトで公開している．

全体として，読者の反応は「意義のある取り組みだ」「もっと頑張ってください」というもので，それを読んで組合員であるわれわれも励ましを受けている．

しかし，若者や社会の非正規労働，そして貧困の問題に対して，『フリーターズフリー』はどのような対抗策を作り出しえただろうか．

4 労働と社会のあるべき姿

4-1 システムそのものの変更を

非正規や貧困の問題に対して，フリーターの労働組合を中心に，若者自身の声が高まり，企業や政府の責任を問う行動が起こされつつある．もちろん，『フリーターズフリー』もその流れに合流しながら活動している．しかし，若者の運動が盛り上がる中で，今の社会システムをどのようにトータルに変更し，新しいシステムを作り出していくかという方向はまだ定まっていない．

まず，現状のように，ひたすら低賃金で不安定な仕事，正社員で過労死するような働き方，その2つしか「労働」というものが存在しないという状態は明らかにおかしい．この二極分化を解決していく必要があるだろう．

また，フリーター問題は「男性フリーター」の問題とされてしまいがちだ．

しかし、フリーターの6割が女性で、さらにパート労働のほとんどが女性、派遣労働についても女性が多数という現実を考えれば、不安定就労問題は事実上ほとんど「ジェンダー問題」だと考えざるをえない。フリーター問題については、多くの論者が(無意識に？)「男性のフリーター」を想定して語る。しかし、昔も今も、女性の労働の大半は(パートがそうであるように)「不安定」「低賃金」労働だった。つまり、今まで不安定就労と低賃金を女性に任せてきた男性社会が、それが自分の身に降りかかってはじめて、それを「フリーター問題」として社会問題にし始めたのだ。したがって、ジェンダー問題へのアプローチのない不安定就労問題への提言や解決策は、事実上ほぼ無効である。

労働とジェンダーの問題、正社員とアルバイトの二極分化の問題を解決する「労働のあるべき形」を作り上げなければならない。

『フリーターズフリー』で探究しようとしているのは、「生の声をあげること」と同時に、労働と社会のシステムをどのようにトータルに変更し、新しいシステムを作り出していくかという問題でもある。『フリーターズフリー』はそれについて問い、解決案を提示しようとした。創刊号に続く女性労働や家族の問題を取りあげた2号、そしてさらに「労働の他者」「ないものにされた」存在である「障害者・こども、動物」の問題を特集する3号も、それを問い続けていくだろう。

4-2 当事者たちの多様な声を響かせあう

先に発言を引用した期間工の若者はこうも言っている。

「とにかくいくらやっても上が飽和状態だからさ。絶対に上がれない。そんなシステムの中で『よし頑張るぞ』なんてさ、なるわけないじゃん？　みんながみんなそうだから。ただ単に単調な仕事をこなして、そこそこの賃金を得るだけだよね。期間工に限らず社会全体がそうでしょ？　どうやったらこれを壊せるんだろうね。もうファシズムか革命しかないんじゃないの？　日本で労働について考えた奴っているの？」[ドンキー工具. Jr 2007 : 134]。

「ファシズム」は避けなければならないし、「希望は戦争」という事態も避けなければならない。そのために、『フリーターズフリー』は「日本で労働について考え」続けていくだろう。多くの若者が「よし頑張るぞ」あるいは「よし安心してゆっくりするぞ」と思える社会に少しずつ近づくために。

「それでは『わたしたちの言葉』はどこにあるのでしょう？

企業に勤める若年正社員や就職活動中の学生の中には,『フリーターは自己責任で負け組になった』と言う人がいます.それに対してニートのある青年は,『働いたら負けかなと思ってる』と言い返します.なぜか『若年労働問題』を語る人はみんな声が荒々しくなります.それはたぶん,相手を馬鹿にしているからでも,妬んでいるからでもありません.そこを否定されたら人生そのものを否定されてしまうような,そういうかけがえのない何かをめぐって,わたしたちは今日も争い合っているのではないでしょうか.

わたしたちが目指すのはそんな論争のアリーナを拡げることです.当事者たちの多様な声を響かせあうことで,問いを共有し深めていくことです.誰の意見が正しいと決めたいのではありません.そもそも決める力なんてあるわけないし,決める必要があるのかさえわかりません.だけど,1つだけ言えるのは,相手のことをロクに知りもせず,知ろうともせず,一方的に捻じ曲がったイメージを作り上げ,自分を肯定するためだけに相手を罵しるような精神を,わたしたちは絶対に拒否するということです」(『フリーターズフリー創刊号』巻頭言より).

注

1)『福音と世界』2007年3月号の原稿に修正・加筆.
2) http://www.rieti.go.jp/jp/projects/research_activity/temporary-worker/01.html(2009年12月5日閲覧)
3) http://www.nationalhomeless.org/factsheets/How_Many.html(2009年12月5日閲覧)
4) http://www.centrepoint.org.uk/be-informed/publications/research-reports(2009年12月5日閲覧)

生田武志

Column 2　映画「フツーの仕事がしたい」で,つながりたい

2009年1月3日夜,東京・日比谷公園派遣村.映画のチラシとDVDを持って,私は派遣村のテントを訪れた.私が監督を務めたドキュメンタリー映画「フツーの仕事がしたい」を上映してくれないかと,派遣村実行委員の方から依頼を受けたからだ.日比谷公園を訪れると,炊き出しと灯油の匂いがあふれ,受付テントに並ぶ人々の列が続いていた.そして,あわただしく動きまわるボランティアの姿があった.派遣村の中にいて,ふと古い記憶がよみがえった.それは14年前の

阪神・淡路大震災時の避難所の風景だ．これは人災なのだと再認識した．
　娯楽作品ではないドキュメンタリー映画を最後まで観てもらえるのか，内心ドキドキしながら上映を始めた．ストーブで暖められた娯楽室と名付けられたテント内．液晶テレビによる上映だったが，70名ほどの「村民」の方々に観ていただいた．しんどい状況の中，最後まで観てもらっただけでも感激したのだが，「映画のことを知ってて，観たいと思ってたんだけど仕事が忙しくてね．やっと観れた．ありがとう」と40代の男性に声をかけてもらった．是非とも観ていただきたい方たちは，日々忙し過ぎるのだなと痛感した．
　映画「フツーの仕事がしたい」の主人公は，最長で月552時間もの長時間労働を強いられていたセメント輸送運転手・皆倉信和さん（38）．彼が，1人でも入れる個人加盟型の労働組合・全日本建設運輸連帯労働組合（以下，連帯ユニオン）に加入し，まともな労働条件，彼の言う「フツーの仕事」を獲得するまでの過程を描いた映画だ．「長時間労働」「社会保険未加入」「残業代未払い」「暴力を用いた組合脱退・退職強要」「元請け・孫請け」など，現代日本に溢れている問題がギッシリ詰まった映像作品となった．しかし，この作品は当初から「労働問題に関する長編ドキュメンタリー映画を作ろう」と意図したものではなく「暴力を用いた労働組合脱退強要を会社から迫られている組合員がいるので，証拠用のビデオ撮影をしてほしい」と，連帯ユニオンから依頼を受けたものだった．
　2006年4月8日，私は皆倉さんと初めてお会いした．場所は，彼が勤めている運送会社の事務所．社長や自称・会社関係者と名乗る不審な人物に取り囲まれ，退職願を書くよう強要されていた．顔色はとても悪く，土色のよう．髪の毛には綿ボコリ．体は小さく震えていた．ビデオカメラを構え，組合員のうしろについて事務所へ入った私は，社長から「出て行け」と蹴飛ばされ，自称・会社関係者からは手にタバコの火を押し付けられた．組合員も社長から張り倒されるなどの暴力を受けた．翌日9日，皆倉さんのお母さんが心労のため急死．自宅へは，自称・会社関係者たちが連日押しかけてくるようになった．4月12日，彼らは葬儀場までも押しかけ，組合脱退強要を行った．それは，お母さんが荼毘に伏せられている真最中だった．葬儀に参列していた私は，自称・会社関係者たちに羽交い締めにされ，ビデオカメラを持つ手を叩かれた．眼鏡も壊され，左太腿を数回蹴飛ばされた．同行していた組合員2人も激しく殴られ，全治2週間のケガを負わされた．
　2006年12月，一連の出来事と問題点を「労働者は奴隷か！～住友大阪セメント残酷物語～」（21分）にまとめた．当初は組合員向けの映画であったが，レイバーネット日本主催のイベント・レイバーフェスタ，レイバー映画祭などでも上映され，大きな反響を得た．連帯ユニオンからの依頼は終了していたが，「この映画は日本で働くすべての人々の物語だ．是非，長編にするべきだ」との声を多数いただき，背中を押され，自費を投じて追加取材を続けた．足りない分は制作費のカ

ンパを募った．2008年夏，70分の劇場公開用映画に再構成し，タイトルも「フツーの仕事がしたい」と改めた．

　映画には，具体的な企業名や個人名がそのままの表記で画面に登場する．しかし，その目的は特定の企業を告発することではなく，現実をぼかさず，そのまま伝えるためだ．テーマは，労働組合が大きな比重を占めているが，つまるところは，言いたい事が言えなくなることや，命を軽んじられることが「フツー」になってしまう現代日本への危惧である．

　「この仕事を選んだ私が悪い」と自己責任論に絡みとられてしまう人々．「好きで選んだ仕事だから長時間労働は仕方ない」と過労死基準を超えて働く人々．生活が苦しくても生活保護が受給できず，死んでしまう人々．権利を主張することは恥ずかしいと思い込まされている人々．沈黙を強いられる状況は，日本国内の年間自殺者数が12年連続で3万人を超す一因であると，私は感じている．「フツーの仕事がしたい」を武器に，心に思いを潜めている人々とつながりたい．これが映画というメディアに込めた私の願いである．

　　　　　　　　　　　（土屋トカチ：映画監督　映像グループ　ローポジション所属）

第II部
社会運動とコミュニティメディア

第6章

権利の獲得とメディア・アクティビズム
―― メディアに関わる市民の課題と可能性 ――

はじめに

　1946年に，日本国憲法21条において「表現の自由」が規定されてから60年あまりが経つ．日本で暮らす人々の多くは，すでにある権利をいかに守るかといった命題に捉われ，その先にある本質的な権利，つまり誰もがあらゆる回路を用いて情報のやり取りができるべきとする「コミュニケーションの権利」に対し，貪欲になっていなかった．それは，多くの表現者たちも同様であった．
　今，政権交代という節目を迎え，戦後のメディア政策が大きく組みかえられようとしている．コミュニティに根ざして情報発信するものも，またオルタナティブな立場で表現活動をするものも，市民として主体的なメディアの担い手であるならば，「社会を変える」ことと「メディアの構造を変える」ことを同時に行うことこそが重要ではなかろうか．
　「メディア・アクティビストとは，ビデオ・TV・ラジオ・印刷などを使って，自分の意見を発信している人」であり，「それを通じて，社会を変え，またメディアの構造も変える」存在である［松原 2005］．本稿では，日本のメディア・アクティビズムの課題を整理しつつ，今後，コミュニケーションの権利を獲得していくために，メディアに携わる市民に何が求められるのかを明らかにしていきたい．

1　日本におけるメディア・アクティビズム

1-1　ビデオアクティビズムの萌芽

　日本では，長年，メディアと言えば大手マスメディアのことを指し，市民が

発信するメディアに関してはほとんど認識されてこなかった. 現在でも, 市民によるメディアは,「市民メディア」「コミュニティメディア」「オルタナティブメディア」「市民社会メディア」など様々な言葉で語られ, その言葉や定義は確立しないままである [Hadl 2007].

とはいえ, マスメディアとは異なる視点で記録し発信する作業は古くから行われていた. 例えば, 1964年, 映像評論家の佐藤重臣, 映像作家の飯村隆彦などが参加したフィルム・アンデパンダンなどもその1つと数えることができる. フィルム・アンデパンダンは, 商業映画の持つ制約から脱し, プライベート・フィルムの可能性を追求するという芸術活動であるが, 自由な映画を模索するという意味で,「市民メディア」とも呼べるし, また「メディア・アクティビズム」とも呼べるものではないだろうか.[1]

また, ドキュメンタリーの世界では, 1960年代初頭, 岩波映画製作所で記録映画製作に携わっていた土本典昭や小川紳介ら若手の有志が「青の会」という合評会を開始. 様々な映画の批評活動をする中で, あらゆる既成の政治からの自立, 映画企業への批判に向かい, 30人の参加者はそれぞれ映画人として独立.[2] その後, 土本と小川は, それぞれ手法は異なれど, それぞれ水俣や三里塚といった「現場」に寄り添う作品を発表している.「商業主義からの離脱」「政治的な独立」が, ここですでに明確に示されていたのである.

70年代にはソニーのベータマックス, ビクターのVHSが発売. 個人のビデオ, 実験ビデオ, ビデオアートといったジャンルは, 飛躍的に進化を遂げる. 1972年に, ビデオによる芸術活動を目的として「ビデオひろば」が結成され, メンバーの中谷芙二子は, 東京駅の目の前にあるチッソ本社前で座り込みを続ける水俣病患者の様子を撮影し, その場で再生する『水俣病を告発する会——テント村ビデオ日記』を発表した.

また, 1978年には, VHSを発売したビクターが主催し, プロとアマチュアの境目なく広く市民からビデオを募集し表彰する「東京ビデオフェスティバル」を開催. 当初目標の100本を大幅に超える257本の応募があったという.[3] 初回の大賞が, 江ノ島の中学生の手による作品だったことは, ビデオの可能性を大きく予感させるものだった.

3回目のビデオフェスティバルからは, 審査員に羽仁進・中谷芙二子が参加.[4] ビデオアートの作家も多数参加した. しかし「市民ビデオ」という言葉のやぼったさから, 定年退職後のビデオクラブを想起させるとの理由で, 次第に

ビデオアート系の作品は減っていったという［佐藤博昭 2008］.

一方，市民による自主的な番組配信，すなわちパブリック・アクセスの原型のような取り組みもまた，1960年代に，郡上八幡テレビや下田ケーブルテレビなどで行われていた［平塚 1998］. しかし，多くの場合，装置が先に用意され，そこに市民が集うといった，いわば「与えられた自主番組」という形が一般的であった.

1-2　民衆のメディア連絡会とビデオアクト！

より主体的に，メディアに関わり，自立的な活動を展開しようとしていた数少ないネットワークが1990年代に誕生した「民衆のメディア連絡会」だろう.「民衆のメディア連絡会」は，1992年に設立した，情報発信に関心を持つ市民運動・活動家などによるネットワークである. 湾岸戦争の際，多くのマスメディアが戦争を賛美する報道をする中，反戦キャンペーン番組を放送していた米国の「ペーパータイガーTV」から刺激を受けて活動を開始した. アメリカではマスコミとは別に市民自身がTVをつくっている，しかも内容がすぐれている，という事実が，日本で自主ビデオを制作していたメンバーに，「ペーパータイガーTVショック」とも言えるインパクトを与えたのである[5].

当時，労働問題を中心に自主ビデオを制作し，上映活動などを展開していたビデオプレスの松原明や佐々木有美らが企画した「民衆のメディア国際交流集会」で来日したペーパータイガーTVのキャシー・スコット（Cathy Scott）はスピーチの中で，「テレビをコントロールしよう」というスローガンを手書きし，メディア・アクティビストとは，マスメディアが報道しない出来事を取材することにより，なかったことにされてしまう出来事を顕在化する役割を担っていると語った［松原 2005］.

放送を利用できる仕組みがない日本の中で，「民衆のメディア連絡会」のメンバーは，ユニークでオルタナティブなメディア活動を展開した. 例えば，95年に遠藤大輔が，新宿西口の地下道で暮らす野宿労働者のコミュニティに向け，「新宿路上TV」を開始. 炊き出しが行われていた地下広場にスクリーンを設置し，「先輩！」という挨拶ではじまるニュース番組風のコミュニティ番組を定期的に「放送」したのである.

また，98年には，土屋豊の提案により自主ビデオの流通ネットワーク「VIDEO ACT！」が誕生した. どんなビデオ作品でも掲載する方針は，米国

のパブリック・アクセスチャンネルの「オープン・非差別・非検閲・平等」という思想から由来する［土屋 2005］．

1-3　デジタルビデオの登場と担い手の多様化

1995年は，既存のマスメディアに所属しない映像制作者にとっては，大きなインパクトをもたらした年である．6月にソニーは世界初のDV（デジタルビデオ）カメラを発売．画質は放送に耐えうるレベルに向上したにも関わらず，機材の価格は40万円ほど（VX1000）と，個人の映像作家や市民にとって手の届くものだった．

また，ちょうど同じタイミングで，米国のAVID社が，ノンリニア編集機を日本で発売．大規模なポスプロシステムがなくとも，ビデオの編集が可能となった．ひとりで簡単に撮影し，編集できるシステムの登場は，ドキュメンタリーやビデオアートの分野に大きな変化を与えた．例えば，これまで，フィルムでの出品しか認められていなかった山形国際ドキュメンタリー映画祭のコンペティションで，1997年，初めてビデオでの出品が解禁されたのは，象徴的な出来事である．

こうした技術革新は，ビデオジャーナリズムの登場を生んだ．野中章弘の「アジアプレス・インターナショナル」，神保哲生の「ビデオニュース・ネットワーク」など，独立系のグループがビデオカメラを活用したジャーナリズムの実践をスタートさせた．

デジタルビデオの登場は，ジャーナリストだけでなく，市民の活動にも大きな影響を与えた．熊本県で塾の講師をしている佐藤亮一氏の「ダムの水は，いらん！」．この作品は，川辺川ダムに反対する立場の佐藤が，行政と住民との交渉過程を自分のビデオカメラで記録．丹念に周辺の声を拾うとともに，強引に計画を推し進める行政を描き，2002年の東京ビデオフェスティバルのビデオ大賞を受賞した．佐藤の意思が貫かれた作品であり，川辺川ダム工事中止への流れを作ったとさえ言われている．

一方，個人ではなく，地域住民のグループが映像を制作し，テレビを通じて放送する取り組みも2000年以降，急速に盛んになる．1992年の段階ですでに，鳥取県の中海テレビがすでにケーブルテレビの1チャンネルを市民に開放する「パブリックアクセス」を実践していたが，2000年には，熊本県民テレビのプロデューサー岸本晃が住民ディレクターを提唱．生活者自らがかかわり，制作

する番組を手がけ，熊本朝日放送の「新発見伝くまもと」で放送されるようになった［岸本 2002］．岸本は，番組は町づくりの「オマケ」と位置づけ，映像の質ではなく，制作プロセスを重視．この住民ディレクターの手法は，全国に広がっていった．[6]

同年，東京でもケーブルテレビ局の主導で「むさしのみたか市民テレビ局」が開局．市民が企画・制作する番組がスタートした．「むさしのみたか」の活動の成功は，他のケーブルテレビ局にも影響をあたえ，くびきのみんなのテレビ局（上越），チャンネル大地（三重）など，市民や学生が番組作りに関わる仕組みは，徐々に広がりを見せるようになっていった．

新たな道具の登場は，国際的な活躍を見せるビデオジャーナリスト，個人，そして「町おこし」的視点にたった「市民メディア」と，多様なアクターを生んだ．しかしながら，それぞれの間には，小さな接点はあったとしても，「運動」としての連帯や協働は希薄であった．それぞれは単体としての「メディア」であり，メディア政策の変革やコミュニケーションの権利を獲得する動きに結びつくものは，ほとんどなかったのである．

2　世界のメディア活動とG8メディアネットワーク

2-1　反グローバリズム運動と国際的なメディアネットワーク

メディア・アクティビズムの視点から見たとき，1990年代の出来事として，欠かせないのが，「インディペンデント・メディア・センター」(Independent Media Center) の誕生である．

1999年にシアトルで開催されたWTO閣僚会合では，反グローバリズムの活動家が世界中から結集．シアトル市内では連日デモが起こり，車は焼かれ，グローバル企業の店は破壊された．これらの行動は，過激な集団として，マスメディアでは否定的に扱われていたが，同じく世界中から結集したメディア・アクティビストたちは，これらの論調に対抗するため，ネット上に「インディメディアセンター」を開設．文章だけでなく，音声，動画などで，シアトルの様子をビビッドに伝えた［安田 2008］．

インディメディアのシアトルでの成功により，その後，WTOのみならず，G8サミットなどの国際イベントが開催されるたびに，メディアセンターを設置することが常識となった．特に，2006年に香港で開催されたWTOでは，香

港と韓国のメディア・アクティビストが協力．インターネットライブ中継で，コンスタントに現地の模様を中継し，世界中にインパクトを与えた．また2007年のドイツのハイリゲンダム・サミットの際には，隣町のロストックに芸術学校などの校舎を利用したメディアセンターが2ヵ所設置され，1000人ものメディア・アクティビストが取材活動に参加した［松浦 2007］．

一方，日本では，2001年にインディメディア・ジャパンの活動がスタートしたものの，こうした国際的なメディアの潮流は，十分に浸透していなかった．2001年に「OurPlanet-TV」，「ビデオニュースドットコム」，「AcTV」，2003年に「東京視点」など，マスメディアと一線を画する様々なインターネットメディアが登場したものの，国際的なネットワーク形成はなされていなかった．

このように孤立した存在であった日本の「市民メディア」が，はじめて点ではなく面として，世界のメディアの流れに加わったのが，2008年に活動を展開した「G8メディアネットワーク」の取り組みである．

G8メディアネットワークは，2007年のG8サミットの際，ロストックに設置されたメディアセンターで，メディア・アクティビストの取り組みを見てきた映画評論家の平沢剛らが，親交のある土屋豊，安田幸弘らに呼びかけ，2007年8月に「G8メディア準備会」を発足．2008年に北海道の洞爺湖サミットに向け，G8対抗運動とは別個の，メディア独自のネットワークを作ろうと，メディア・アクティビストの活動の受け皿となるプラットフォームを作る取り組みを始めた［土屋 2009］．その後，同じくロストックで活動経験のあるAMARCジャパンの松浦哲郎なども合流し，10月にG8メディアネットワーク（G8MN）として正式に発足した．[7]

2-2　G8メディアネットワークが残した課題

G8MNは，札幌で場所の確保に取り組む市民メディアセンター札幌実行委員会と連携しながら，札幌市内に3ヵ所のメディアセンターを確保．このセンター運営のほか，動画やテキストの共有サイトを設置し，国内外のメディア・アクティビストを受け入れた．

また，外国人アクティビストの入管問題をいち早く社会化するなど，サミット期間前後に一定の成果を得た．当局の水際作戦によって，香港から来日した市民記者が，成田空港の入国審査で一晩，食事抜きで拘留され，一時は，強制退去を命じられたという事実を最初に報道．同時に東京と札幌で記者会見を開

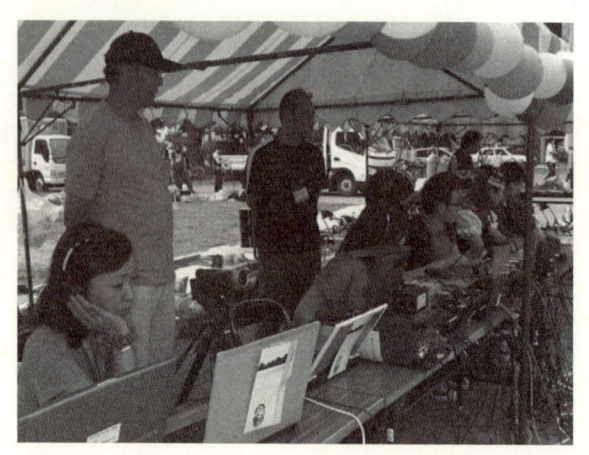

写真6-1　7月5日,チャレンジ・ザ・サミット　1万人のピースパレードを生中継するOurPlanet-TV

催し,マスメディアも大きくクローズアップする問題となった[8].

　このように,日本で初のメディアセンター運営は成功を収めたものの,活動を通していくつかの課題を残した.その最大のものが,「メディア・アクティビスト」であるか「市民メディア」であるか,その立ち位置をめぐる対立である.

　サミット中に逮捕された活動家3人の拘留が延長された際,抗議声明に名前を連ねるかどうかが議論の発端だった.逮捕が起きたのはサミット直前の7月5日.札幌で開催された「チャレンジ・ザ・サミット　1万人のピースパレード」というデモ行進の最中である.激しい逮捕の瞬間は,G8MNに参加するメディア・アクティビストや市民記者の複数が,ビデオや写真で捕らえており,その不当性についてはある程度共有されていたと思われる.しかし,ML上で,声明への賛同について意見募集をしたところ,G8MNというネットワークの名称で抗議声明に参加するのは疑問だとする声が高まり,大きな議論が巻き起こったのである.

　賛同すべきではないとする側の意見は,G8MNには多様な参加者がいるため,逮捕への考え方もまちまちであり,「偏った」考え方には強制されたくないといった論調であった.これに対し,賛同を提起した側の意見は,デモという表現の場を,警察がある種の見せしめ的行為として過剰に取り締まり逮捕したことに対し,メディアに携わる者であるならば,連帯して抗議すべきである

という意見を表明した[9].

　ここで起こった議論は,「市民メディア」や「パブリックアクセス」をめぐって常につきまとっている問題だと私は考える. つまり, 私たちは「運動」なのか,「メディア」なのか, あるいは「趣味」なのか. あるいは, それは連携して活動しうるのか――.

　G8MN は, そもそも活動をスタートさせる当初から, 活動の枠組みをどのように設定するか長い間議論を重ねていた. 海外でメディアセンターが設置される場合は, 一般的に, 反グローバリズム, 反サミットの姿勢を鮮明にしている. しかし, メディア・アクティビズムの活動における蓄積のない日本においては, 反G8色を強めるより, 幅広い市民の参画や連携が必要だという戦略的な意味もあり, ある種「無色透明」なグループとしての G8MN が方向付けられた.

　結局, ML 上の議論は, 賛同したい有志は, それぞれ個人名か団体名で賛同し, G8MN 全体では賛同を表明しないという結果に落ち着いた. しかし, 最終局面で, 表現の場に対する政治的介入に対して一致団結して抗議できなかったことは, こうしたメディアの活動が「権力」や「政治」とどう対峙すべきか, 大きな課題を残した[10].

3　コミュニケーションの権利を求める運動

3-1　情報通信法への対抗として生まれた ComRights

　インターネットのブロードバンド化が普及するのに従い, 映像, 写真, 文字, 音声などあらゆるマルチメディアコンテンツが, インターネットを通じて簡単に伝えることが可能になっている. そこには何の制約もなく, 誰でも, いつでも, 情報の担い手になれるようになった. その自由な言論空間に危機が訪れたのは, 2007年のことである.

　前年に, 小泉内閣の竹中平蔵総務大臣が, 規制緩和の視点から「放送と通信の融合」について議論する「通信・放送の在り方に関する懇談会 (竹中懇)」を設置. 2007年に「通信と放送に関する総合的な法体系」を検討する研究会設置し, その年の6月16日に中間とりまとめを発表したのである. その内容によると, 国際競争力強化のために, 放送・通信にまたがる10の法律を1本化し, それぞれのメディアを横断的に「伝送サービス」「プラットフォーム」「コンテン

ツサービス」とレイヤー化するとしていた．さらに，コンテンツは，社会的影響力の強いメディアを「特別メディアサービス」，その他のメディアを「一般メディアサービス」，ブログやホームページなどを「オープンメディアコンテンツ」と3つに分類し，すべてを総務省の規制の対象とすることを提言していた[11]．

　すなわち，これまで自由であったインターネットのコンテンツまでも，すべてを政府の監督下に入れるというのである．この内容は，市民メディア関係者に大きなショックと怒りをあたえた．そして，市民メディア全国交流協議会の[12]MLでこのことを知った多くのメンバーが，異論を唱えるパブリックコメントを総務省に送った．

　このインターネット規制に関しては，市民メディアの関係者だけでなく，様々なインターネットユーザーから激しく非難された．しかし，研究会は方針を変えることなく，2007年12月の最終報告書を提出．2008年には総務省情報通信審議会の検討会に移行し，引き続き審議が行われた．

　当時，総務省が示していたスケジュールは，2009年12月に審議会の答申．2010年の通常国会に情報通信法（案）を提出するというものである．審議会は粛々と継続され，2008年6月に中間とりまとめ，7月にパブリックコメントが募集されていた[13]．

　ところが，この時期は，G8サミットが開催されていた時期である．前年，インターネット規制に熱く盛り上がった誰もが，この流れに気づいていなかった．G8MNの活動で燃え尽きていた筆者が，気になって，総務省に問い合わせたときには，すでに締め切りは過ぎていたのである．

　情報通信法（案）の議論は，2006年の議論開始からこれまで，一貫して，産業的な側面のみを扱ってきた．従って，放送や通信の持つ「公共性」の議論や「多様性の確保」，「コミュニケーションの権利」といった面からは，全く論じられていなかった．

　十分な議論と周知が尽くされないまま法制化が進むことを危惧した筆者は，情報通信法対策を専門的に議論する会議が必要ではないかと呼びかけ，8月下旬，10人ほどが東京で集まりを持った．情報通信法の動向に危機感を覚えた参加者は，アドボカシー活動を行うネットワークの必要性を確認．ComRights（コミュニケーションの権利を考えるメディアネットワーク）を設立した[14]．この日の会議には，ラジオ関係，インターネットTV関係，インターネットのインフラ関係，ビデオ制作者，アーティストなど多様な顔ぶれが揃っていた．

3-2　ComRights の活動

　ComRights は，世界人権宣言19条及び国際人権（自由権）規約に掲げられている「コミュニケーションの権利」を日本で定着させ，誰もが放送や通信といった「場」を使って，自由に情報を発信できる社会が実現するよう取り組むことを活動の目的にしている．

　具体的には，アドボカシー（政策提言）活動とキャンペーン活動を行い，政策提言内容としては，1．放送・通信行政における独立行政委員会の設置，2．クロスオーナーシップの規制，3．パブリック・アクセスの導入，4．NHK 受信料の配分のあり方の見直し，5．メディアセンターの設置の5項目を挙げている．

　また，キャンペーン活動としては，1．「多様性が確保される公共的なメディア政策」が必要であることを定着させる，2．電波もネットも，特定の企業や個人が占有すべきものではなく，共有の財産としての自由なひろば（公共圏）であることを伝える，3．貧しい人，外国人，障がい者，子ども，高齢者，女性など発言のチャンスが少ない人にこそ権利の保障をすべきであることを伝える，といった3点を挙げ，誰もが，自由に情報をやり取りする権利があるとするコミュニケーションの権利の意味を日本に定着させることを目指している[15]．

　メンバーは，独立系メディアや市民メディア関係，NGO／NPO 関係，クリエイター・アーティスト，映画監督・プロデューサー，メディア研究者など約100人で，ゆるやかにネットワークしながら，その時々の状況に即して，可能な人が，可能な形で，取り組みを行ってきた．

　その1つが，政党や政治家，審議会メンバーへのロビー活動である．2008年9月，発足直後に国会の解散の可能性が高まったため，まずは，各政党へアンケート調査を実施した[16]．さらに，審議委員メンバーへの面会を重ね，パブリック・アクセスや市民参画の重要性を訴えた．

　一方，キャンペーンとしては，ほとんど知られていない情報通信法についての認知を高めるべく，2008年11月に「みんなのメディア作戦会議」を実施．ランドテーブル方式でそれぞれがメディアについて語り合う場を設定し，100人近い人が議論に参加した．市民メディア関係者だけでなく，美術館のキュレーターやアーティスト，フリーのジャーナリストなど，多様な顔ぶれの揃うユニークな会となったが，やや議論が拡散し，パブリック・アクセス獲得運動への大きな契機になるものとはならなかった．

情報通信法を議論する審議会の席は公開されているものの，実際には，水面下で調整が行われ，審議の席ではすでに決まったことが解説されるのみである．審議会の事務局をしている総務省国際戦略局の担当者が突如 OurPlanet-TV を訪れ，ヒヤリングをするという機会があったが，こうしたヒヤリング内容も，その後の議論にどう反映されるか全く不透明であった．さらに，今の情報通信法の枠組みが，伝送インフラを中心としたシステム論に終始していたこともあり，私たちの要求を受け入れるような議論の場が全くないことが徐々に浮かび上がってきた．

こうした硬直した状況の中，ComRights では，メディア政策の議論のあり方やシステムそのものの見直しを行わない限り，自分たちが望むような制度の実現は難しいとの考えが主流になっていく．すなわち，パブリック・アクセスを獲得する前に，法律を作る審議会自体を変えていく必要性があると認識されていったのである．そんな中，インターネット新聞「News for the peoples of Japan（NPJ）」編集長で弁護士の日隅一雄が英国の「任命コミッショナー制度」[17]を紹介．独立した第3機関が，審議会メンバーや独立行政委員会や BBC などの人事を決めるという仕組みは，私たちに大きなヒントをもたらした．

そこで，2009年2月は，大胆にも，メディアそのものの政策から離れ，政策決定システムを議論する「みんなのメディア作戦会議第2弾」を立教大学で開催．日隅一雄弁護士のほか，青山貞一（武蔵工業大学大学院教授），醍醐聰（東京大学教授），中野真紀子（デモクラシーナウ！日本代表），服部孝章（立教大学教授），三井マリ子（女性政策研究家）をパネリストに迎え，障害者政策や環境政策，ジェンダーを含めた様々な施策を横断的に考えていくという取り組みを行った．

当時は，あまりに非現実的なプロジェクトとも見られていたが，その半年後に，政権が交代．私たちの構想や狙いは，突如，現実味を帯びつつある．

3-3 コミュニケーションの権利を求めて

2009年9月，民主党政権が誕生した3週間後，東京で，第7回市民メディア全国交流集会（TOKYO メディフェス2009）が開催された。その最終日，ComRights 主催のシンポジウムに，急遽，内藤正光総務副大臣が出席した．内藤副大臣は，集会の席上，「パブリック・アクセスの制度化」「コミュニティメディアの位置づけ」「ホワイトスペースの開放」について言及．参加者を大いに沸かせた[18]．大臣がこのように発言をするのは，史上初である．そもそも内藤副大臣が市民

写真6-2　TOKYOメディフェス2009

メディアの集会に参加するという出来事自体，画期的であった．
　とはいえ，民主党政権になってもなお，放送通信分野での国際競争力強化という方針は変わっていない．それどころか，むしろ強まっており，コミュニケーションの権利をきちんと位置づけ，市民が放送を含めた全てのメディアに参画し，同時にメディア政策に関与できるようにするには，市民からの強いアピールが必要だ．
　韓国では，2000年に放送法が改正され，パブリック・アクセスが制度化され，KBS（公共放送公社）に毎週30分の番組枠とRTVという市民のチャンネルができるなど，仕組みが整った．しかし，2007年暮れに政権交代で，こうした政策は一気に後退している．今やパブリック・アクセスなどへの資金は急速に減少し，RTVの活動などはすでに風前の灯という．しかしながら，韓国の場合，全国にメディアセンターがあるために，このセンターがいわば人をつなぐ役割を果たし，地域の砦となっている．
　こうした韓国の事例を見ても，重要なのは，制度があることでも，制度ができることでもなく，制度を獲得する行為なのではないかと考えるに至った．今の日本において重要なのは，すでに電波の免許を持ってメディアの活動をしている人も，逆にラディカルにインターネットや街頭で表現活動をしている人も，一緒になって，政策を求める意識が創られることである．かつては「市民ビデオ」でともに共存していたビデオアートとビデオアクティビズムも，再び

関係を結び合う時が来ている．それだけでなく，コミュニケーションの権利からまさに排除されてきた，障がい者や性的マイノリティ，移住労働者などとどう連帯していくかも今後の課題である．米国において，黒人の公民権運動が，一般市民へのパブリック・アクセスの道を開いたように，運動を背景とした「ニーズのあるコミュニティ」[19]こそ重要なパートナーであると自覚する必要がある．

そして，もう1つ重要だと感じているのが，直接行動である．オーストリアの自由ラジオ連盟で代表を努めるヘルムート・パイスル（Helmut Peissl）は，「アドボカシーも重要だが，海賊放送も重要だ」と力説する．「海賊放送は社会にニーズを表す行動であり，同時に多くの共感者を生む作業だ」[20]とも．また，フランコ・ベラルディ（ビフォ）（Franco "Bifo" Berardi）は，メディア・アクティビストというのは，メディアの道具を使いこなす人ではなく，何かの問題に対し，「NO」と自分の考えを表明できる人であると語る[21]．

G8MNなどのビデオ活動に携わったメディア・アクティビストの多くは，デモをはじめとする直接行動こそが重要だとして，議員に対してロビー活動を行うなどの行為には抵抗感を持っている．しかし，彼らのような多様な表現活動を展開し，様々な課題に取り組むコミュニティこそ，電波の獲得の作業に積極的に関わってもらう必要がある．

デモや祭り，あるいはメディアを超えた横断的なキャンペーン，共同での番組作りなど，よりクリエイティブな様々な取り組みを行い，自らが「運動」の主体＝メディア・アクティビストであることを，自覚するところから始まらなければならないと考える．

注

1）日本読書新聞／1964年9月4日に「フィルム・アンデパンダン」のマニフェストが書かれている．

2）ドキュメンタリー映画の最新メールマガジン neoneo Vol. 27-1 （2004年12月15日号）「日本のドキュメンタリー映画　〜対極のドキュメンタリー〜　小川紳介と土本典昭（9-最終回）大津幸四郎」．

3）『TVF 市民ビデオの軌跡』日本ビクター株式会社 TVF 事務局．2009年3月．

4）初代の審査員は南博・小林はくどう，荻昌弘，手塚治虫，山口勝弘，坂井敬一であった．

5）民衆のメディア連絡会（PMN）のウェブサイト参照．http://www1.jca.apc.org/pmn/

6）番組は副産物（オマケ）というのは，岸本本人のほか，杉並住民ディレクターを主宰する高橋明子が，2007年にセシオン杉並で開催された「CAN フォーラム」などで発言

している．

7) G8メディアネットワークの呼びかけ団体は，G8市民メディアセンター札幌準備会，AMARC Japan，Japan Indymedia，OurPlanet-TV，JCA-NET，Video Act！，GPAM，Democracy Now! Japan，レイバーネット日本，NPJ，日刊ベリタ，MediR 準備会．
8) G8洞爺湖サミット中の入管問題の経緯については，[白石 2008：109] に詳しい．
9) [岩本 2008：136] に詳しい．
10) 後に，G8MNのビデオユニットのメンバーが，「Asian Media Activist Network」の形成を呼びかける際には，参加要件を「自らをメディア・アクティビストと考えている者」と限定した．「Asian Media Activist Network」はG8洞爺湖サミットをきっかけに日本のビデオ・アクティビストらが呼びかけたアジアのネットワークで，「Champon」というマルチメディア共有サイトを拠点に活動を展開．
11) 通信・放送の総合的な法体系に関する研究会　中間取りまとめ　別紙．http://www.soumu.go.jp/menu_news/s-news/2007/pdf/070619_3_bs2.pdf
12) 市民メディア全国交流協議会は，市民メディア全国交流集会の参加などの呼びかけで，2007年に開催された第4回大会（横浜市民メディアサミット）時に発足した市民メディアのネットワーク組織．活動は，市民メディア全国交流集会の開催とメーリングリストでの情報交換が中心である．
13) 「通信・放送の総合的な法体系について（中間論点整理）」に対する意見募集．http://www.soumu.go.jp/menu_news/s-news/2008/080613_11.html
14) http://comrights.org/
15) 2009年11月現在の内容．2009年10月より，迅速に意思決定のできる組織への脱皮を図るため新たな目的・活動について議論を進めている．
16) メディア政策に関する政党アンケート．http://comrights.org/archives/159
17) [日隅 2009] に詳しい．
18) TOKYOメディアフェス2009のサイト（http://medifes.net）にスピーチを全文掲載．
19) community in needs 津田塾大学でソーシャルメディアセンターを展開する坂上香の造語．障害者やDV被害者，外国人などのマイノリティを含め，コミュニケーションの強化に対して一定の介入を必要としているコミュニティ．
20) 2009年9月20日，東京ウィメンズプラザで開催されたTOKYOメディアフェス2009の国際フォーラム及びその準備会にて発言．
21) 2008年7月11日開催の大阪のremo（NPO法人記録と表現とメディアのための組織）で開催された『Alternative Media Gathering 08　「もうひとつのメディア」のための集い～芸術，研究，労働の不安定を希望に．希望を文化に．文化を生活に．生活を運動に！』「メディアのオルタナティブ」で，フランコ・ビフォが発言．

白石　草

Column 3　労働運動の映像表現──「レイバーフェスタ・大阪」を支えて──

「レイバーフェスタ大阪」は，2004年12月5日に第1回をスタートした．以下は当時のチラシの中の紹介文である．

〈レイバーフェスタって何やねん？〉～「労働」や「労働運動」は，もっと身近な言葉でいえば「仕事」や「生活」．それを映像や音楽，パフォーマンスなどを通して見つめ直すイベントです．アメリカ西海岸ではじまり，韓国でも催され，2002年から東京でも開催されています．失業が一向に減らず，リストラやフリーターという言葉が当たり前になった今の日本の労働組合もあまり頼りにならず，春闘やストライキが死語になりつつあるなかで，いかに生き，暮らし，生活や権利を守っていけばいいのか一緒に考えてみませんか．～

私は当時，生協大阪府連合会の役員や，ボランティアで「働く女性の人権センター・いこる」を立ち上げたりで，多忙をきわめていたが，NHKの後輩で組合仲間だった小山帥人さんから「ぜひ一緒にレイバーフェスタ・大阪をやって！」と頼まれ，一も二もなくお引き受けして今日にいたっている．

NHK時代，小山さんは報道部のカメラマン，私は番組制作部のディレクターだった．レイバーフェスタのメインプログラムが，労働現場や生活の3分間ビデオの募集と聞き，心が踊った．小山さんは，家庭用ビデオで撮影したシロウトの作品を募集して放送し，現在の「マイ・ビデオ」（ニュース番組の中のワンコーナー）の草分けとなった．

自分たちの労働そのものや，労働争議や支援者の活動の様子，子育て，介護などあらゆる生活の現場を短くまとめたり，コントや意見発表をビデオ化すると，活字や講演より分かりやすく，有効な情報手段であると確信できる．特に個々の労働運動の現場は，一般のマスコミに取り上げられることがまれであるのと，当事者の意図が番組の制作者に伝わらないことが多い．活動する者が自作自演するビデオは真実を伝え，迫力がまっすぐに見るものに伝わってくるし，運動の作り方の参考にもなる．

レイバーフェスタ・大阪の運営はなかなか厳しかった．〈上映映画の選定〉は，価格，著作権問題，集客の可能性などを討議してきめ，チラシの作成に取り掛かり，〈3分間ビデオの募集〉を開始する．単に募集するだけでは作品が集まらないので，事前に撮影講座〈撮影と編集〉を開いて，タネマキから始めることにしている．今年で6回目になり，常連の応募者がふえてきた．作ったビデオを大勢の人に見てもらえるのと，見た感想も公表されるのでヤミツキになる制作者が多くなった．

レイバーフェスタが新しい労働運動であることを既製の労働組合組織や，ユニ

オン労組に，宣伝活動とカンパ要請を行う．初年度，小山さんと私もアチコチの労組にチケットの買い上げやカンパのお願いにまわったが，あまり成果はあがらなかった．

　大組合は上意下達の勢いを失っているし，支部は中央本部がOKしないと，と言って断られる．この上はスタッフがそれぞれの知人，友人や，ユニオン労組に声を掛ける以外に方法はなかった．

　次に，いつでも打ち合わせ会に出るスタッフは現在でも10人足らずで人手不足は解消できていない．フェスタ当日は，会場設営，映像機器の点検と操作，受付，司会などなど全員総出ではたらくことになる．

　第1回の会場は小さいながらも大入りで，なんとかフェスタらしい雰囲気も出てホッとする．3分間ビデオの作者たちが登壇して自作の紹介をする．大きな争議では当事者も支援者も前に出て参加者から大きな拍手を受けたのが感動的だった．

　第2回（2005年）は会場も一回り大きくし，東京の公募の3分間ビデオをも上映することになり，東京からたくさん駆けつけてくれてにぎやかになった．会場入り口の小ホールで協賛団体のかたがたに，おにぎりやケーキ，コーヒーなどの軽食の店を出していただいたのがとても来場者に受けた．

　昼食時間に会場の外に出る必要がなく，銘銘がお好みのものを頬張りながら，上映された映画や3分間ビデオに話の花がさき，普段めったに会えない昔の活動家仲間との再会を喜ぶ姿に，主催者も感動させられた．

　2008年の第5回は，ブームに乗って「蟹工船」を上映し，大勢の来場者を得ることができた．公募3分間ビデオは，大阪14本，東京12本とこれも大盛況．寒い日だったので，暖かい水餃子の売店の前に行列ができた．

　レイバーフェスタ2009OSAKA（第6回）は12月13日に開催し，大型スーパーのパート女性の労働争議を追った，韓国のドキュメンタリー映画「外泊」を上映した．争議当時の組合役員の女性お二人を招待した効果もあってか，220人参加という盛会となった．メインプログラムの「3分間ビデオ」も17本の応募があり，事前講座（撮影と編集）の努力が実った．6回目でやっと12月のイベントとして定着し，自前で集客でき，多くのファンを獲得できたことにスタッフ一同の気勢は上がっている．

（津村明子：レイバーフェスタ2009大阪　実行委員会呼びかけ人・
働く女性の人権センター・いこ☆る）

第7章

コミュニティ・アクティベーションの視点
——イタリア・ミラノにおけるメディアの重層性から——

1 政治的不能な状況のなかで

1-1 コミュニティ・アクティベーションのメディアを見つめて
——グラフィティ（落書き）の文化に見る連帯の意味

　本章で鍵となる概念は，「コミュニティ・アクティベーション（community activation）」である．筆者がカタカナでの「アクティベーション」ということばに最初に触れたのは2006年頃にパソコンのソフトウェア（Adobe Creative Suite 2）を購入した前後であり，発話することになったのは2008年夏のiPhone 3 Gの発売当時であったと認識している．前者はある目的のためにソフトウェアをハードウェアで使用可能にすることに対し，後者はハードウェアそのものを特定の個人によって使用可能する行為である．つまり，アクティベーションとは，目の前にただあるだけでは意味しないハードウェアやソフトウェア等多様な資源を，誰かの何らかの手続きによって生かされる状態に導くことを意味している．

　すなわち，本章は，コミュニティメディアが多様な人々の生活世界へのアクティベーションの手段となり，そうして生活世界が顕在化されることで社会経済システムのよりよい姿が導かれるとコミュニティメディアそのもののアクティベーションがもたらされるという，社会変革のサイクルに着目していく．この着想には，本章の執筆にあたり，2009年2月にイタリアへと調査に赴いた際，まちにあふれていたグラフィティに，同行者や現地の協力者から詳細な解説を得たことが影響している．アメリカ文学ならびに文化理論を専門とする新田啓子は，マイケル・ウォルシュ（Michael Walsh）が編者の著作の解説において，グラフィティという行為には「社会批判の要素を見る」ことができるが，

第7章　コミュニティ・アクティベーションの視点

写真7-1　「おまえが危険人物だ」というグラフィティ
出所：山口洋典撮影．

現代では「芸術的なグラフィティ」と「犯罪的なタグ」の二分化がなされ，「時勢の落書き管理の巧妙さ」を見てとることができる，と述べている[Walsh 1996：邦訳61]．実際，ミラノでも，犯罪的であれ芸術的あれ，生活世界から呟かれた多くのことばは，程なく自治や行政の制度（システム）の力によって消去され，ハーバーマスの言う「植民地化」[Habermas 1981]がなされるのだが，そうしていったん「なかったこと」にされた書き手の立場や存在も，程なくまた新たな表現を通じて再生され，しかし，また消去されるという，連続的な交替運動を繰り広げている．

1-2　歴史的背景――表現における思想と闘争の痕跡

政治的，経済的に合理性と効率性が重視されたことからの反動は，多様なコミュニティメディアを生む．実際，前項で取り上げたグラフィティもまた，コミュニティが所有し，コミュニティによってアクティベートされているメディアの1つである．イタリアで多様なメディアがアクティベートされているのは，「アートとアクティヴィズムのあいだの実践」[高祖 2008：22]が，多彩に展開されてきたためである．そこで以下では，国家や市場などの社会制度（システム）による「生活世界の植民地化」からの揺り戻しを導く実践を取り上げていく．

まず，60年代‐70年代のイタリアで起こったアウトノミア運動が，「アートとアクティヴィズムのあいだの実践」，つまり「民衆の社会変革運動の様々な次元による方法論的／人間関係的な豊饒化」[高祖 2008：19]において重要な位置を占めていることに注目しよう．アウトノミア (Autonomia) 運動とは，英語「autonomy」からも連想できるように，自戒自律を基本的な考え方とした取り組みだ．その活動と歴史は粉川［1982］に詳しい．要約すると，アウトノミアとは，1968年に学生が，1969年に労働者がそれぞれ始めたイタリアの階級闘争で，文化的変革，大衆的創造性，労働の拒否を主要なテーマに，独特の社会行動や文化を生み出した運動である．

　またアウトノミアは「イタリアの都市部に登場した大衆運動と理論活動の総称」とも呼ばれているように，実践の背景に理論が根ざしていたために，「アウトノミア運動が発明または復権させた方法」が明らかとされている．思想家の矢部史郎によれば，アウトノミア運動は，資本と労働が協調している時期に未熟練労働者たちが「労働の拒否」を行ったこと，物価の適正価格を消費者が決定して押し買いする「アウトレディツィオーネ」の復活，政府や不在地主の土地など廃屋や空き地を実力で占拠して住宅や地域活動のセンターとして活用する「スクウォット」，そして政府や企業に依らず，自由な表現を喚起する「自主メディアの構築」などを生み出したとされている［矢部 2009：12-13］．このように，アウトノミア運動は多様な人々の多彩な表現をアクティベートし，イタリアにコミュニティメディアの勃興をもたらした．そして，当時の実践は，現状に物議を醸していく文化的風土を現代に遺している．

　イタリアにおけるコミュニティメディアに関する文化的な風土は，日本から調査に赴いた筆者らに「政治的に不能 (politically impotent) な状況だからこそ，われわれが動かなければならない」と熱く語ったフランコ・ベラルディ (Franco Berardi) のことばが象徴している．氏はビフォ (Bifo) と呼ばれ，1970年代から労働者階級を中心とした社会運動の現場に身を置いてきた．粉川［1982］がアウトノミア運動の「スポークスマン」として紹介しているように，ビフォはイタリア初の電波ジャックによるラジオ放送であった「ラジオ・アリチェ」や，同じく電波ジャックによるテレビ放送「テレストリート」などに取り組んできた．しかしビフォは，アウトノミア運動の主体であったという立場に固執せず，いわゆる「9.11」以降，「絶望することが，未来についてのごくふつうの考え方になった」[Berardi 2003：邦訳7］時代，自律とは本来ネットワーキングを繰

り返すものであるゆえに定式化や定型化はできないということを自らが体現するかのごとく,今なお積極的に理論的かつ実践的な活動を展開している.

2 ミラノにおける社会メディアの重層性

2-1 社会センター——スクウォットという文化が生み出すもの

前節では,イタリアのコミュニティメディアを取り扱う際に,ラジオやテレビやインターネットなどの通信媒体だけでなく,幅広いコミュニケーションツールを取り扱っていくことが妥当となることを,歴史的経過から示した.そこで本節では,特に若者たちの活動拠点に着目し,コミュニケーションの場や機会が生み出す事例を見ていくことにしよう.まず本項では社会センター(centro sociale = CS)を取り上げる.今回の調査で,筆者らは3つの社会センターを訪問した.それぞれの社会センターに共通するのは,吉澤［2009：203］も紹介するとおり,自主管理施設として「参加者の合議制の運営方針」が採られ,「開かれた場所として機能している」ことだ.

そもそも,社会センターもまた,アウトノミア運動の流れの中にある.社会センターという名から,公共的な性格を持ち合わせているように思われるかもしれない.しかし,社会センターは,利用希望者たちが自律してスクウォット(squat=空屋占拠)することによって開設,運用される.実際,今回ミラノで訪問したCSカンティエーレ (Cantiere http://cantiere.org),CSレオンカヴァーロ (LeonCavallo http://www.leoncavallo.org),CSコンケッタ (Conchetta http://cox18.noblogs.org)とも,スクウォットによるものであった.

表7-1 3つの社会センターの比較表

名称	Cantiere	LeonCavallo	Conchetta (COX18)
場所	元劇場（2001〜）	元工場・倉庫（1975〜）	元公立図書館（1976〜）
写真			
URL	http://cantiere.org	http://www.leoncavallo.org	http://cox18.noblogs.org

例えば，CSカンティエーレは，2001年にスクウォットされた元劇場で，地下にはライブスペース，1階には喫茶店・本屋・化粧室・Linuxパソコンのインターネットカフェ・ワークショップルーム，2階には会議スペース・ラジオスタジオ・サーバールームがある．高校生と大学生が中心となって管理運営がなされている．また，外来者にも開かれた「インフォショップ」としても知られている．さらに，これらの機能を備えた拠点に多様な人々が集うことを想定して，スクウォットと同じ2001年に「コミュニケーションプロジェクト」と題したラジオ，雑誌，インターネットテレビの取り組みが始められたという．CSカンティエーレとの関わりが長いマウロ・カンポリーニ（Mauro Camporini）（取材当時29歳）は，このような場やコミュニケーションのメディアを通じて「連絡を取り合う中で，社会的な連帯（solidarity）が生まれる」と語った．こうして，個々人の経験年数が異なっていても，固定的な地位関係は持たず，全員参加型によって場の管理運営やプロジェクトの企画運営がなされているという．

とりわけミラノにおいて社会センターという名の拠点で文化的な活動がなされている背景には，2001年にミラノで起こったユーロメーデーの取り組みが無関係ではないとのことであった．ユーロメーデーとは，通常は比較的年配層による労働組合が午前からメーデーに取り組むのに対し，いわゆるフリーターなどの不安定労働者や自らの技能や知識を第三者に提供する頭脳労働の従事者たちが午後から行うパレードやマーチのことである[2]．今回の調査において，筆者らは，チェーン店などで働くアルバイト労働者の組合「チェーンワーカーズ（Chainworkers.org）」を組織してユーロメーデーを牽引し，プレカリアートということばとイメージの仕掛け人ともなったアレックス・フォティ（Alex Foti）らと議論した．彼によると，緩やかなアソシエーションとして集まりが生み出されたら，そこにアナキストやラディカルなグループが入ったとしても，旧態然とした雰囲気は脱却でき，人々が慣れ親しむ場が生まれたとのことだ．

2-2 ARCI──コミュニティ・ムーブメントを生み続ける場

筆者らの調査では，前項で取り上げた社会センターと性格が異なる活動拠点もいくつか訪れた．そのうちの2つが，「イタリア余暇・文化協会」(Associazione Ricretiva Culturale Italiana＝ARCI) という全国組織に加盟していた．ARCIは元々イタリアの中部地方に広がった相互扶助団体のネットワーク組織で，現在，6000団体，130の管轄組織という規模になっている．教育学者の佐藤一子によ

れば，労働組合や協同組合は多くの国に共通に普及をみているのに対し，ARCI の源流となった「人民の家（casa del popolo）」は，「出資会員だけでなくすべての市民に拓かれた自由な地域施設」として，「イタリア独特の民衆的生活防衛と連帯（アソチアツィオニズモ）の多様な地域的活動」として1880年代ごろから集中的に設立されたという［佐藤 1984：48-49］．よって，地域を拠点にした団体ゆえに，拠点毎に活動のテーマが設定されており，地域性や運営主体の関心が施設や活動の方向を定めることとなっている．

筆者らの調査チームが前出のアレックスと初対面したのが，「スキッゲーラ」（ARCI La Scighera http://www.lascighera.org）であった．いわゆるバール（飲み屋）のスペースの奥には，ライブ会場やコミュニティラジオのブースなどがあり，その横にはサッカーのゲーム台や卓球台があり，さらに奥にはソファとローテーブルが置かれていた．ソファでは7名の女性たちが，毎週金曜日の夜に開催されているという編み物のワークショップを楽しんでいた．そこで，なぜ音楽ライブの横でなされる編み物のワークショップに参加したのかを尋ねてみた．すると彼女らはファッション業界の不安定労働やグローバリズムの問題にどう取り組んでいくのかを考えての活動だといった．なぜなら昔は誰の家にもミシンがあり，服をつくっていたものの，この何十年かでチェーン店などで買うことが当たり前となってしまったことに気づいた．そこで，改めて自らの手で生産を取り戻す必要があると考えたために行っているという．

また，ミラノを離れる日，2月9日に，再びアレックスに案内をされたのが「ベレッツア」（ARCI Bellezza http://www.arcibellezza.it）という拠点であった．アレックス曰く「一番食べ物がうまい ARCI」とのことで，当然メンバーでもない筆者らだが，彼と共にミラノでの最後の夜を楽しむこととした．バーカウンターで注文をし，次々と食べ物やワイン等が運ばれてくると，その横のスペースに徐々に人が集まり始め，最終的には立ち見を含めて80名ほどのセミナーが開催されることとなった．内容は，米国のオバマ政権に詳しい若者によるレクチャーであり，英語でのスピーチの後，活発な意見交換がなされていた．

このように，地域における学びや楽しみ，気づきや遊びの場が開かれている ARCI は，筆者らのような来訪者も参加することができるものの，基本的には特に労働者，勤労者が参加するチルコロ（circolo）と呼ばれるクラブ組織を単位として設置，運営がなされている．ARCI は活動（アクティビティ）の施設と言うよりは運動（ムーブメント）の拠点である．さらに言えば，ARCI は拠点ご

とに運動への意志が決定され，それを担う人々によって運動に意味が創出されているのだが，そうした個々のチルコロへの参加は自由であり，会員としての所属は全体のネットワーク組織（すなわちARCI）となるという点で，個々の拠点に完全な独立性が担保されている前項の社会センターとは異なる性格を持っている．ゆえに，コミュニティセンターとソーシャルセンターの区別，さらには地域活動と社会活動の違いを見ることができよう．[5]

2-3　ラジオ・ポポラーレ——商業メディアとの二項対立図式を超える

　前の2項ではいずれもコミュニティメディアとしての社会運動の拠点を取り上げたが，本項ではコミュニティ放送「ラジオ・ポポラーレ」（Radio Popolare http://www.radiopopolare.it）」という具体的なメディアを3つ目の事例として取り上げよう．同局は直訳すれば「人々のラジオ」となるように，自由で独立したメディアを公共のサービスとして人々に提供することを使命に掲げ，国営放送の寡占状態にあった1976年に協同組合方式で開局されている．[6] その後，1992年にはイタリア国内に，また2001年には世界各地にも衛星を通じて配信を始めるなど，インフォーマルながらにネットワークの拡張に努めている．2月8日にスタジオを訪問し，9日には協同組合の代表で記者でもあるマルチェロ・ロライ（Marcello Lorrai）から話を伺った．

　放送は昼間のニュース番組と，夕方から夜にかけての音楽などの娯楽番組が，それぞれ半分程の割合を占めているという．ニュース番組についても，非営利組織の公益事業として行っているという性格が反映されるよう，マスメディアとは違った態度でまちの人の声に接するためにトークショーもしくはオープンマイク形式を採り，できるだけ独自の情報が提供された上で議論が活発になるように配慮しているという．具体的には，集会の模様を中継する，団体の代表に活動の経緯や主張をインタビューする，その他毎日電話で市民の意見を受け付ける時間を設けるなど，リスナーとのコミュニケーションを重視しているとのことだ．場合によっては反体制的な市民活動も報道することになるが，そうして制作された番組や1日15回放送されるニュースを，ローマを中心に各地に展開されているネットワークの加盟局が放送することで，人々の主張が公の声になっていくと考えているという．

　ラジオ・ポポラーレでは，情報源や政治的態度は異なるものの，英国のBBCのように公正で公平な公共の報道がなされるよう，約30人の記者が心がけてい

るという．その際，事実をオルタナティブ・メディアの側が伝えると，ある出来事をそれぞれの局の主張に則し，都合良く解釈した上で伝えることがあることに注意を向けた．転じてラジオ・ポポラーレでは，それなりの解釈はするものの，まずは多くの事実を迅速に伝えることで多様な視点を局が保ち続けられるようにし，国営放送や通常の民間放送（メディアセット）とも異なる立場から，マスメディアに対して「俺たちこそが公共だ」と抗していきたいと述べた．現在，「前の日にどういう放送を聞いたのか」と「毎週どういうメディアを聞いたのか」の2種類の公式統計があり，それらによると1日20万人，1週間100万人のリスナーを抱えている状態にあるという．また，収入は50％が広告だが，出資をすることがラジオ・ポポラーレへの帰属を意味するということから，多くの人々に多くの人々の声を届けることの重要さに関心が向けられるよう，毎年，90ユーロの寄付を1万5000人から集めるようにしているという（2007年の実績は143万ユーロ）．

インタビューの最後に，イタリアのメディアの現状について尋ねたところ，「災害のような状況」であり，「破局」を迎えているかもしれない，との回答が得られた．例としては，主要7チャンネルのうち6チャンネルにおいてベルルスコーニ首相の影響力が非常に強いこと，また新聞各紙も同じ様な状況で，反首相派の新聞も今ではその勢いを失っていること，さらには政治家や政府に対する批判的な姿勢だけでなく，世界情勢に対する姿勢においても意欲の低下が見られることが挙げられた．「だからこそ，イタリアの人々に，政府の方針と合わないことも伝え，世界の別のイメージを届ける必要がある」と述べる代表者の言葉から，先にも挙げた自由ラジオの先駆けとされるラジオ・アリチェと同年に開局し，今なお放送を続けている局が抱き続けている責任感と緊張感を実感させられた．

3 　生活と社会をつなぐ仕組みと仕掛け

3-1 　コミュニケーションデザインの実践
―――人々が出会い・つながる回路ができる

前節で取り上げた事例は，どれもコミュニケーションデザインの好例である．ここでのコミュニケーションデザインとは，「専門的知識をもつ者ともたない者，利害や立場の異なる人々，その間をつなぐコミュニケーション回路を

構想・設計する」[渥美 2007：174]ことを意味している．例えば，CSカンティエーレは，先にも挙げたとおり，コミュニケーションのツールが充実し，重層的に機能することによって，拠点そのものがコミュニティメディアとなっている．また，これらのハード面の充実はもとより，カフェでインタビューの準備をしていた筆者らに「ギリシャからやってきたグループと意見交換をするのだが，よかったら入らないか」と気軽に声をかけてくる雰囲気からも，コミュニケーションデザインが行き届いた拠点であることを伺うことができる．

ここで問題となるのは，なぜスクウォットされた拠点が，かくも開かれた場として位置づけられているのか，という点ではないだろうか．この点については，ビフォが指摘する「フレックス化」[Berardi 2003：邦訳4]が理念を紐解く鍵となるだろう．つまり，「フレックス化」とは不安定だが自由であることを意味し，自由であるからこそ自律が求められるのである．実際，CSカンティエーレでは，「行きたいときに行く，ではなく行けないときにはきちんと伝える」という全員参加のルールが徹底され，「誰かの固有の場所としないために，宿泊することは禁じている」という自戒的なルールが周知されているという．

3-2　自律的・自発的な公共空間の創造——政治的な緊張感がもたらした結果

前項での議論をもとに，イタリアにおけるコミュニティメディアの多様性をコミュニケーションの観点から見ていくことにしよう．すでに冒頭では，植民地化ということばを用いて，システムによって収奪される人々の表現を取り戻すアクティヴィズムについて，グラフィティを例に挙げて指摘した．そこでさらに，粉川[1982]による「芸術的アヴァンギャルド」と，櫻田[2006]の「メディア・ハクティヴィスト（Hacktivist）」という記述を対比的に見ていくことにしたい．ハック（hack）というと犯罪の要素があるように思われるが，これはあくまで語源のとおりに「気の利いた使い方をする」という意味である．70年代から80年代が前衛家たちによる自由ラジオ局に警察が取り締まるという創造と破壊の連鎖があったのに対し，今の時代は「メディア技術を巧妙に使う人々」が活動の担い手になっている．このように，アクティヴィストとハクティヴィストという2つの記述の対比は，イタリアのみならず，コミュニティメディアの担い手の社会的な位置づけに関する時代の変遷を見つめる上でも興味深いのではなかろうか．

ブログ，Podcast，YouTubeなど，すでにわれわれは情報発信のプラット

フォームを数多所有している．だからこそ，何を発信するのか，あるいはなぜ発信しないか，が問題となる．今の時代，もはや客観的に「いかに資源を動員するか」ではなく，「なぜ資源を活かさないのか」といった当事者性が問われているのだ．とりわけイタリアにおいては，ラジオ・ポポラーレのインタビュー内容からも明らかなように，政治的な緊張状態が続いているからこそ，声なき声を引き出し，社会への参加を促進することを求める人々が常に居続けてきたのだろう．こうした時代に，コミュニケーションのための技術を「ハック」し，精巧な仕組みよりも巧妙な仕掛けが生み出されることで，1人ひとりの市民に対して「あなた」へと届けるコミュニティが生成，維持，発展され，時に権力により消去させられてきたと言えよう．

3-3　立場を「反転」させる力——対象が主体によってエンパワーされる

今回の調査はミラノだけでなく，滞在順に，フィレンツェとボローニャにも及んだ．とりわけフィレンツェの欧州大学院（EU Institute）で会談したステファニア・ミラン（Stefania Milan）からは，市民メディア研究の観点から，コミュニティメディアを用いてコミュニケーションの場と機会を生み出す社会運動が，市民の声なき声を引き出すことについて多くの示唆を得た．例えば，彼女は，運動の主体が持つ力が，対象の側の運動の力として反転されていくことを「'reversed' power」[Milan 2008 : 39] と表現する．つまり，コミュニティメディアは，市民が市民に対して情報発信を行う道具にとどまるものではなく，それらの情報を受信した市民が各々のコミュニティメディアで新たに発信を始めていく可能性を持ち，その可能性が高まっているとき，コミュニティメディアを用いた社会運動は抑圧的な環境にある人々の間接的な対人援助活動となるのだ．

とかく，コミュニティメディアの活動では，非営利活動という側面が重視されることにより，過度に組織の性格や性質が問われがちである．とりわけ日本では，阪神・淡路大震災以来に勃興したNPOに関する議論において，NPOが行政や企業に並ぶ第三の社会領域（セクター）であると位置づけることにより，場合によっては社会の残差（例えば，営利ではない，政府ではない）という存在として解釈がなされることもある．しかし，活動主体の組織をどのように位置づけるのかではなく，何をどのように取り扱い，誰に何を働きかけていくのか，そしてそこからどんな動きが生み出されるのかという運動の視点（すなわ

ち，アクティヴィズム）がコミュニティメディアにおいて重要となることは，ラジオ・ポポラーレのインタビューからも明らかである．よって，コミュニティメディアが社会のメディアとして機能するかどうかは，その担い手が仕組みを精巧にしていくことよりも，担い手が対象とのつなぎ手となる仕掛けを巧妙にしていくことができるかどうかによる．

4 世代継承性と創造性を育む社会メディア

　以上，本章ではイタリアの社会運動の歴史を概括しつつ，現代において展開している事例を紹介し，コミュニケーション，担い手，対象の3つの観点からその実践的意義を検討してきた．ただし，本章で取り上げたコミュニティメディアは，政治的な思想や経済的な理念が（特に左派に）偏向していると違和感が抱かれることもあるだろう．とはいえ，本書がコミュニティメディアを扱う以上，所収された議論は，全般にわたって保守的なものではなく革新的な性格を含むことになる．ただし，ここで紹介した事例は，少数派の勢力による多数派への陽動作戦を提示するものでもなければ，権威や権力，すなわちイデオロギーの安易な二項対立を煽るものでもなく，あくまで本章では，自由で平等なコミュニケーションの機会が日常的に生み出され，社会的・文化的・経済的に豊かなコミュニティを創造する場が生成，維持，発展されるためには，どのようなメディアが求められるのかを，事例から帰納的に例証することに努めた．

　第1節ならびに第2節で示したように，イタリアでは，70年代に隆盛を極めたアウトノミア運動の後，21世紀に入ってから若者たちがプレカリアートという理念とインターネットという技術を用いて，生活世界を編集するようになってきた．そして，世界情勢は変化しながらも，社会構造が変化していない部分に対し，若者たちは積極的に接近している．当然，アウトノミア運動とプレカリアートのあいだには，理論的，実践的にも異なる部分がある．しかし，櫻田［2006］にも紹介されているように，筆者と同じ世代の若者たちが，イタリアでは「let's conspire！（共謀しよう）」と叫び，「May Day」のMayは「願い」の意味もある，と，ことばを巧みに操り，コミュニティを作り出している．地域の風土やことばの文脈，さらには文化や主義が違うと言えばそれまでなのだが，彼らのことばへのこだわりは，今一度，メディアとは手段であり，人もまた何かを媒介する要素となるという，当然の事柄に光を当ててくれると同時

に，運動から活動へと取り組みの無臭化と，自由と規律をもとにした集団としての自律化の減衰に対し，警鐘を鳴らすものである．

　もちろん，イタリアの事例を日本にそのまま援用できるわけではない．そして，それを強要するつもりもない．ただ，ローカルな現場における問題解決活動には，世代交代をしながらも，拠点を継承し，常に新たな出来事を起こし，人に広めていくことが要請されることを，それぞれの日常に重ね合わせて欲しいと願っている[8]．例えば，社会の変革を導こうとするメディア的市民の創造性を破壊するのは，対象を無視した主体の傲慢さによるのではないか，など，変わらない現状を見つめ，変えるアクティベーションへの視点が見出されれば幸甚である．

付　記

　なお，本章で取り扱った事例は，松浦さと子（龍谷大学），小山帥人（フリージャーナリスト），櫻田和也（大阪市立大学），甲斐賢治（remo），深尾昌峰（きょうとNPOセンター）の6名により，2009年2月5日から13日にかけて調査がなされた．主な調査先の検討と調整は櫻田氏が担い，ミラノでは津田正夫氏の紹介により当地在住の牧野樹里氏に，またボローニャでは連携研究者としてマサチューセッツ大学アマースト校の博士候補生のアンジェリーナ・ゾンティーン（Angelina I. Zontine）氏に協力を得た．記して謝意を表したい．

注

1）これは後に「自由ラジオ」という運動として位置づけられた．氏の活動とその意図等については［Berardi 2003：邦訳11］に詳しい．

2）ユーロメーデーの経緯や経過は櫻田［2006］を参照されたい．

3）英語ではcircleを意味することから，公民館で文化教室などを自発的に組織する，いわゆるサークル活動がなされているとして捉えて差し支えない．例えば，日本でもよく知られている「スローフード」という名前とその概念は，ピエモンテ州のブラというまちのARCIから起こっている．

4）この「施設」と「拠点」の違いについては，秋田［2009］を参考にした．具体的には次の部分に集約される．「施設には必ず施設を動かしていく管理主体があって，管理者の意向が優先されます．そこに参加する人は管理者によって操作され，主体性を規制されます．しかし，拠点では，管理者ではなく，参加している人たちの存在が中心となります．管理主体から参加主体へと担い手の中心が変わっていくわけです」［秋田 2009：117］．

5）丸山［2009］は，本章で取り上げた社会センターを「ソーシャルセンター」との表記にて，次のように解説している．「ソーシャルセンターは雑多な左派の交流スペースである．（中略）ソーシャルセンターは地域の政治的・文化的ハブとして機能している．だがソーシャルセンターは，政府や企業の資金を受けて運営されるコミュニティセンターとは一線を画している．行政や巨大な資本に頼らずに，自分たちの手で理想的な生活をつくりあげる共同の実験場なのである」［丸山 2009：43］．
6）ラジオ・ポポラーレは1990年には Errepi SpA という株式会社組織がオーナーとなり，協同組合が株式の40％を所有しているものの，同社のグループ企業として位置づけられている．ただし，迅速な意思決定や制作者側の意図を適切に反映されるためにも，組合が取り決めた人事を会社がそのまま承諾するという形を取っている．例えば，編成部長も人選は局（つまり協同組合）側の全体総会（public council）にて指名された人が，協同組合のメンバーによって承認された後，会社が任命するとのことだ．このように，人事に関しては民主的に合議制を敷いていると，マルチェロ・ロライは筆者らに説明した．
7）この記述は，社会運動論における「資源動員論」と「新しい社会運動論」との対比関係に着想を得ている．両者の内容あるいは相違点については，この2つのアプローチに「根本的に相対立するものとしてではなく，相補的なものとしてとらえなければならない」とした長谷川［1990］が参考になる．
8）筆者のフィールドについては，山口［2009］を参考にされたい．今後，本章で示した観点を，都心におけるネットワーク型まちづくりの活動に反映させていく．

山口洋典

Column 4　コミュニティメディアよ，発露せよ！

　映像をめぐる実践的研究をおこなう非営利組織 [remo]（http://www.remo.or.jp）の諸活動が向かう先には，映画・TV・報道・広告・監視以外の形態による映像の活用を見いだし，その実践の可能性を拡大することにある．いいかえるならばそれは，映像がもはや物語の「挿絵」に成り下がり，その表層に振り回されるわたしたちの「ただひたすらに受信する態度」の固定に抗うことであり，わたしたちの生活に対するさまざまな「イメージを介した攻撃」に刃向かう姿勢や，逃げ出す技術をわたしたち自らが開発し育むこととも言える．
　映像はその誕生から100年余り，膨大な情報や概念，観念を乗せて世界を巡り，さまざまな事象を飲み込んできた．そしてそこに，言語のスピードを超えるような「知」が含まれていたことは，20世紀の映画・TVの興隆を通じ，わたしたち

自身の生活文化が大きく変容したことによってすでに実証されている．人々は，自身を超える「先立ったイメージ」が映像に現れることによって，まるでひな鳥のように多くを知り，学んでしまうのだ．ところが，教育における「言葉・言語」（というメディア）の状況とは異なり，わたしたちは映像における「てにをは」のような文法・技術を一切学ばず，ただそれらのイメージを無条件に無自覚に受容してきてしまった．したがって，わたしたちの身体は，読むことはできても書けず，ただ毎日のように映像メディアが運んでくるそのイメージに感化され翻弄されることに陥った．同時にそれは，映像がさまざまな産業や政治の「道具」として最大に活用された成果とも言えるだろう．

　そのような状況の中，いわゆるコミュニティメディア，市民メディアが自ら行動を起こすとき，既存の映像文法や表現手法に無自覚に追従することについて，深い疑問が抱かれる．はたして，映画やマスメディアが練り上げてきた文法をそのまま利用し，批評することなく同じ表現をもってして，わたしたちのコミュニティにそぐうコミュニケーションが可能なのだろうか．

　そう考えるに至る理由は，「パブリック」（ここでは『公共性』と捉えたい）という言葉のもつ概念の解釈から理解される．以前，アイルランド国家直属の文化政策の一環として，コミュニティにおいてさまざまなアート・プロジェクトを仕掛けるキュレーターに話を伺う機会を得た．その際，「『パブリック』という言葉の成分について，行政を含めいかように合意形成するのか」と投げかけた．なぜなら，道路などのハードウェアならその公共性は認め易いが，抽象的な概念や感覚をも含むアートの場合，本来とても困難をともなう．ところが，彼女曰く「『パブリック』という概念は，いわば社会にレイヤー（層）のようにある存在であり，社会全般，組織のみならず，友人や家族，個人などのいわゆるプライベートの空間にも，さまざまに位置しており，その感覚はアイルランド国内では概ね合意できている」という．したがって，たったひとりに向けた「パブリック・アート」が存在し，かつそのアーティストによる具体的なアプローチ（作品）に公金が流れることの許容される社会が実現されている．

　そのような「パブリック」という概念の解釈の方が実体験に沿っていないだろうか．乱暴にいうと「中立公正」というもはや「誰のモノでもないパブリック」への批評としても．本来，「パブリック」とは具体的に，それぞれの立場にとってのエリアのはずではないか．日本の公園のような行政の管轄下として固められた公共性など，軽々と飛び越え，それぞれの立場に堂々と立脚し，求められるべきもののはずではないか．となれば，「パブリック」に向けた表現は，ある特定の空間・レイヤーごとにその「語り口」は異なる．そして，もっと多様な表現が可能となる．もしそうだとすれば，まずは日本のコミュニティメディアこそが，映画やマスメディアによって洗練された「表現のセオリー」から逸脱し，それらを解体し，新たな公共性の獲得を目指したい．

では，具体的にどうやってそのような表現を獲得するのか．それは，少数のコミュニティから始まる．数名でいい．3名-15名ほどの社会的な集まりをもって，コミュニティとする．それらは無数にあるだろう．そして同時に，そのコミュニティにそれぞれに「パブリック（公共性）」が存在する．いいかえるならば，公共性を現前させ，確認するための作業においても映像メディアは学習機会として役立つ．何が正しく，何が正しくないかはそのコミュニティをもって議論し，判断されるだろう．それは小さなコミュニティごとにメディアを持つことで実現される．そしてさらに，日本におけるコミュニティメディアによるコミュニケーションを考えるとき，もっと「投げ出す」ような，観る者の主体性を「要求する」ような表現が期待される．わたしたちは誰ひとり，マスメディアが想定するような馬鹿ではない．いま必要とされるのは観る者が思考することによって，はじめて成立するような映像表現だ．そして，その表現がおおらかに謳うからこそ，新たなイメージが現れ，いずれまた別の小さなコミュニティが，そのイメージに呼応するだろう．
　つまり，現代のこのあらゆる場が日々，同質化していくかのようなグローバルな状況のなかで，いまもっともわたしたちに必要なメディアは，もはやなにかを座って受け取るためのメディアなどでは決してなく，それぞれの立場に立脚し，セオリーを超えのびのびと高らかに謳い，ほとばしる何かを発露するためのメディア実践なのだ．

　（甲斐賢治：NPO法人 remo／記録と表現とメディアのための組織　代表理事）

第8章

自由と正義と民主主義を求めて
——ラテンアメリカから学ぶコミュニティラジオ運動——[1)]

はじめに

　コミュニティラジオ運動の起源はラテンアメリカにある．それは，スペイン人に征服され人権を蹂躙された先住民の権利回復の闘いと大資本による搾取や過酷な労働を強いられた市民の抵抗運動の中から生まれた．キリスト教の宣教師がアンデスの山々でスペイン語の教育を目的にラジオを利用したことをヒントに，鉱山労働者や農民が連帯のツールとしてラジオ放送を運動に取り入れていったのだ．ラテンアメリカのコミュニティラジオの歴史を知ることは，コミュニティラジオとは何かを学ぶことである．

1　ボリビア——コミュニティラジオ運動発祥の地

1-1　過酷な鉱山労働を強いられた先住民の連帯運動から

　16世紀，中南米の先住民文化が栄えていた地域周辺に大西洋を渡ってスペイン人たちが渡ってくるようになり，1521年のメキシコ・アステカ王国の征服をはじめとして，各地で侵略が繰り広げられた．1533年にインカ帝国を征服したスペイン人たちは，さらにアンデス山脈の奥地にまで侵略の手を伸ばしていった．そして1545年にアンデス山脈のポトシで銀山が発見され，膨大な量の銀を産出し始めた．銀の産出のため，諸地域から多くの先住民が強制労働に従事させられることになり，その産出量は飛躍的に増えていった．16世紀末をピークに銀の産出量は減少に転じ，18世紀以降，急速に衰退していったが，20世紀に入ってからは錫鉱山として，その産出に先住民が過酷な労働を強いられている．

アンデス山脈の鉱山の歴史は先住民による抵抗運動の歴史でもあり，1781年にトゥパク・カタリによる反乱蜂起，1810年にラパスで革命運動が起こったが，いずれも鎮圧された．その後，先住民に対する弾圧は強まり，1942年にはカタビ鉱山の労働争議で鉱山労働者700人が虐殺された．

1-2 世界で最初のコミュニティラジオ局「鉱夫の声」

ポトシから北西180kmに位置するアンデス山脈の標高4000mの錫鉱山「シグロＸＸ」(Siglo XX) でも周辺の地域から先住民が連れてこられ，過酷な鉱山労働に従事させられていた．鉱夫の平均寿命は35歳以下．この数字は彼らがいかに劣悪な労働環境のもとで働かされていたかを物語っている．しかし一方で，この過酷な環境の中で鉱山労働者による労働組合がつくられ，資本側との闘いも始まっていた．労働者が賃金の一部を積み立て，それを元手に1947年，労働者による世界で最初のラジオ局「鉱夫の声」(La Voz del Minero) を立ち上げた．これがコミュニティラジオの起源と言われている．コミュニティラジオの運動はまさに，アンデス山脈でスペイン人に迫害を受けてきた先住民の抵抗運動の中から生まれたものである．

活動当初は，リスナーである労働者達はラジオ受信機を持っておらず，大きなスピーカー付きラジオを村々に設置し，労働運動の闘志がマイクを通じて集会の呼びかけを行うなど，情報を発信し連帯を強めていった．

口承を得意とする先住民にとって，ラジオを通しての情報伝達は非常に効果的で，いくつもの鉱山のコミュニティがラジオを立ち上げていった．放送機材の購入のために毎月の賃金を積み立てるほかに，黄麻布袋や瓶を集め，それを現金に代えてラジオの活動資金に当てた放送局もあった．こうしたラジオ局がボリビアの先住民運動，労働運動を広げていったのだ．

そして，ポトシ銀山の発見から400年が経った1952年4月，鉱山労働者らの武装蜂起によって民族革命運動党による政権が樹立した．先住民の選挙権や公民権が保障された新憲法が採択され，農地改革によって大プランテーションが解体，先住民の小作人に土地が与えられた．これを分岐点に1956年までに19の鉱山労働者によるラジオ局が生まれた．鉱山労働者の生活は依然貧しいままであったが，ラジオによって彼らは力と希望を手に入れたのだ．さらに，その運動に触発されて，農民や鉄道労働者など他の労働運動団体が自分たちのラジオ局を立ち上げていった．そしてボリビアは草の根の労働運動団体が放送システ

ムの重要な一部を担う世界で唯一の国になった．

1-3　キリスト教宣教師による教育ラジオの影響も

　一方，教育を目的としたラジオもラテンアメリカのコミュニティラジオの創成記には非常に重要な役割を果たした．1947年にコロンビアのサルセド神父がカトリックの布教のためスペイン語の教育用ラジオとして立ち上げたのが，ラジオ・スタテンサ（Radio Sutatenza）である．ラジオの目的は2つ．1つは，コロンビアの農民へのキリスト教の布教．もう1つが，農村開発のノウハウをコロンビアの農民に教えること．サルセド神父のメッセージは説教壇を越えて電波によって遠くへと伝わり，農民たちは朝に夕にラジオを聴くために近所の家に集まりラジオから伝わる内容に聞き入り，そして村づくりの話し合いを深めていった．このような宣教師による教育ラジオはコロンビアだけでなく，アンデスの山々に広がっていった．

　ラジオ・スタテンサをコミュニティラジオの起源とする説もあるが，コミュニティの所有，運営，参加というコミュニティラジオの定義を満たしているとは言えない．しかし，アンデス山脈で鉱山労働者や農民とともに生きることを選択したキリスト教の宣教師たちが，ラジオを活動に活かしていった知恵が，鉱山労働者によるコミュニティラジオを現実のものにしていったと言えよう．実際にキリスト教の宣教師たちは鉱山労働者のラジオ立ち上げを技術面，資金面で支援していったのだ．1959年にカトリックの神父によって始まったボリビアの「ラジオ・ピオ12世」（Radio Pio XII）は，ポトシ，オルロの鉱山地帯の労働者や農民を対象にしたラジオであった．キリスト教の布教が放送の大きな目的ではあったが，ボリビアの政治・経済ニュース，鉱夫の生活・労働状況，鉱業の動向，鉱物の値段などを伝えた．

1-4　2004年に制度化，ボリビア全土に80局

　ボリビアのラジオに関する歩みを紐解くと，1929年に国営放送のラジオ・ボリビアが放送を開始し，前述のとおり1940年代後半からアンデスで鉱山労働者のラジオ放送やキリスト教の宣教師による教育ラジオが始まった．公共ラジオや娯楽ラジオも次第に増えていき，1971年に最初のコミュニケーションに関する法律がフアン・ホセ・トーレス将軍による軍事政権によって制定された．これは鉱山の国有化や国営の錫精錬工場の建設などを行った左派政権で，制定さ

れたコミュニケーション法はボリビア全土のラジオ局で先住民言語による放送を可能にするなど非常に進歩的なものだった．その後，軍事クーデターによる数回の政権交代の後，1952年にボリビア革命を成し遂げた民族革命運動党が1985年に政権を奪取し，新たなコミュニケーション法を制定した．しかし，それは電波による産業振興に焦点が当てられ，公共ラジオと商業ラジオだけが制度化され，コミュニティラジオは法律の蚊帳の外におかれてしまった．

一方で，1940年後半からアンデス山脈で始まった先住民の鉱山労働者によるコミュニティラジオは，1980年代の終わりに先住民の文化を維持・発展させるものとしてもアンデス山脈で広がっていった．しかし，1985年の新コミュニケーション法によって不法ラジオとして扱われ社会的に脆弱な存在になってしまった．政治的な闘争運動とともにコミュニティラジオ運動が広まっていったことにボリビア政府は慎重な姿勢をとり，海賊放送を黙認しながらも必要に応じていつでも取り締まりができる態勢を整えたのである．

その動きに対抗して1990年に世界コミュニティラジオ放送連盟（AMARC）ボリビアが設立され，制度化に向けた14年に及ぶ運動の末に，2004年3月，AMARCの原案に基づいてコミュニティラジオが制度化された．そして，先住民族のアイマラ族出身のエバ・モラレスが大統領選に勝利する2日前の2005年12月16日に制度改正が行われ，結果的にモラレス大統領のもとで80局のコミュニティラジオがボリビア全土でライセンスを獲得した．

その運動を後押ししたのは，1995年にラテンアメリカで初めてコミュニティラジオの制度化を勝ち取ったコロンビアの市民運動である．コミュニティラジオが公共放送，商業放送と並ぶ第三の放送と位置づけられ，多様な住民の参加によって平和追求，民主主義の享受，持続的な社会発展，公民権の確立，独自文化の維持などを推進する社会的に重要な非営利グループであることが認めら

写真8-1 ラジオ番組の取材をするボリビアの先住民族の女性
出所：吉冨志津代撮影．

れたのだ．それがラテンアメリカ全体のコミュニティラジオ運動に及ぼした影響力は非常に大きなものであった．

2 メキシコ——民主化を推進するコミュニティラジオ

2-1 一党独裁政治が終わっても続く政府のメディア支配

メキシコは　テレヴィサ，TVアステカという2つのテレビ会社が全国の系列局を束ね，ほぼすべてのTVチャンネルを独占している．一方，ラジオも民放3局が全国に影響力を持っており，中央政府とも強い関係にある．つまり5つの放送メディアが国を支配している格好だ．いずれも民衆のメディアであるコミュニティラジオに対しては警戒感を抱いており，AMARC副代表のアレイダ・カジェヤさんは「この5局と中央政府のもたれ合いの関係は，報道の自由，表現の自由を著しく制限するものである」と述べている．制度的革命党による71年間にわたる一党独裁政治が2000年に幕を閉じたが，メキシコにおける表現の自由を求める闘いは現在もなお続いており，その核となっているのがコミュニティラジオの運動である．

2-2 先住民のラジオ運動が産んだAMARCメキシコ

メキシコのコミュニティラジオ運動はAMARCを抜きにしては語ることは難しい．AMARCは3－4年毎に世界各地のコミュニティラジオ実践者たちが集う世界大会を開催している．開催地を選ぶにあたっては，その地の民主化運動（とくにコミュニケーションの権利獲得）に対していかにインパクトを与えることができるかについても考慮がなされる．1992年の第5回大会は，一党独裁政治が続き，表現の自由が著しく制限されているメキシコで開催された．大会のスローガンとして「先住民，黒人，そして人民の500年」を掲げ，メキシコの全国先住民族協会のラジオ委員会がホストを務めた．当時のメキシコには，先住民によるラジオ放送や民主化運動のラジオ放送，スペイン語教育を目的にしたキリスト教の宣教師によるラジオ放送など，コミュニティに根を下ろしたラジオ活動は存在したが，1964年に中央政府による許可を得た1局だけを除き，残りは政府のコントロールの及ばぬ海賊放送であった．"公式"にはコミュニティラジオと呼ばれるものは存在していなかったが，1988年にマナグア会議と呼ばれる先住民ラジオの集まりが開かれ，4年後の第5回AMARC大会で

世界各地からメキシコを訪れたコミュニティラジオ運動の担い手たちとの刺激的な1週間が，メキシコのコミュニティラジオ運動の母体となるAMARCメキシコを誕生させたのである．

2-3　2004年に10のコミュニティラジオが"許可"取得

1992年に設立されたAMARCメキシコは先住民，農民，女性などの社会運動グループとの関係を強めて，彼らと一緒に人民に必要とされる放送制度を議論していった．その一方で，送信機の作り方やラジオの運営方法などを記したコミュニティラジオ教則本の発行やラジオ番組制作ワークショップを開催するなど，運動の裾野を広げる活動にも力を注いだ．その結果，各地に無許可のコミュニティラジオが設立されていき，もともと存在していた先住民ラジオを含めて，それをいかに中央政府に認めさせていくかの長きに渡る交渉とロビー活動の末に，2004年11月に全国の10のコミュニティラジオの「許可」を中央政府から勝ち取った．ここで言う「許可」とは，すでに"放送"しているコミュニティラジオの状態を政府に認めさせることである．出力や放送エリアといった中央政府が決めた枠組みの中にコミュニティラジオを落とし込むのではないため，10局の出力も放送エリアの広さもまちまちである．しかしコミュニティラジオ局は許可料として約100万円を中央政府に支払わなければならず，また中央政府は理由があれば許可を取り消すこともできる．AMARCメキシコは，この許可を確かなコミュニティラジオの制度とは見なしておらず，全国に広がる許可のないコミュニティラジオの支援を行うとともに，世界人権宣言19条に基づく表現の自由をメキシコで唯一可能にするコミュニティラジオを社会制度化する運動を続けている．

3　表現の自由を求めて闘うコミュニティラジオ

この節では，メキシコで放送許可を得ている10のコミュニティラジオ局のうち3局を取り上げ，コミュニティラジオがどのようなかたちで始まり，そしてコミュニティのものになっているかを具体的に記す．

3-1　中央集権と地方分権のバランスの上に——ラジオ・テオセロ

AMARCメキシコによる長い運動の末，2004年にメキシコはコミュニティ

ラジオが放送許可を認め，2004年11月から2005年にかけて10のコミュニティラジオを許可した．しかし，それから遡ること40年前の1965年に政府が許可を出したコミュニティラジオ局がある．ベラクルス州テオセロにある「ラジオ・テオセロ」(Radio Teocelo) である．

1950年代から60年代にかけてメスティーソの町であるテオセロの社会活動と文化活動を促進するために，図書館の設立，新聞の発行，民芸品づくりといった動きが生まれた．1962年にバチカンで貧困解消を目的にしたセミナーが開催され，この町から1人の神学生が参加し，識字率の向上にラジオが有効なツールになっていることを知り，帰国後に放送局の設立に向けての運動を開始した．

町にはラジオについて知識を持っている者はおらず，他のラテンアメリカのコミュニティラジオ局の放送テープを送ってもらい，番組制作を学んだ．送信機は中古の船舶用無線機を譲り受け，それを改良した．そして町の弁護士たちが政府への届け出書類をつくり，1965年にラジオ放送を開始した．当時は政府によるラジオ放送に対しての締め付けが厳しくなく，識字を目的にしていたことも幸いした．

放送開始から14年間は識字を目的に他のラテンアメリカの国の同様のラジオ番組を流すだけの趣味に近いラジオ放送であったが，町の住民が少しずつ興味を持つようになり，農業，教育，政治，人権といった住民たちが関心を持つテーマの番組を住民が自ら制作して放送するコミュニティラジオに発展していった．

テオセロはAM波/出力1000ワットで放送しており，可聴エリアは半径45kmに及ぶ．ベラクルス州の10市町村，35万-40万人が聴くことができる．放送に従事している有給スタッフは10人で，番組は局制作のものに加えて，住民やNGOが制作するものや，市町村が行政情報を住民に伝えるメディアにもなっている．またラテンアメリカの他のコミュニティラジオ局との番組交換も活発に行われている．

運営に関しては，ユネスコや欧州（ドイツ，ベルギーなど）の財団から機材購入などの資金面での支援を受けていたが，自立を目的に会員制を導入し住民の寄付で支える仕組みに変えていった．そして1994年に財団などからの支援に頼ることなく自立運営ができるようになった．これは，ラテンアメリカの「ルル・デ・アミーゴ」という仕組みである．500人の会員が毎月20ペソ（約1400円）の

会費を払っており，年間の会費収入は12万ペソ（約840万円）に上る．CMを放送することは禁止されているが，行政情報などを市町村がラジオで流すための情報料や番組枠を持っているNGOからの放送料など年間7000－1万ペソ（約49万－70万円）の放送収入を得ている．

　コミュニティラジオに対しては警戒感を抱き続けてきた中央政府に対しては「幸いなことに圧力を感じることはない」というテオセロだが，1998年3月26日から12月29日の9カ月間，電波を取り上げられた経験をしている．ベラクルス州議会議員の1人が身近に控えた選挙を前に「テオセロは自分と違う政党を応援するメディアになっている」と中央政府に圧力をかけ，中央政府が許可を取り消したのだ．それを受けてテオセロは署名運度を展開し，新聞もそれを全国に報道するなど中央政府に圧力をかけていった．

　一方，その9カ月の間に州議会議員選挙が実施され，圧力をかけた州議は当選したが，別の州議らが圧力をかけた州議の保身行為を問い，「テオセロが再申請すれば許可を出すべきである」と中央政府に働きかけ，テオセロは電波を取り戻したのだ．これ以降，州レベルでの決定に中央政府はやや慎重になっていき，大きなラジオ局の支配をコミュニティラジオが崩し，小さいながらもそのスペースをつくることができた最初の事例になったのだ．マスメディアを使って支配をしようとしている中央政府と地方分権のためにコミュニティラジオを活用していこうという州政府のバランスの上にテオセロは存在している．コミュニティラジオのスペースが完全に空くことはないが，完全になくなることもない，それがメキシコの現状である．

3-2　コミュニティラジオに流れるサパティスタの精神——ラ・ボラドーラ

　メキシコ・シティからバスで1時間半ほどのメキシコ州アメカメカ市に「ラ・ボラドーラ・ラジオ」（La Voladora Radio）はある．アメカメカ市の住民のほとんどはメスティーソで，先住民の言葉は2，3代前に消失してしまった．町を見守るようにして後方にそびえる大きな山があり，10年近く前にこの山の活動が活発化し，噴火の危機に直面した住民たちが防災を目的に2000年10月にラ・ボラドーラを立ち上げたのだ．立ち上げの準備期からAMARCメキシコのスタッフ1名がこの町に住み込み，10年間にわたってコミュニティラジオのノウハウを住民たちにすべて伝え，ラ・ボラドーラは一本立ちをした．

　ラジオ局を立ち上げるにあたり，住民たちで中古の機材を集め，足りない分

は資金を出し合って調達をした．一度，火事で機材が焼けてしまい放送ができなくなったことがあったが，住民たちの寄付で機材を購入し放送を再開した．ラ・ボラドーラは住民にとってなくてなはならない存在であったのだ．しかし，それは災害に備えるためだけではない．社会の中で端に追いやられてきた人々の問題を丁寧に拾い上げ，社会に問題解決を提起し続けてきたからである．

　ラ・ボラドーラは2000年の放送開始から許可のない海賊放送であったが，AMARCメキシコのサポートで2005年に中央政府の許可を得た．つねに経済的な問題は抱えながらであるが，番組を担当しているボランティア・スタッフを中心に住民の寄付と市役所からの多少の補助でなんとかやりくりをしている．理事9人，運営スタッフ5人，そして番組に参加している30人はすべてボランティアである．

　こうしたラ・ボラドーラではあるが「常に政府に没収される危険を感じて活動している」とスタッフは異口同音に語る．中央政府は民主化を促すメディアであるコミュニティラジオを可視化したくないと考えているからだ．それは政府がサパティスタ民族解放戦線のコミュニティラジオを反乱ラジオと呼ぶことに象徴されている．国外，国内，そして地元のニュース解説番組を担当している代表のベロニカ・ガリシアさんはまったく表情を変えず「2年前に密告に

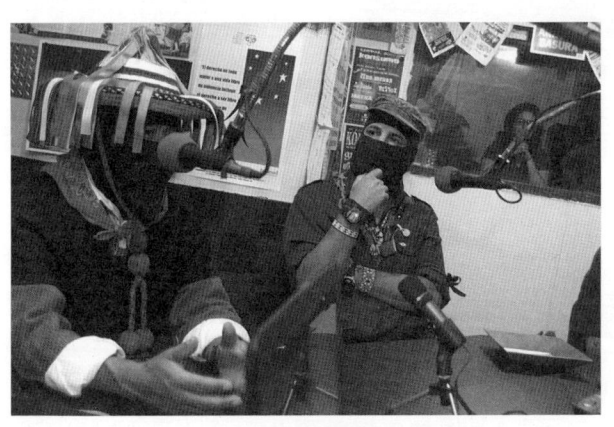

写真8-2　コミュニティラジオを運動に活用するサパティスタ民族解放軍のマルコス副司令官＝写真右
写真提供：カルロス・アパリシオ AMARCメキシコ代表．

よって死の危険を感じたことがある」とコミュニティラジオで活動する者にとってそれが当たり前のことにように語った．メキシコではコミュニティラジオは構造的な差別に苦しむ先住民をはじめマイノリティの声を社会に届け，生活向上と民主化を推進するレジスタンス活動なのである．サパティスタの精神はコミュニティラジオの中に確実に存在している．

3-3　先住民の誇りを取り戻すラジオという社会装置——ラジオ・ナンディア

　マサトラン村はオアハカ州の北東を走るマサテコ山脈の中腹に位置する先住民の村である．人口は約1万4000人で，その8割はマサテコ語とスペイン語の二言語話者，残りの2割がマサテコ語だけを話す．マサトラン村にはメキシコ・シティからのテレビやラジオ，ベラクルス州のラジオが入るが，それらはすべてスペイン語で放送されている．さらに麓のテオアカン市から唯一の交通手段である1日1往復のバスによってスペイン語の新聞が村に届けられている．また，学校ではスペイン語で授業が行われ，マサテコ語の衰退が進行しつつある．

　こうしたマサテコ文化に対しての中央からの同化に危機感を募らせたマサトラン村の住民たちは1991年，先住民の自決権を保障するオアハカ州憲法16条，25条および112条に基づいて自治組織を結成した．これは，代議制に基づいた小さな自治政府とも位置づけられるもので，政党政治のメカニズムも採用した．そして1995年，マサトラン村の自治組織議会はオアハカ州政府に対して現行法から逸脱しない範囲において，先住民の習慣，文化にもとづいた独自の法律を持つことを宣言した．61のコミュニティから構成される自治組織は教育，保健・衛生，ジェンダー，防犯，産業，コミュニケーションといったテーマ別の委員会によって運営がなされ，61のコミュニティから選ばれた300人の代表たちで委員会のメンバーは構成されている．

　そして，コミュニケーション委員会は自治組織の活動に資する情報伝達の手段としてラジオに着目した．自治組織議会での議論ではマサテコ語による情報伝達の必要性が論じられ，マサテコ人の母語によるコミュニティラジオを立ち上げることを決議した．そして運営母体となる市民団体「ミエ・ミル・マサテク」（Mie Millu Mazatec）が設立された．

　ミエ・ミル・マサテクのメンバーはオアハカ州のラジオ局でラジオ運営のノウハウを学び，そのラジオ局の支援を受けて7ワットの送信機を調達し，2004年1月13日にマサテコ高校の教室をスタジオに放送を開始した．放送局の名前

は「ラジオ・ナンディア」(Radio Nnandia). 放送時間は月曜日から土曜日の正午から16時までの1日4時間. 議会ニュース, 農産物の市況などの一般的なコミュニティの情報に加えて, マサテコ人の文化を伝えることを目的にした番組内容となった. マサテコ文化を維持している村の長老たちから唄, 詩, 言い伝え, 物語などを録音した番組は高校生たちが制作した. ラジオ番組を二次利用してマサテコ料理のレシピ本や詩集などを制作し, 住民に配布した.

少しずつラジオの運営力を高め, 送信機を買い替えて出力を7ワットから30ワット, 150ワットへと増力し, 放送エリアを拡大していった. そして2004年11月にAMARCメキシコの支援によって中央政府から放送許可を取得し, 翌2005年11月に出力370ワットに上げて, 認可ラジオとしての放送を開始した.

しかし一方で, こうしたラジオ・ナンディアの活動を快く思わない政治家が圧力をかけ, 放送開始からわずか9カ月後にスタジオが破壊され, 技術者が銃で撃たれるという事件が発生した. 政治家たちは中央政府に圧力をかけ電波を中央政府に取り上げさせたのだ.

そうした暴挙に対抗するため, マサトラン村の自治組織はAMARCメキシコとともに訴訟を起こし1年がかりで勝訴し, 村を一望できる山の中腹に新しい送信施設をつくり2008年2月に放送を再開した.

ラジオ・ナンディアは, 多くの村人たちに支えられている. ミエ・ミル・マサテクはコミュニケーション委員会のもとにあるラジオ・ナンディアの運営母体で, 資金調達, スタジオおよび機材の所有・管理, 技術的なオペレーションの責任を負う. 一方, 番組編成は多様な住民で構成される番組編成委員会で決められる. それはボランタリーな活動で, 村の老若男女100人程度がメンバーに名を連ねている. 番組を放送したい住民は編成委員会に企画を提出し, 編集委員会がそのテーマをラジオ番組でどのように扱うかを話し合うのだ. 多いときで月に3回, 少ないときでも最低1回は集まってラジオ番組について議論が交わされる. そして, コミュニティ情報, 農産物などの市況, 音楽 (民謡, 伝統音楽, 世界の音楽), 宗教などの番組が1日12時間放送されるのである. 放送言語はマサテコ語が8割, スペイン語は2割. 法務責任者であるメルキアーデス・ブランコさんは, このコミュニティラジオの意義をこう語る.

「500年前にスペインがメキシコを征服しにやってきた. 今の政府にもその精神は脈々と引き継がれていて, 我々先住民を植民地化していこうとしている. メキシコには500年前に200以上の言語があったが, 今では生きた言葉とし

て話されているのはわずか62言語になってしまった．マサトラン村の学校でも，メキシコ・シティなど都会から教師が派遣され，授業はスペイン語のみで行われている．さらに教師は『マサテコ人は貧しい』と子どもたちに繰り返し，尊厳を奪う教育を行っている．政府は先住民征服の道具として教育を用い，我々はコミュニティラジオでそれに対抗している．ラジオは先住民の『誇り』を取り戻す装置なのだ」．

2008年2月，ラジオ・ナンディアの放送が再開されるこの日，村の集会所では民族衣装をまとった女性たち30人ほどが，マサテコの文化を次の世代に伝えていくためにコミュニティラジオをどのように活用していくかの話し合いが，マサテコ語とスペイン語の2言語でなされていた．そしてマサトラン村が薄暮に包まれようとしているそのときに，トランジスタラジオからラテンアメリカの物悲しげな音楽が流れてきた．マサテコ人が先住民の誇りを1つ，取り戻した瞬間がそこにあった．

4　アンデスの滴，60年の月日を経て日本へ

1947年にアンデス山脈で生まれたコミュニティラジオは，60余年の歳月を経て南北アメリカ，欧州，アフリカ，そしてアジア・太平洋と世界中に広がっていった．そうした中で，世界各地のコミュニティラジオ運動を展開する者たちが1983年にモントリオールに集まり，世界のコミュニティラジオ運動の推進母体となるAMARCが結成された．それ以来，AMARCはコミュニティラジオの制度化を世界各地で後押ししている．

2006年11月にヨルダンで開催されたAMARCの第9回世界大会の最中に，インドでコミュニティラジオを認める法律が国会で成立したという報告が入り，大会の会場は大きな歓喜の渦に包まれた．一方，日本で1992年に放送法施行規則の改正によってコミュニティ放送が制度化されたとき，果たしてどれだけの市民が同様の喜びの声をあげたのであろうか．

在日コリアン集住地域の大阪・生野で在日の文化発信を目的に設立されたFMサラン，阪神・淡路大震災で被災外国人に母語で情報を伝えたFMヨボセヨとFMユーメン，先住民族アイヌの言葉と文化を発信するFMピパウシ．いずれも放送免許のないミニFM局であるが，アンデス山脈で生まれたコミュニティラジオ運動の精神は確実にこうしたラジオ局に引き継がれている．しか

し，現行の放送法の中で定義されるコミュニティ放送は，コミュニティラジオの精神を保障する内容にはなっていない．

AMARC の窓口組織が日本に開設されたのが2007年6月．確かな制度をともなってコミュニティラジオを列島中に広げていくステージに，日本はすでに入っているのだ．

注
1) 2008年2月20日-3月7日，メキシコとコロンビアとボリビアにて訪問調査を行った．調査におけるスペイン語の通訳・翻訳は吉富志津代が協力している．

日比野 純一

Column 5　FM ピパウシ　先住民族のラジオ，ボリビアでの交流から

2001年4月8日，FM ピパウシはアイヌ語の普及を目的に北海道沙流郡平取町二風谷でミニ FM 局として開局した．毎月第2日曜日の午前11時から正午までの1時間，アイヌ語を交えて放送している．放送免許を必要としないミニ FM 局は微弱な電波しか出せず，聴取可能範囲はアンテナから半径100メートルくらいである．それでも筆者の父・萱野茂 (1926-2006) は「ラジオでアイヌ語を流し続ければ，二風谷の住民は自然にアイヌ語を覚えてくれるかもしれない」と考え，アイヌ語の普及の道具としてラジオを選んだのだ．筆者も第1回目からオープニングとエンディングを中心に担当し編成局長を務めている．

筆者は2008年3月3日-5日，ボリビアのラパス市から車で移動しながら4つのラジオ局を訪問した．私立，ボリビア・カソリック大学のホセ教授の話によると，ボリビアの全人口の55パーセントがインディヘナ（先住民族）で占められており，高山地域に住んでいるのがアイマラ族とケチュア族で，ボリビアには6グループの先住民族が居住している．同国では1948年に先住民族のラジオ放送が開始され，60年以上のラジオ放送の歴史がある．1985年からコミュニティラジオが盛んになり，1988年からボリビア国内で民主化運動が展開され，2006年1月には，先住民族出身のファン・エボ・モアレス・アイマ大統領が就任し（任期は2011年1月まで），先住民族に関する政策が展開されている．

昨今は IT 時代と称して，インターネットなどの普及により全世界規模による情報化社会の到来などと言われているが，インターネットの場合は当該国や企業などの思惑でネット環境が一方的に遮断されるおそれがある．ラジオの場合はトランスミッターと電源さえ確保できれば，どこででも放送ができるという特性があ

る．ボリビアでは3000メートルを越える高地に先住民族の集落が点在し集落間の距離も大きい．このような立地条件における情報の伝達や情報の共有にはラジオが最適である．

① バタージャの「アンデスの声」(La voz de los Andes)．この放送局は1988年にルイスさんが，トランスミッターなどを自分で組み立てて作り放送を開始した．私たちの訪問時には体調不良でルイスさんは床に伏しており，お会い出来なかったがこの地域でラジオ放送を始めたリーダー的存在である．毎日，午前4時－5時と午後4－5時の合計2時間放送し，ニュースや音楽を流している．現在は創設者のルイスさんの子どもたちや親戚らによって現在も放送が続けられている．

② フアリーナの「ティティカカの波」(Ondas del Titicaca)．この放送局は塀越に外部から見学したのみで，現在放送はされていない模様．アンテナはまだ立ったままになっていたが，かつてはここでも先住民族向けの放送がされていた，とのことだった．

③ サンペドロの「湖ラジオ」(Radio Lacustre)．FM92.1MHz．AM1270MHz．開設者はロレンソ・ガジェ(Lorenzo Galle) V世さん．午前8時－10時と午後2時－3時30分にスペイン語とアイマラ語で放送している．ガジェ氏は市長経験者であり，昔からラジオ放送に興味がありラパス市でラジオに関する勉強をした後このサンペドロに戻りラジオ放送を始めた，とのことである．免許申請の費用が高額のため政府の放送免許は取得していない．AMARCの会員であり会員証を店に掲示してあった．地元の小学校と提携しラジオ放送を学校教育の中に取り入れている，とのことであった．ガジェ氏は，食堂を営みながらラジオ放送を続けている．

④ Radio copacabana　所在地：コパカバーナ．FM95.1MHz．AM1340MHz．ちょうど，この放送局では女性がどのような分野で放送に関わるべきかという会議が行われていた．一組の夫婦とその息子を中心に家族で行っている放送局であった．地域の人たちが多数ボランティアとして関わっていた．このコパカバーナでは新聞等の活字情報も充分ではなく，この放送局が発信しているさまざまな内容がこの地域の唯一の情報と言える．私も先住民族の立場で放送する意義は十分理解しているが，都市から離れたボリビアの奥地では道路や上下水道などの社会資本が充分ではなく，また経済的には豊かとはいえない先住民族が運営する放送局に対して地域の人々が理解を示していることに感心すると共に心意気を感じた．

（萱野志朗：二風谷エフエム放送（愛称：FMピパウシ）編成局長）

第9章

AMARC とは何か
——モントリオールの記憶・ラテンアメリカの実践——

1 AMARC の起源
——コミュニティメディアの世界的ネットワーク,その誕生史

1-1 コミュニティメディアとコミュニティラジオ

　コミュニティメディアの社会的,法的認知が広がりつつある.コミュニティメディアは,コミュニティづくりに貢献する非営利のメディアであり,テレビ,ラジオ,ペーパーをはじめ,様々な媒体を用いた取り組みが進められてきた.いくつかの媒体を効果的に組み合わせて活用する優れた実践も多い.1990年代後半からは,「先進国」を中心にインターネットも加わった.ここで興味深いのは,これらの取り組みの中で,実践者らが世界的ネットワークを形成したのはラジオだけであった,という点だ.

　一握りの強国による世界の支配は,植民地主義ののち,新自由主義のもとで継承され,強化された.周縁化され続けた人々,そしてコミュニティは,ラジオを用いて自らの声を発する運動を進めてきた.安価で,比較的扱いやすく,コミュニティメディアの特徴である「非営利」「参加型」を体現するにふさわしいメディアがラジオであった.いまだテレビ受信機の家庭における所有率が1ケタという国々が多いアフリカや,その他南米,南アジアなどいわゆる「開発途上国」では,ラジオがコミュニケーションにおいて重要な役割を果たしている.

　その世界的なネットワークは,「1983年にコミュニティラジオに関心を寄せる世界の人々がモントリオール（カナダ）に集ったのがそのはじまりである」とされる.以降,その「集い」は世界的なネットワークとして,組織（NGO）へと発展し,今日に至っている.それが世界コミュニティラジオ放送連盟

(AMARC) である.

2008年11月7日にモントリオールで25周年を祝福する集いを開催した．その他にも同年には，ボゴタ（コロンビア2月），アクラ（ガーナ8月），ジョグジャカルタ（インドネシア10月），ブカレスト（ルーマニア12月）で25周年の集いを開催し，合わせて117カ国，570の組織から760名が参加した．

本章では，舞台を1983年前後のモントリオールに絞り，コミュニティラジオの世界的集いが，なぜその時期に，なぜモントリオールで開催されるに至ったのかを，当時の関係者への聞き取りや資料などをもとに述べていきたい．

1-2　ネットワーク誕生の背景
(1) 草の根の実践，政府との交渉

AMARC の代表（国際理事長）を初代から3期にわたって務めたミシェル・デローム（Michel Delorme）氏には，モントリオールの AMARC オフィスで会った（2008年9月8日）．中心街の西部，地下鉄リオネル・グルー駅から歩いて5分ほどの，住宅と古いオフィスビルが並ぶ閑静な地区にオフィスはある．250平方メートルほどのゆったりとしたオフィスで，事務局長マルセロ・ソレルヴィセンス（Marcello Solervicens）を含め3名の専従職員と，2名のパートタイム職員が業務を行っている．オフィスの壁には，第1回から第9回までの世界大会のポスターがずらりと貼られていて，その活動の歴史を感じさせる．

1946年にケベック州で生まれたミシェルは，1970年代初頭から，コミュニティづくりの様々なプロジェクトに取り組むようになった．その中で，メディアをその道具として利用するアイデアを育んだ．1972年から74年まで，ケベック政府は，教育や文化の発展の為に，テレビ，ラジオ，新聞等のメディアを使用する大規模なプロジェクトを行い，それにミシェルも参加をした．経験の中から彼は，住民の密な参加を促すメディアとして，ラジオが一番効果的であると気づいたのだという．

彼は1974年，75年に，すでにコミュニティラジオの実践が行われていた合衆国，南米などの事例調査に没頭する．そして当時活動の拠点を置いていたアビツビ（Abitit）にコミュニティラジオ局を設立するために，カナダ・ラジオテレビ電気通信委員会（CRTC，1968年設立）に財政的支援を申請している．

また1976年に，ケベック州内のコミュニティラジオ関係者の集いを企画し，ミシェルがそのコーディネイトを担った．これを契機として，1979年にはケ

ベック州内のコミュニティラジオ放送関係者でつくる,「ケベック州コミュニティラジオ放送者協会」(Association des radiodiffuseurs communautaires du Québec = ARCQ) が正式に立ち上がった.

それ以降,1983年の世界大会開催に至る経緯を,ミシェルは次のように振り返る.

「1980年には,全米コミュニティ放送者連盟 (NFCB) や,スウェーデン,イタリア,そしてアフリカのラジオ局など,様々な場所へ見学や調査に行きました.このような人々の集まりを開催したいと思ったところ,1983年が『世界コミュニケーションの年』であることを知りました.様々なイベントが予定される中,そのうちの1つとして,世界のコミュニティラジオ関係者が集う大会を開催したい,という提案を,カナダ政府とケベック州政府に行いました」.

約50カ国からの400－500名がモントリオールで会するという計画で,4－5人の実行部隊の指揮をミシェルがとった.当時のカナダ政府コミュニケーション省の大臣代理補佐アラン・ゴード (Alain Gourd, 後に大臣代理) がアビツビ出身で,かねてからミシェルの活動に関心を寄せていたこともあり,政府側の反応は概ね好意的であった.そこでケベック州政府からも援助の約束を得ることを財政支援の条件として提示されたミシェルは,州政府と交渉し,2万5000ドル (当時のレートで約480万円) の支援の約束をとりつけた.こうしてカナダ政府,ケベック州政府あわせて5万ドルの援助が確定し,さらに国際援助機関などからも助成金を得て,最終的に約10万ドルが集まった.

「フランスやイタリアなどいわゆる「先進国」の参加者は,自分で航空運賃を負担し,いわゆる「途上国」の参加者の航空運賃はこちらが支払いました.参加者はモントリオールに着けば,お金はかかりませんでした.なぜなら,実行委員会に加わった ARCQ のラジオ局のスタッフやボランティアの家々に宿泊してもらったからです.これが大成功でした.参加者と,私たち受け入れ側とのとても密な交流が可能になり,大会の最後には皆が1つの家族のような雰囲気ができあがったのです」.

大会には36カ国から約600名が参加をし,成功をおさめた.もちろんその背景には,当時激しさを増しつつあった,アメリカを中心とする新自由主義的なグローバリゼーションによる,貧困や格差,差別の固定化という社会状況,公民権運動に表象される世界的な権利意識の高まり,ベトナム戦争以降のマスメディアにおけるジャーナリズムの衰退,マスメディアに代わるオルタナティブ

なメディアを求める声とその実践の高まり，など様々な要因の複合的存在があった．

(2) ケベック州の特殊性

ただし，「なぜモントリオールで」という問いの答えにさらに近づくためには，カナダにおけるケベック州の特殊性について考察しなければならない．そしてその特殊性を背景とした微妙な政治バランスの中で，ミシェルらの企画が，いわば「ケベック人脈」によって実現性を増していくプロセスを検証する必要がある．

人口の9割以上をフランス系が占めるケベック州は，イギリス連邦に属する近代カナダ国家全体から見れば，いわば「マイノリティ」的な存在である．独自の文化と言語の保護に対しての意識が高い．1983年当時のカナダ政府の首相は，ケベック出身のカリスマ政治家，ピエール・トルードー (Pierre Trudeau) であった．フランス語を国の公用語とするなど，ケベック州の独立運動の盛り上がりをいわば懐柔し，「一つのカナダ」を訴えた．そのため英語を母語とする人々から高い支持を得ていた．しかし，ケベック州政府や政府職員には独立派も多く，カナダ政府と対立することもしばしばであった．

当時ケベック州はコミュニティメディア支援計画 (Community Media Assistance Program = CMAP) というプロジェクトを実施し，それを通じて多くのコミュニティラジオ局が開局していた．実際1984年7月31日付けのCRTCの報告は，当時カナダのコミュニティラジオ23局のうち，21局がケベック州に存在することについて，「ケベック州におけるコミュニティラジオの急速な発展は，CMAPを通じた，ケベック州コミュニケーション省による助成金とサポートによるところが大きい」と指摘している[1]．ケベック州において多くのコミュニティラジオ局が設立され，ARCQが組織されていたことが，第1回のAMARC世界大会開催にとって重要な役割を果たした．

ケベック州におけるコミュニティラジオの事例は，同一国家において，国家内の「少数民族」によって主に構成される行政区や地方政府で，コミュニティラジオ，より一般化すればコミュニティメディアが伸張する可能性を示唆している．例えば韓国では，中央政府に長く「冷遇」されてきた全羅道で，地方行政が，コミュニティメディアの担い手である市民メディア・センターに，より手厚い支援を行う傾向が見られてきた．コミュニティメディアの実践者らは，中央政府，地方政府（行政区）とのこの「ねじれ」を，ある意味で巧みに利用

し，地方の文化，言語，アイデンティティの保護の「道具」として，コミュニティメディアを地方政府（行政区）に「勧める」こともある．

コミュニティラジオは権力からの独立をその特徴としているが，時の政治状況や権力構造，またそれらを背景とする中央，地方両政府のコミュニケーションあるいはメディア政策が，コミュニティラジオの存廃に大きな影響を与えることは皮肉でもあり，また現実でもある．それはコミュニティラジオが放送であり，どんなかたちであろうとも，その監理からは無関係でいられないこと，また財政的に公的な支援がないと，その存続が難しいことを表してもいる．

1-3　AMARCのネットワーキングと組織化

(1) ボトム・アップによる組織化

モントリオールで開かれた集いのフランス語の正式名称は「世界コミュニティ型ラジオ職人集会」（Assemblée mondiale des artisans des radios de type communautaire）であり，この頭文字をとって大会自体を「AMARC」と呼んだ（英語名はWorld Conference of Community Oriented Radio Broadcasters）．当時の大会ポスターには，次のように，様々な言語で様々なラジオの呼び名が印字されている．"COMMUNITY RADIO, NEIGHBOURHOOD RADIO, NATIVE PEOPLE'S RADIO, RADIO COMUNITARIA, FREIE RADIO, RADIO LOCALE, RADIO COMMUNAUTAIRE, RADIO LIBRE"（コミュニティラジオ，近隣ラジオ，先住民ラジオ，自由ラジオ，ローカルラジオ等）．ネットワーク化が進む以前には，それぞれがそれぞれの文脈で，そして言語で，自らのラジオを表現しており，これらを総称するかたちで「コミュニティ」という用語を使うことは必ずしも合意されていなかったし，その必要もなかったのである．

しかしAMARCは1983年に大会を成功させた後，「集い」から「組織」への移行を選択した．その過程をミシェルは次のように言う．

「第1回の会議を迎えるにあたっては，組織化など全く考えていませんでした．まず世界を見てみよう，つながろう，そして成功事例（例えばイタリアのラジオ・ポポラーレ）から学ぼう，というのが目的だったのです．しかし会議の最後に大きな拍手が起こりました．そして『この動きを止めてはいけない，フォローアップが必要だ．次の開催場所を決めてから閉会しよう』という声が次々に上がったのです」．

拍手の中から，バンクーバーのグループが手を挙げ，次回の開催地が決まっ

た．1986年の第2回大会で，組織体制案や規約案などが提示され，AMARC を恒常的な組織とすることが合意された．そして1988年の第3回のマナグアでは組織構成の詳細までを議論した上で合意をし，正式な NGO となった．この時点で採用された名称が「世界コミュニティラジオ放送連盟」(仏語 Association mondiale de radiodiffuseurs communautaires, 英語 World Association of Community Radio Broadcasters) である．これを略すと「AMRC」となるはずだが，それ以後も略称としては AMARC がそのまま用いられている．

以降，AMARC はネットワークとして，また組織として確立されていった．国際社会や，ドナー，そして政治に対するロビーイング等の際に分かりやすく，セクターの存在を明確にするために「コミュニティラジオ」という用語を AMARC では用いている．しかし今でも言語や文化によって様々な表現があることは，AMARC の共通認識である．世界で多様な表現がされていることを重要視し，国際的決議などにはその事実を積極的に盛り込むよう働きかけを行っている．

(2) AMARC の今後

1983年の創立以来，AMARC はコミュニティラジオの特質や意義を，ユネスコをはじめとする国際諸機関の出版物や宣言文，決議に盛り込む活動を続けてきた．各国レベルでコミュニティラジオの法制化を求める際に，それらの文言が大きな根拠として効果を発揮してきた．また，AMARC がうたうコミュニティラジオの特徴が，コミュニティメディア一般の特徴として認識され，近年の国際的な宣言や決議にも盛り込まれるようになった．

2004年に設立された欧州コミュニティメディア・フォーラム (Community Media Forum Europe=CMFE) には，各国のコミュニティメディア組織が媒体の枠を超えて参加している．そこからもうかがえる通り，近年，世界的な「コミュニティメディア運動」が大きなうねりを起こしつつある．AMARC も，世界情報社会サミット (WSIS) やアワメディア (Ourmedia) への積極的な関与を見せてきた．ラジオへの特化を維持しつつも，進歩的コミュニケーション協会 (APC) や情報社会におけるコミュニケーションの権利 (CRIS) といった多様な NGO やネットワークとの連携を，AMARC がさらに深めていくことは間違いないだろう．

コミュニティラジオは，限られた資源である電波へのアクセスを必要とする．その際生じる監理者 (すなわち国家権力)・商業放送セクターとの衝突を乗

り越えるために，国際的で組織的な運動が求められ，進められてきたとも言える．一方でインターネットの登場と発達は，コミュニティに根ざした多様なメディアの取り組みを後押ししてきた．しかし近年世界規模で強まる情報通信やコミュニケーションをめぐる国家政策や経済戦略の圧力は，インターネットを「自由空間」とする幻想がもはや遠い過去のものであることを，人々に気づかせている．今まさに，媒体や伝送経路の枠を超えた，世界的なコミュニティメディア運動が求められている．そのために AMARC が果たし得る役割に注目していきたい．

2 AMARC-ALC（ラテンアメリカとカリブ諸国）から学ぶもの

2-1 AMARC-ALC の軌跡——その衰退と再建

コミュニティラジオは，ボリビアの先住民の鉱山の村で始まったラジオが起源であることから[2]，南米でのコミュニティラジオの活動は，アフリカやアジアなどの他の国に比べて活発で，AMARC のラテンアメリカのネットワークも，他の地域に比べて先駆的な展開をした．ほぼ同じ言語を使用するラテンアメリカでは，世界のほかの地域に比べると意思疎通が容易である．とはいえ，その形成プロセスで，当初のリーダー主導型の運営体制は，各国の役割も明確にならないまま，反発するメンバーもあって崩壊寸前までになった．そこでネットワーク再構築のために，それぞれの国／地域のモチベーションを保ちながら，お互いの情報共有や運動意識を高め合うための運営体制を徹底的に話し合って考えだした．その背景には AMARC 設立以前から，国に排除されてきた先住民など少数者の自分たちの権利を何とか勝ち取るための地を這うような努力の歴史がある．それを土台に，年月をかけて現在のより成熟した運営基盤を築いたのである．

この機能は，今後 AMARC の他の地域，特に設立年の若いアジア・太平洋でも大いに参考になるものと思われる．以下ではその再構築の内容と，2008年3月に開催された AMARC ラテンアメリカの AMARC25周年記念シンポジウムの内容を伝えたい．

また，このノウハウを他の国で活用するばかりではなく，コミュニティラジオの歴史では発展途上の日本が，ラテンアメリカの経験を活かした形で，AMARC というネットワークと連携してどのようなことができるのかという

問題提起にもなればと考える.

(1) AMARC-ALC とは何か

そもそも,1983年に始まった AMARC(世界コミュニティラジオ放送連盟)の使命は,表現の自由に見合ったコミュニケーションの民主化を促進し,私たちの「まち」の公正で持続可能な発展に貢献すること,つまり,民主的な社会のための「言葉の民主化」である.その中でラテンアメリカのネットワークが始まったのは,1990年であった.その代表者は世界組織の副代表も兼ねることになる.最初に事務局を担ったのはペルーのリマで,1992年にはエクアドルのキトに移した.現在のアルゼンチンのブエノスアイレスが事務局を担うようになったのは,2003年6月からである.現在 AMARC-ALC には,ラテンアメリカの16カ国(アルゼンチン,ボリビア,ブラジル,チリ,コロンビア,キューバ,ドミニカ共和国,エクアドル,エルサルバドル,グァテマラ,ハイチ,ホンジュラス,メキシコ,ニカラグア,パラグアイ,ペルー,ウルグアイ,ベネズエラ,アメリカ領バージン諸島)から約400団体が加盟し,AMARC 本体の定款とは別に,ラテンアメリカ地域の事業運営について,具体的な独自の規約も作っている.現在の規約の内容は,[3] (1)名称と目的,(2)地域会議について,(3)代表委員会について,(4)代表委員会の構成,(5)代表委員会の権限について,(6)代表委員会の招集について,(7) AMARC-ALC の副代表の職務について,(8)女性のネットワークの代表について,(9)監査役について,(10)地域のコーディネーターについて,(11)活動プログラムについて,(12)各国代表について,(13)各国の集会について,(14)プルサル(取材/発信)機関の編集会議について,(15)規約の見直しについて,のような項目に分けられている.

(1)名称と目的の項目には,「AMARC は世界的な非政府組織で,宗教から独立しており,営利を目的とせず,本部をカナダのモントリオールにおく.その使命はコミュニケーションの民主化の促進であり,特にラジオについて,その表現の自由を強化し,コミュニケーションにおける人権の行使をし,公正で持続可能な社会の発展に貢献するものとする.AMARC-ALC は,世界コミュニティラジオ協会—AMARC のラテンアメリカとカリブ諸国の地域セクションで構成されている.この地域組織は,制度的な政策において,世界組織の運営協議会およびモントリオールの総括事務局の実務と連携するものである.世界会議で承認された戦略については,AMARC の優先事項に反映される.すべての地域事務所は,目標の実現において連動し,世界組織の運営協議会と連携

第9章　AMARCとは何か　　*135*

```
                    ┌─────────────────┐
                    │ AMARC-ALCの会員  │
                    │      総会       │
                    └────────┬────────┘
┌──────────────┐             │
│ 準地域の代表者 │    ┌────────┴────────┐    ┌──────────┐
│ アンデス諸国， │    │ ラテンアメリカ   │    │          │
│ 中央アメリカ諸国，├───┤  代表委員会     ├────┤ 各国の代表 │
│ 南方諸国，メキシコ，│  │                │    │          │
│ ブラジル，カリブ諸国│  └────────┬────────┘    └──────────┘
└──────────────┘             │
                    ┌────────┴────────┐
                    │    地域協議会    │
                    └────────┬────────┘
                    ┌────────┴────────┐
                    │   プログラム     │
                    │ 法務，運営，取材／発信， │
                    │  養成／教育，事務 │
                    └─────────────────┘
```

図9-1　AMARC-ALCの組織図[4]

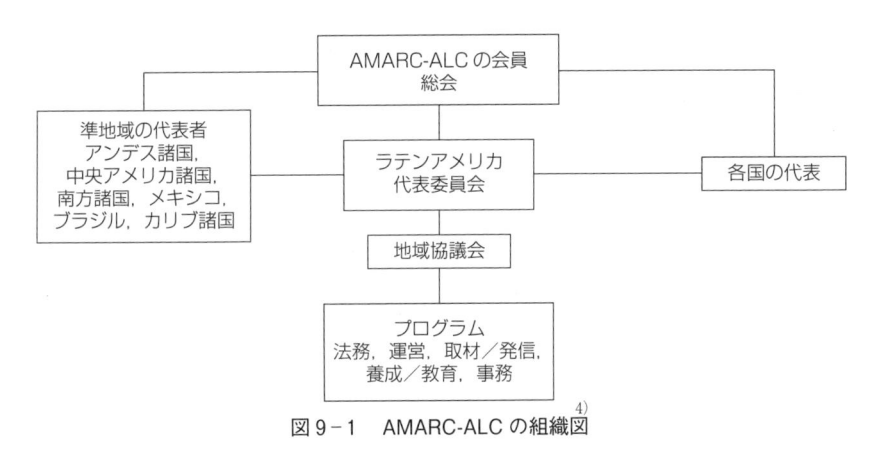

している」と，世界組織と緊密に連携した地域組織としての位置づけを明記している．

そして，特に会議のメンバーや権限などについては詳しく決められている．中でもAMARC-ALCが最も大切だと考えている代表委員会について細かく規定されており，その全体の組織図は図9-1のようになっている．

当初，AMARC-ALCの代表委員会は，AMARC-ALCの代表，女性ネットワークの代表，監査の3名だったが，現在では，ラテンアメリカを，メキシコ，ブラジル，カリブ地域，アンデス諸国，南方諸国，中央アメリカ諸国の5地域に分けて準地域代表者を決め，合計8名で構成されている．この委員会の会議には，プログラムの担当者や各国の代表者も参加して意見を述べる場合もあるが，決定権は8名の政治的な権限を持つ代表委員にある．この会議は実際に集まる場合と，手段としてスカイプなどの通信技術を駆使しながらの場合とがあるが，2-3カ月に一度開催されている．日程調整は各地域のコーディネーターが行うが容易ではない．しかしスカイプ会議などの場合は，議論に十分な時間をかけるために，協議の必要なテーマは1つにしぼられる．このようにして，ラテンアメリカネットワークの政策や文化，コミュニケーションのあり方，組織運営について，経済的基盤のこと，といった大きな柱について方針を決めていく．

また，(11)活動プログラムについては，① 法律制定とコミュニケーションの権利，② ジェンダーと女性のネットワーク，[5] ③ 養成，④ プルサル(取材／発信)

機関，⑤管理・経営，⑥南のリズム，⑦地方の情報，⑧広報，⑨最新技術，⑩社会環境，という10のプログラムを明確にしている．

(2) 改革の背景とプロセス

このように，自分たちの活動について具体的な内容を規約で明確にし，団体の合意形成について，一極集中型の運営にならないよう徹底的に時間をかけるような規約が練り上げられた背景には，さまざまな試行錯誤があった．AMARC-ALCの設立当初は，かなりリーダー主導型の運営体制で事務局の実務も集中して中央集権的な体制であった．ネットワーク機能においては，各国の実務的な作業を継続していくためのメンバーの共通意識の維持という点で課題を生み，各国の役割が明確にならないまま，反発するメンバーもあって2003年に一度事務局を閉じることになった．しかし，それは決して終了を意味するのではなく，再生のためのクローズであった．ネットワーク再構築のために，同年6月にブエノスアイレスで事務局を再建し，反対勢力との紆余曲折も経て，それぞれの国／地域のモチベーションを保ちながら，お互いの情報共有や市民運動の意識を高め合える運営を模索し，地方分権をめざす事務局体制のルールを構築した．代表委員会が3名から8名に組織変更されたのもこの時である．事務局は4年で交代，継続は2回までとされている．

現在も，AMARC-ALCの事務局はブエノスアイレスが担っているが，その最終年（8年目）に入る2010年には，さらに成熟した規約にするため，日々その話し合いがなされている．AMARC-ALCの多くの国ではスペイン語が話されているので，他の国の地域ネットワークよりも容易に意思疎通がとれるという利点はあるものの，それでもポルトガル語圏の国であるブラジルや，英語圏のカリブ諸国などとのネットワークの強化が今後の課題であるという．

2-2　AMARC25周年記念事業（ボゴタ／コロンビアにて）

(1) シンポジウムの内容

このような中，2008年3月に開催されたAMARC-ALCのAMARC25周年記念シンポジウムの内容を伝えたい．この大会にはラテンアメリカ諸国は当然のことながら，北米，アフリカ，ネパール・日本などのアジア，そしてヨーロッパといった世界中からAMARCのメンバーや関心のあるNGOや研究者などが集まってきて，朝，昼，夜の食事をともにしながら同じ宿泊施設で1週間のプログラムに参加した．そのプログラムのうち，主要な2日間のプログラムの

大まかな内容は，次のようになっている．

- コミュニティラジオ放送における民主的な法律制定のための原則：世界的規格の構築
- ラジオ放送におけるコミュニケーション，表現の自由，多様性の権利
- コミュニティラジオ放送における法律制定に関する先駆的実践事例：鍵と挑戦
- ラテンアメリカラジオ創設60周年コンクール受賞者紹介
- 女性と，コミュニティラジオを通した民主化，良き統治における女性の役割
- AMARC-ALCにおける女性伝達者たちの地域ネットワーク
- 社会情勢とAMARCの戦略紹介
- AMARC25周年ボゴタ宣言[6]

このラテンアメリカで開催されたシンポジウムに，メンバーとしての日本からの参加は始めてのことだった．特にスペイン語話者が参加して通訳を務めたことはインパクトがあり，世界組織の中で，言葉により意思疎通に壁があったラテンアメリカのメンバーとアジアのメンバーをつなぐ役割を日本が担うので

写真9-1　AMARC25フォーラム「女性とコミュニティメディア」
出所：日比野純一撮影．

はという期待を感じた．シンポジウムの最後に採択された「ボゴタ宣言」にも，そこに参加した異なる大陸からの多様なメンバーとして，日本人のことを「日本からの微笑み」と紹介するなど，その存在を明記されている．そして，引き続き，コミュニティラジオにおけるコミュニケーションの権利やジェンダーの公平化にむけた活動の促進，4年に一度AMARCが開催する次回の第10回AMARC世界大会がラテンアメリカでの開催が決まっていることなどが宣言された．

写真9-2　AMARC25フォーラムの看板
出所：吉富志津代撮影．

(2) 行動原理の確認

2008年はAMARCにとって設立25周年，世界で最初のコミュニティラジオがボリビアで始まってから60年という年でもあり，参加者全員が設立当初の目的に立ち返って意見交換をし，新たにこの活動の意義を確認する機会ともなった．

またプログラムの中で，全員が参加するパネルディスカッションでも，AMARC-ALCの行動原理について次のような明確な項目を説明し，参加者全員の意識の共有を促進した．これは，南米で周縁化されている人たちを中心に表現やコミュニケーションの権利を確保するためにずっと続けられてきた運動[7]に裏付けされたものである[8]．

おわりに

(1) AMARCのネットワークとしてのAMARC日本協議会の今後

神戸市長田区で震災を契機に設立された多言語／多文化なコミュニティ放送局「FMわぃわぃ」の代表者が，2006年にヨルダンで開催された第9回AMARC世界大会に参加したことがきっかけとなって，「AMARC日本協議会」が2007年に設立された[9]．日本に現在235局あるコミュニティラジオ放送局のうち，AMARCのような運動意識を持って活動をしている局はほとんどなく，

AMARC の精神を日本のコミュニティラジオ局にも伝えていきたいというのが，その目的であった．その事務局を FM わぃわぃが担っている．2009年9月21日に，第7回市民メディア全国交流集会が開催された東京で，AMARC日本協議会は，総会に向けた運営委員会を行った．6名の運営委員全員とオブザーバー2名が参加し，報告と今後の活動について協議をした．AMARC日本協議会は，その背景から，どうしても FM わぃわぃが主導する形で，具体的な活動の意思決定に，役員全員あるいは日本協議会が所属する AMARC アジア・太平洋との合意形成や連携よりも，スピードを優先する独走的な活動が展開されてきた．まだ設立間もない日本協議会が，アジア地域においてその存在を認めてもらうためには，前述のような手法が必要であったということは運営委員全員が理解をしていることである．しかし，2年を経て活動内容が AMARC 全体にも影響を与え始めた今，本来のアジア地域での具体的な活動展開という意味においては，次のステージに進むためにも手法を改善すべきであるという意見に全員が賛同した．今後は，日本協議会においても，日常の動きが実感できるよう，運営委員全員の合意形成を大切にすること，運営委員の拠点が北海道から神戸に散らばる状況でも活動に参加しているという実感を持てるよう，常にメールなどで報告を心がけることが確認された．

　さらに，日本協議会自体も，AMARC のアジア・太平洋の一員として，アジア地域におけるネットワークを大切にするために，活動における連携を意識し，日本協議会の役員としてアジア地域の事務局長に，アドバイザーのような形で参画してもらうよう提案することも決まった．ほぼ同じ言語を使用している中南米地域に比べて，言語バリアは，このような世界的なネットワークにおいては解決しなければならない大きな問題ではあるが，翻訳ソフトなどの技術を駆使してでもできることから伝えようとする努力を積み重ねるしかないという結論になった．

(2) コミュニティメディアの制度化にむけて AMARC-ALC から学ぶこと

　現在日本では，政権交代を弾みとして，今まさにコミュニティメディアの明確な制度化をめざした活動──パブリック・アクセスとコミュニティメディアの支援育成のための制度とコミュニティメディア（テレビ／ラジオ）を含む放送の三元体制の構築──が活発になっている．2009年9月の市民メディア全国交流集会では，総務副大臣を招いての意見交換の場や，最後のまとめの質問の場でも，多くの市民メディアに関わる参加者たちから多様な意見が積極的にださ

れた．同じ意識をもって運動をしている人たちであっても，その手法や方向性はかなり多元的なものである．目標達成が具体的になってきた時ほど，そして本来の「市民メディア」というものを考えるための制度であるからこそ，声の小さい少数者や排除されているかもしれない人，その場には参加していなかった人などについて配慮し，慎重な合意形成を重ねることが必要である．そのことを肝に銘じて，市民メディア交流集会終了後から，全国にいる関係者たちで，スカイプなどを使用して制度化に向けた具体的な戦略についての協議が，公平な形で何時間もかけて繰り広げられている．

　コミュニティメディアの制度化を具体的に提案するにあたり，AMARC-ALCの行動原理は参考になる．特に，文化・社会的アイデンティティの強化の促進が，メディアの多元性を意味し，そのアクセス権を保証し，社会運動，人種，民族，分野，性的傾向，宗教，年齢や，その他のあらゆるタイプの多様性についての対話や参加を保証しなければならない，と強く謳った上で，周波数使用の分配について，セクターによって区別されるものでなく公開されるべきだという点などは，電波が一部の人間の特権のように使われている日本において，活動に関わる多くの人たちが，改めてコミュニティメディアとは何かを考えさせられる部分ではないだろうか．一度は閉鎖に追い込まれながら再度結束したラテンアメリカのAMARCの事例は，私たちが今後の運動を論議していく場面で合意形成の具体的なイメージを私たちに与える事実として今後も注目していく価値のあるものだと思う．

*インタヴュー：AMARC-ALC 管理／経営担当 Ms.Claudia Villamayor　2008年2月29日
（於：ボゴタ／コロンビア）．
*メールによるインタヴュー：AMARC-ALC 事務局長 Mr. Ernesto Lamas　2009年9月から10月にかけて．

注
1）http://www.crtc.gc.ca/eng/archive/1984/PB84-201.htm
2）本書の第8章を参照．
3）「AMARC 規約1998年度版」（ブエノスアイレス事務局提供）．
4）AMARC-ALC 組織．http://alc.amarc.org/index.php?p=Estructura_de_la_Organizaci%C3%B3n&l=ES

5）第3章を参照.
6）「ボゴタ宣言」. http://alc.amarc.org/index.php?p=Declaracion_de_Bogota
7）第8章を参照.
8）本書巻末の資料2「AMARC-ALC 行動原理」を参照.
9）第1章を参照.

松 浦 哲 郎（1節）・吉富 志津代（2節）

第10章

ヨーロッパの自由ラジオ運動史
―公共圏がコミュニティに定着する過程―

はじめに

　商業放送が早くから発達したアメリカで，非営利の「公共放送」「コミュニティ放送」の導入が問題になるのは20世紀の後半である．ほぼ同じころ，もともと公共放送の伝統が強いヨーロッパでも，「新しい社会運動」の波が国営放送／公共放送の独占に対する電波の規制緩和の流れと合流することで，対抗的な公共圏を媒介するメディア活動が大きく開花した．この動きを代表するのが「自由ラジオ」の運動である．本章では，当時の社会運動の中から自由ラジオの実践が生まれ，やがて制度化の問題に直面し，ついには地域コミュニティの中で社会事業として持続可能なものになっていくプロセスを追う．

1　ブレヒトの嘆き――草創期ラジオの非政治性

　ドイツでラジオ放送が公式に始まったのは1923年．ベルリンで劇作家としての地歩を固めつつあった若きブレヒトは，始まったばかりのラジオ放送に強い関心を寄せていた．ところが彼は間もなく，この新メディアに対して大きな幻滅を味わうことになる．1927年，電波に乗ってくる番組の古さに愕然とした彼は，ラジオを太古の遺物と呼んだ．
　「たしかに最初のうちは，どこからこの番組が届いてくるのかと驚嘆したものだ．しかし，やがてこの驚きは別の驚きに取って代わられた．空から届いてくる番組の内容に驚愕させられたのだ．（中略）このブルジョワどもが，ラジオに加えてもう1つ，ラジオで流されることを永久保存する機械も発明してくれたらいいのに．そうすれば，後世の人々が見て仰天することだろう．自分の言

いたいことを全世界に向けて言えるようになった結果，言いたいことが何もない事実を全世界に向けてさらけ出した特権階級のありさまを」[Brecht 1992 : 217-18].

　ドイツに先立ち，1920年に公式放送が始まっていたアメリカでは，ラジオは民間の業者によって主導され，娯楽色の強い商業放送として発達する．それに対してヨーロッパでは，政府関係者のあいだで電波の商業利用への警戒感が根強く，ラジオはもっぱら「優等生」的な公共放送として独占的に営まれていく[佐藤 1998 : 141-70]．いずれにせよ，放送というメディアは資本や国家の強い影響下で成長し，娯楽のメディアないし教養のメディアとして形成され，かつての新聞がそうであったような，国家権力からも大資本からも独立した公共圏を支える，理性的な討議と言論のメディアとしては機能していなかった．特に，ブレヒトが体験したワイマール共和国時代のドイツにおいては，郵政省の指導のもと厳格に「政治的中立」を守ることが放送には求められていた．先に引用したブレヒトの皮肉には，そうした状況下でラジオが無難なメディアとなり果てていることへの苛立ちが込められているわけである．

　もっとも，社民党と共産党が主導した「労働者ラジオ運動」のように，ラジオの政治化を求める動きは当時すでにあった [Dahl 1978 : 39-83]．ただし，その場合もラジオに期待されたのはむしろ上意下達的な宣伝のメディアとしての機能であり，その機能はほどなく1993年に成立したヒトラーのナチス政権下で最大限に追及されることになる．ブレヒトが夢みた「双方向的なコミュニケーション装置」としてのラジオ [Brecht 1992 : 552-57] の実現は，さしあたり夢のまた夢であった．

　戦後には各国でテレビ放送も開始されるが，商業放送であれ，国営放送／公共放送であれ，テレビ・ラジオはもっぱら一方向的なマスメディアとして機能し，娯楽や教養のメディアの地位に固定されていた．そうした状況を打破し，社会的な目的のために電波を取り戻そうとする動きは，いわゆる第三世界で始まる．ファノンが論じたように，1950年代に高揚したアルジェリア独立闘争においては，それまで植民者の利益にのみ奉仕していたラジオに抗して自分たちの自身の言語で放送を行うことが決定的な役割を果たした[Fanon 1966]．また，南米ボリビアの鉱山労働者たちのラジオ活動は，労働者同士の日常的な連帯と圧制に対する抵抗のためのネットワークづくりに役立ち，住民自身が運営の主体となる参加型の放送の元型を示した [Huesca 1995 : 104-13] のである[1]．

そして，ヨーロッパ諸国において1970年代に高まった社会運動の要求は，多様かつ自由なメディア活動を生み出した．そこでは，ラジオの発信者と受信者のあいだの距離が極限まで縮まり，ブレヒトが願った状況がいくばくか現出しているように見える．イタリアで始まった自由ラジオ運動は粉川哲夫によって早くから日本にも紹介されている［粉川編 1983：20-72］が，以下では，自由ラジオが1990年代以降どのように継承され，そこでどのような問題に新たに直面したかにも視野を広げたい．

2　自由ラジオ運動の展開

早くは1960年代のアメリカ公民権運動やベトナム反戦運動，そして1968年をピークに盛り上がった学生運動，さらに1970年代以降に盛んになった環境保護運動などにおいては，従来型のマスメディアが作る公共圏からは排除されがちであったグループが自分たち自身のテーマを共有し，議論し，また外部へ発信していく対抗的な公共圏が数多く形成された．そして既存のマスメディアは彼らの声を十分には伝えなかったため，生成されつつあった対抗公共圏は，そのつど自らの存在を示すための運動のメディアを必要としていた．

2-1　イタリアの「アウトノミア」運動からの誕生

そこで，イタリアが自由ラジオの揺籃の地となったことには，2つの理由が想定できる．1つは，1968年以降も学生と労働者の共闘が比較的うまくいき，また同時期に女性運動も伸展したことから，1970年代から1980年代の前半にかけて「アウトノミア」と呼ばれる大衆運動が形成されていた［Katsiaficas 2006：17-58］こと．もう1つは，ここがヨーロッパにあって比較的早く電波の自由化が実現した地だったということである．

1970年代には西欧の多くの国々で民間商業放送の導入を求める声が高まっていたが，イタリアでは1975年1月に放送を開始した商業局「ラジオ・パルマ」（Radio Parma）を皮切りに各地で民間のローカル放送の開局が相次ぎ，その法的位置づけが争われた．イタリアの憲法裁判所は1976年7月に，国営放送の放送独占を違憲と判断し，地上波による民間のローカルテレビ・ラジオ放送を認める．この結果，わずか数年のうちに500局の独立系テレビと2000局もの独立系ラジオが乱立することになった．その約7割が商業的な局で，残りは政治

的な使命を帯びた局であった．後者の大半が既成政党により運営される局であったが，それに対し，特定の政党の支配を受けず，アウトノミア運動とつながりの深い局も生まれた．ミラノの共産党系のラジオ局から分離した「ラジオ・ポポラーレ」(Radio Popolare = 人民ラジオ)[3]，フィレンツェの「対抗ラジオ」(Contro-radio)，ローマの「ラジオ未来都市」(Radio Città Futura) や「赤い電波」(Onda Rossa)，ボローニャの「ラジオ・アリチェ」(Radio Alice) など──すなわち自由ラジオ (radio libera) である．

現在も存続するラジオ・ポポラーレを例に，自由ラジオ局の特徴を見てみたい．放送される番組はニュース・言論番組から娯楽・音楽番組まで幅広いが，流される広告が一時間に数本に限定されていることや，リスナー参加番組が目立つことが特徴である．この局の経営は協同組合が主導しており，そこに複数の政治勢力や労働組合，市民団体や個人が参加し，特定のグループの主張を宣伝するのではなく，複数の立場のあいだの議論を伝えるフォーラムを形成している．女性の参加が活発であること，一定時間のアクセス枠を市民に開放しているのも特筆に価する．30名ほどの有給スタッフが薄給で働いているのに加え，数百人のボランティアが番組制作に携わっている．局の成功につれて増大した運営費を賄うため，広告収入に加えて広く賛助会員を募る形式が採られた [Downing 2001 : 275-86]．こうした手法は他の多くの国々に伝わり，自由ラジオを経営するモデルとなっていく．

2-2　フランスの「新しい社会運動」への接続

1970年代の後半にはフランスでも，公共放送の独占状態を打破しようとする動きが明瞭になった．この当時，イギリス沿海の公海上で船からロック音楽を放送する，文字どおりの「海賊放送」がブームになっており，その活動や，イタリアでのラジオ局の百花繚乱のありさまに刺激を受け，無免許のFMラジオ局の設立が急増した．この動きが，ちょうど芽生えはじめていたポスト・マルクス主義的な「新しい社会運動」の流れ [Touraine 1978] と交わるところに，フランスの自由ラジオ (radio libre) 運動は結実する．

フランス最初の自由ラジオと目されるのは，パリで1977年に環境保護活動家ブリス・ラロンド (Brice Lalonde) やメディア学者アントワーヌ・ルフェビュール (Antoine Lefébure) らが始めた「緑のラジオ」(Radio Verte) である．当時，フランス各地で進んでいた原子力発電所の建設に対抗して環境保護運動が勢い

づいていたことが，その背景にある [Cojean 1986：17-18]．パリでは他にも，労働組合，同性愛者，フェミニスト，移民のためのラジオなど，多数の自由ラジオ局が誕生した．さらに，この運動は首都から地方にも波及していく．

1978年末，ロレーヌ地方の国境近くのロンウィーの町で，製鋼所の閉鎖に抗議するために自由ラジオ「雇用SOS」(Radio S.O.S. Emploi) が開局，翌年には同じ地域で「鋼の心」(Lorraine Cœur d'Acier) も放送を開始した [Cojean 1986：43-47]．これらの放送局は別々の労働組合組織の主導により生まれたが，特定の勢力の利害だけを伝えるのではなく，住民全てに開かれたラジオ局という方向性を打ち出し，地域に定着していった．その一方，ポーランドの「連帯」(Solidarność) の運動を支持するなど社会主義圏の民主化運動に同調する姿勢を示したことも注目に価する．自由ラジオ運動は精神分析家のガタリ [粉川編 1983：169-85] をはじめとする知識人の支持を得て，フランス全土で拡大の一途をたどった．

時のジスカールデスタン政権下においては自由ラジオは一貫して弾圧され，妨害電波によって放送を阻害する措置が取られていた．しかし，電波の自由化を公約に掲げ，自らも自由ラジオを運営していた社会党のミッテランが1981年の大統領選挙に勝利すると，低出力の民間ローカルラジオは例外的に合法化され，翌年には本格的に民間放送の導入を可能にする法律が制定される．この時点ではラジオでコマーシャルを流すことは禁止されていたが，1984年には広告が解禁された．ただし，この動向は必ずしも自由ラジオ側に有利には働かなかった．短期間に爆発的に商業ローカル局が生まれたため，激化する経済的競争の中で多くの自由ラジオ局が閉鎖に追い込まれ，あるいは商業局への転換を余儀なくされ，あるいは周波数の割り当てをめぐって他局との合併を迫られ，概して困難な状況に置かれたのだった [小山 2008：151-54]．

2-3　ドイツの反原発闘争との関わり

隣国ドイツは，ブレヒトのラジオ理論を継承して対抗公共圏の理論化 [Kluge and Negt 1972] を先導した国であるが，電波の自由化が実現するのが比較的遅く，また協同組合が発行するオルタナティブな新聞『ターゲスツァイトゥング』(*Tageszeitung*) が全国的に部数を伸ばし，対抗公共圏を求める市民のニーズに応えていた [林 2002：277-326] こともあり，ラジオ運動はそれほど盛り上がらなかった．しかし，この国でもやはり「新しい社会運動」の文脈で自由ラジオ

(Freies Radio) の展開が見られる.

　フランス／ドイツの国境付近の町フェッセンハイムには，フランス国内で最も古くから稼動を始めた原子力発電所の1つがあり，また同じ地域のドイツ側でも原発の建設計画が持ち上がったことから，この地域の反原発運動は国境をまたいで行われていた. この地で,「緑のラジオ・フェッセンハイム」(Radio Verte Fessenheim) が1977年に放送を開始する. この海賊放送局は，複数のチームが複数の発信設備から短時間ずつ放送を行うという手段で当局の摘発を逃れながら多言語で放送を行い，活動家たちの情報発信手段となっていた. だが, 海賊放送に関わる人々は，反原発のラジオという位置づけに飽き足らず，その関心領域はやがて労働問題や女性問題をはじめとする社会問題一般に広がっていく. この事情について，創立メンバーの1人は次のように語っている.

　「原子力発電反対運動は，今のところ主に小市民層(プチ・ブルジョワ)の一部に共鳴されるに留まっていますが，ぜひとも他の階層の関心を獲得し，影響範囲を拡大しなければならない. そのことは私たちにはすでに明らかでした. この闘争に，ぜひとも労働者階級全体を引き入れなければならない，というのが今も昔も私たちの考えです. そこで労働者たちの関心を獲得するには，彼らの抱えている問題について語る必要があるのです.

　失業の危険にさらされている労働者にとっては，環境問題などはどうでもいいことに思えてしまう. ですから私たちは，この放送局を，この地域で闘っている全ての人々のために役立てようと決めたのです. 反原発派のためだけではなく」[Collin 1980：59].

　放送局を真の意味で地域に根づかせるため，支援組織「友の会」がフランスの結社法にもとづき非営利団体(アソシアシオン)として結成され，地域住民の意思をラジオに反映させる経路が築かれた [Collin 1980：62-67]. 放送局の運営にまつわる重要な意思決定は会員全てによる総会での投票によって行われる. この手続きにより，運営に携わるメンバー間の平等性が保たれ，一切の上下関係が排除される. この方式は「底辺民主主義」(Basisdemokratie) と呼ばれ，この時期に力を伸ばした環境政党「緑の党」(Die Grunen)の基本理念となっていく. 友の会のメンバーは，当初100-120名ほどであったが，その数は自由ラジオの放送が地域において支持を獲得するにつれて増えていった.

　1981年，フランスでミッテラン政権の成立にともなってラジオの自由化が行われると，フェッセンハイムの緑のラジオも合法化を視野に入れた運動へと舵

を切る．すなわち，ドイツ側の都市フライブルクなど数箇所に拠点を置き，警察と激しい闘争を繰り広げながらも定住をめざして活動を行っていくのである．「ラジオ・ドライエックラント」(Radio Dreyeckland＝三角地帯)[5]と改称したラジオ局の支援のためにフライブルクで再発足した「友の会」の会員は，1986年10月の時点で900名に達した [Grieger et al. 1987：106]．この時期，100人以上のボランティアが20-30のグループを形成して番組制作に携わるほか，市民団体または個人による番組投稿を受け付けるアクセス体制も整った．多言語で放送される番組は，地域の政治や文化を中心として移民問題や国際政治まで幅広い領域に及び，また性的マイノリティの発言の場としても活用されるようになった．

1980年代の半ばまでに，西ベルリンをはじめドイツの各主要都市で合計60局にのぼる自由ラジオが生まれた [Pinkau and Thiermann 2005：19-29]．だが，ラジオ・ドライエックラントのような例外を除けば，自由ラジオの活動がドイツの市民のあいだで持続的な支持を得ることは少なく，ほとんど全ての放送局が短期間で放送を終えることになる．

3 自由ラジオの制度化——フランス，ドイツ，イギリス

各国で合法化されたヨーロッパの自由ラジオは，その後，1つの転機を迎える．その出発点にあった社会運動の記憶からの乖離が部分的に進行する一方で，非営利セクターとしての社会的活動の公益性が認められ，新たな存在意義と公共財源への経路を獲得することになったのである．これは，1970年代から80年代にかけてのカナダやアメリカを中心に，アクセス権の思想にもとづく「コミュニティラジオ」[6]の概念整備が進み，これを地域開発のための拠点として位置づける公的制度が構築されたことに対応している．

自由ラジオ発祥の地イタリアでも，放送に関する1990年法律第223号（Legge Mammì）で，文化的・政治的・倫理的・宗教的なテーマを扱う非営利の「コミュニティラジオ」（radio comunitaria）が他の民間ローカル放送から区別された [Barbetta 1997：74-75]．ただし，この国では，放送の非営利セクターを支える公的制度の構築は，むしろ低調であった．1970年代後半，同国の左翼運動が「赤い旅団」に代表されるようにテロリズムに傾斜するにつれ，それとの関連を疑われた自由ラジオ局への弾圧も激しくなった．1977年に警官隊の襲撃により閉鎖

されたラジオ・アリチェの事例［粉川編 1983：54-62］は，その事態を象徴するできごとである．1980年代に入ると，メディア王ベルスコーニ（現首相）によるTV・ラジオの系列化が進み，その状況下で自由ラジオの活動は勢いを失う［Downing 2001：186］．

　非営利のラジオを公共財源で支える仕組みは，むしろ後発国で発達した．以下では，先に見たフランスとドイツのその後に加え，イギリスの事例を確認しておきたい．

3-1　フランスの「非営利団体ラジオ（アソシアシオン）」

　フランスでは，1986年の国民議会選挙で右派連合が勝利を収めると，そこで成立したシラク内閣はコミュニケーションの自由に関する法律を新たに制定した．1989年の大統領選挙でミッテランが再選すると放送法はまた改正され，「視聴覚高等評議会」（Conseil supérieur de l'audiovisuel = CSA）が放送事業の監督を司る独立行政機関として設置された．その過程で，商業的なローカル放送と非商業的なそれとを明確に区別する体制が整っていく．すなわち，広告収入が局の予算の20％以下のものを非営利のアソシエーションによるローカルラジオ（Radio locale associative）として定義し，その財政支援のため，1982年に民間ローカルラジオの財源として制定されていた「ラジオ表現支援基金」（Fonds de soutien á l'expression radiophonique = FSER）を充当することになったのである．この基金は商業放送局の広告収入（の約1％）を財源としており，助成対象のラジオ局が①多様な収入源を確保する努力，②職業訓練の充実，③雇用の創出，④集団的行動への参加，⑤差別との闘いと社会統合，⑥環境保護と地域開発，⑦自局制作番組の高い割合といった評価基準［小山 2008：154-58］を満たしているかを吟味したうえで配分される．

　今日では600局以上の非営利のラジオが全国各地で活動しており，地域文化の保全や多文化社会の実現のために放送を続けている．その中には，1981年に放送を開始したパリの「アリグルFM」（Aligre FM）[7]のように，今日でも発足当初の自由ラジオの理念を守り，コマーシャルを放送していない例もある．この放送局は，労働者や貧しい芸術家が多く暮らすアリグル地区から電波を発信し，環境問題や人権問題のみならず，教育・文化・芸術・学術の総合的なテーマを扱っている．7人の有給スタッフと80人のボランティアが局の経営を支え，経済状態は苦しいものの，局内外のサポートによって財政難を乗り越え，

現在では110人以上が番組制作に携わっている［小山 2008：158-60］．

3-2　ドイツの「非商業ローカルラジオ」

　商業放送への反発が社会の中で根強かったドイツでも，1982年にドイツ社会民主党（SPD）のシュミットからキリスト教民主同盟（CDU）のコールへと政権が移ったのをきっかけに民間商業放送の導入の動きが本格化した．それと同時並行的に，その動きに対してバランスを取るという趣旨で，放送の非営利セクターの概念整備と制度構築も進んだ．放送に関して地方分権を貫くドイツでは公共放送局も地方に分散されていたが，1984年の民間放送の導入後，1987年の放送に関する州際協定の規定により，国家・州政府から独立した監督機関が州単位で設置された．この機関は公共放送の受信料（の約2％）を財源とし，民間のローカル放送の免許交付を司るほか，非営利の市民放送の設立と運営を支援するよう定められた．

　この状況下で，ラジオ・ドライエックラントも1987年に放送免許の取得に成功し，翌年9月には合法的な放送を始めた．この放送局は現在，約2000名の会員を擁し，約200名のボランティアが作る52のグループによって番組制作が担われている［川島 2008：182］．この成功に後押しされて，1990年代には自由ラジオの伝統に連なることを標榜する新たなラジオ局の参入が見られた．ドイツで最初に自由ラジオ運動が波及したバーデン＝ヴュルテンベルク州や隣のバイエルン州など南部地域で，あるいは長年のあいだ国営放送の独占状態のもとにあった旧東独地域で，その活動は特に活発となる［Pinkau and Thiermann 2005：34-40］．今日，これらの局は「非商業ローカルラジオ」（Nichtkommerzielles Lokalradio＝NKL）の名称で定義され，市民放送の一分野と位置づけられている[8]．

　NKLの定義と制度化の原動力となったのは，北部の州ニーダーザクセンである．この州では1990年にSPDが緑の党と連立を組み，シュレーダー政権が成立する．この州政権下で，自由ラジオを合法化する枠組みとして可能なモデルの構築をめぐって市民団体の代表者らとメディア機関のあいだで意見交換が重ねられた結果，NKLの概念が輪郭を定められ，その実地運用を可能にする1993年の州メディア法の制定へと至った（1996年に州内6局が開局）．この過程で定義されたNKLの主要な特徴は，①地域コミュニティへの密着，②既存のマスメディアが扱わない領域の補完，③市民へのアクセス提供，④メディア・リテラシー仲介，⑤非営利性（広告とスポンサーの禁止），⑥公共の福祉への寄

与[Buchholz 2001：473]である．現在，ドイツ連邦全体ではNKLをはじめ非営利のローカルラジオと大学ラジオが合計で約100局，免許を交付されて放送を行っている[ALM 2009：337-46]．

3-3 イギリスの「コミュニティラジオ」

　周知のように，英国で1927年から長年にわたり放送を独占していた英国放送協会（BBC）は，公共サービスとしての道徳的な義務感に支えられていた[佐藤1998：154]．そこでは，大衆的なもの・俗悪なものへの敵意が支配的だったのである．戦後，1954年のテレビ法によってTV放送の領域でBBCの独占が崩れ，翌年にBBCから独立した「独立テレビ」（Independent Television）の商業放送ネットワーク（ITN）が構築されてからも，ラジオに関してはBBCの全国放送への一極集中が継続した．当時，大陸から英国向けに中波放送を行っていた「ラジオ・ルクセンブルグ」（Radio Luxembourg）のみが，さしあたり英国民が聴取できる唯一の商業的な娯楽ラジオであった．

　この状況を激変させたのが，先にも少し触れた，沿海からの海賊放送である．アイルランド系の若き企業家ローナン・オライリー（Ronan O'Rahilly）の企画で1964年3月に放送を開始した「ラジオ・キャロライン」（Radio Caroline）は，ビートルズやローリング・ストーンズなどの音楽レコードを放送するという手法で一世を風靡し，たちまち数多くの海賊ラジオが誕生した[原崎 1995]．

　時の労働党政権はこの動きに対抗するため1967年に海賊放送の活動を取り締まる法律を制定し，さらにBBCに若者向けのポップ音楽を扱う部門（Radio 1）が新設された．これによって海賊放送の活動は下火になるが，しかし電波の自由化と多様化の流れは止まらなかった．1967年にはBBCのローカル放送局が設置されはじめ，そして1970年に成立した保守党のヒース政権は，BBCから独立した民間商業ローカルラジオの導入に踏み切る．1972年の放送法で「独立ローカルラジオ」（Independent Local Radio）が定義され，翌年から民間のラジオ局が放送を開始した．ただし，先行する独立テレビと同様，独立ローカルラジオは英国放送の公共サービスの一環として位置づけられ，商業活動には一定の制限が設けられていた．

　1970年代後半の英国社会では，商業ラジオの導入が進むのと並行して，北米のコミュニティラジオや大陸の自由ラジオに刺激を受け，対抗的なラジオを求める声も高まっていく[Lewis and Booth 1989：105-108]．しかし，他の英語圏に

あって開発の手段として規定されたコミュニティラジオの概念は，英国ではなかなか定着しなかった．1980年代，いわゆるサッチャリズムの文脈で，「コミュニティ」という言葉はしばしば保守的な地域政策と結びつけて使用されるようになったため，社会運動の当事者のあいだではこの語を自らの活動に適用することに抵抗感が根強かったからである［Lewis 2002：51-54］．一方，1990年の放送法では民間放送の商業規制が緩和され，全国放送を行う商業ラジオの設立にも道が開かれる．加速する商業主義の中で，オルタナティブな方向を追求する地域ラジオ局はフルタイム放送を行う経済的・法的基盤をもたず，1990年の放送法で導入されたイベント用の限定免許（RSL＝年間に最長28日間の放送が可能）を利用して活動する例が多かった．

　1997年の選挙でブレアの労働党が勝利すると，また状況に変化がもたらされる．ブレア政権は社会民主主義と自由主義(リベラリズム)の折衷とも言うべき「第三の道」路線を追求し，コミュニティの自助努力を強調する地域再生政策を進めたが，その枠内で非営利・非政府のコミュニティラジオ支援の方針が打ち出されたのである．政府から独立した通信・放送監督機関「通信庁」（Office of Communications ＝Ofcom）の設立と並行してコミュニティラジオの概念整備も進み，2003年の通信法でその位置づけが公式に定められ，政府が拠出する「コミュニティラジオ基金」（Community Radio Fund＝CRF）を Ofcom が分配するという仕組みが整えられた．ただし，広告・スポンサーによる収入も局の予算の50％まで認められることになり，他国の制度に比べて商業規制は緩やかであった．翌年から免許交付が始まったコミュニティラジオは，地域に密着した非営利の放送を住民の主体的参加によって行い，住民に社会的利益を還元するという使命を負う[9]．

4　制度化をめぐる困難

　以上で見てきたように，成立の条件は国ごとに大きく異なるものの，対抗公共圏を結ぶオルタナティブなラジオの活動には明瞭な共通性が見て取れる．それらのラジオは，地域へと密着し，地域住民の主体的な参加によって支えられながらも，番組で扱うテーマは必ずしも地域内のことがらのみに限定されず，場合によっては国の枠を超えて広がっている．まさにそれゆえに，それらのラジオが活動している地域のコミュニティは自閉したものにならず，活性化させられているのである．この点が評価されたからこそ，その活動を公共財源で支

える制度が各国で実現することにもなっていると言える．

　ただし，オルタナティブ志向の社会運動に根ざしたラジオ活動は，必ずしもスムーズに制度の中に定着できたわけではない．様々な障害がそこには生じ，破局を呼んだ例も少なくないのである．その問題を，本書の第Ⅲ部の各章でさらに詳しく見ていきたい．

注
1）ボリビアの鉱山労働者のラジオについては，本書の第8章に詳しい．
2）アウトノミア運動と自由ラジオ・ポポラーレについては，第7章を参照のこと．
3）http://www.radiopopolare.it/
4）1993年に旧東独の環境政党「90年連合」(Bundnis90) と統合．
5）http://www.rdl.de/
6）カナダのモントリオールで1983年に世界コミュニティラジオ放送連盟（AMARC）が発足．その設立経緯については，第9章を参照．
7）http://www.aligrefm.org/
8）ドイツの市民放送については，第12章を参照．
9）英国のコミュニティラジオについては，第13章と第14章を参照．

川島　隆

第Ⅲ部
制度化のモデルを問う

第11章

北米コミュニティテレビの法政策史
――地域社会の再生をめざした試みの記録――

1 人々を近づけたメディア・遠ざけたメディア

アメリカでテレビ放送が本格化した1950年代，米議会上院議員であったウィリアム・ベントンは次のように嘆いたという．

「……アメリカ人の権利は，これでおしまいなのか……荒廃しきった住人よ，おまえたちは，巨大な教育制度をつくるために自分自身に税金を課してきたアメリカ人ではないのか（中略）テレビのスイッチをひねるときには，娯楽番組を楽しむよりほかに何も興味はないのか……」[Johnson 1967：邦訳33]

テレビ放送によってアメリカが堕落していく様をまのあたりにしたベントン議員は，後年自らの名を冠した財団を設立し，通信・放送メディアの改革へ向けた様々な政策提言を行うようになる．なかでも人々から地域参加の時間を奪ってしまったテレビを，逆に地域の再生に役立てようとした「コミュニティテレビ」の試みについてベントン財団は深い理解を示し，長年にわたって手助けをしてきた．[1]

本章では，主としてアメリカにおけるコミュニティテレビの成立過程や法制度化にむけた議論，ならびに現状と課題を概観する．米国のコミュニティテレビの成り立ちは，カナダで実施された「変革への挑戦」（Challenge for Change）と呼ばれる，地域社会の貧困撲滅をめざした運動とも連関することから，カナダのコミュニティテレビについても若干言及する．

なお本章においては，コミュニティテレビの主たる配信手段であるケーブルテレビのチャンネルを，「コミュニティ・アクセス（community access，地域の利用に供する）チャンネル」もしくは「パブリック・アクセス（public access，人々の利用に供する）チャンネル」ということばで，文脈により使いわけている．い

ずれもケーブルテレビ会社の管理から独立して運営されるチャンネルであることから，ケーブル会社の編集権はアクセスチャンネルには及ばず，それゆえケーブル会社が番組内容について責任を問われることもない．責任は番組制作者個人が負うこととされている．

また，コミュニティテレビは，時として「アクセステレビ」と呼ばれることもある．その違いを簡潔に述べるならば，「コミュニティテレビ」ということばには，地域住民による何らかの連携や調整，参加を前提とした地域活動的な意味合いが含まれる一方で，「アクセスチャンネル」は「人々の権利としての，テレビメディアへのアクセス」もしくはその具体的な法制度を強調した文脈で使用される場合が多い．両者のニュアンスには多少の違いがあるものの，アメリカのコミュニティテレビは「アクセス権」[2]という考え方とともに発展・普及した経緯もあって，それらで行われる活動に決定的な差はない．

1-1　人々を近づけた新聞

フランス人アレクシス・ド・トクヴィルによるアメリカ見聞録は，当時の米国でメディアがどのような役割を果たしていたかを知るにも有用である．

「これらの人々のひとりひとりに，同時に，しかし別々にあらわれていた感情または理念を，人々の眼につくようにする新聞が突然に出現すると，そのとき，すべての人々は，直ちに同一の光に向って進んでゆき，そして長い暗闇の中で互いに求めあってさまよっていた人々の精神は，ついに出会って団結（unite）することになる」[Tocqueville 1835-40：邦訳下巻210]．

今から180年前，米国の人口は1300万人弱であった．そこでは1300以上の銘柄の新聞が発行されていたという [Fellow 2005：61]．ただし，それら新聞は必ずしも毎日発行されていたわけではなく，週に1回-数回程度というものが多数を占めた．

トクヴィルがアメリカを訪れたのは1831-32年であり，いわゆる「ペニープレス」と呼ばれる安価な大衆向け新聞が都市部で量産される以前の話である．まだ電信を利用した通信ビジネスも成立しておらず，ゆえに全米規模での情報配信がなされていたわけでもない．したがって当時の新聞は今日で言う「マスメディア」と呼べるような存在ではなく，規模的にはむしろニューズレターやパンフレット，もしくは地域紙的なものが大半だったと思われる．

それでもボストン，ニューヨーク，フィラデルフィア，ボルチモアといった

都市では既に1700年代から新聞が発行されており，有力紙は競って政党政治などを論じていた．しかし，そのような比較的歴史のある新聞でも発行部数はまだ数千部を上回ることがなかった [Emery 1996 : 82-89]．いわんや西部のフロンティアで刊行されていた新聞などは規模が極めて小さく，内容的にも地域住民から聞き取った話題をそのまま掲載しており，専門のコラムニストもいなければジャーナリズム性が発揮されることもなかった．トクヴィルが分析したように，当時の新聞は，ただでさえ広大な土地に散在する人々を「接近させるメディア」だったのである．

さまざまな理由で母国を離れアメリカに渡った人々は，各地で民族上のつながりや信仰をもとにした，生活共同体的なコミュニティを形成していた．それらコミュニティの中でも当初イギリス植民地として拡大したものは，やがて母国に対し政治的・経済的自由を求めるようになった．アメリカ独立戦争である．植民地コミュニティは，新大陸における直接参加型の民主政治を実現するための「共和体」を成すに至ったのである．アメリカの新聞は，共和体を構成する人々に情報を供給し，人々がタウンミーティングに集うきっかけを提供し，さらにはそこで議論された自治の方向性を告知するコミュニティメディアの役割を担いながら，人々を「団結」に導いていった．

ところで19世紀も後半になると，大都市へと成長を続けるニューヨークに次々とタブロイド紙が発行されるようになった．その一方で，地方の人々は地元地域で発行される新聞を読み続けた．新聞の作り手にとってもまた，大都市の産業化した新聞が必ずしもめざすべき姿として映っていたわけではなかった．様々な土地を移り住むことが忌避されない一方で，人々が地方や地域社会を重視しようとする傾向もまた，アメリカの伝統の1つなのである．そこから生じる「ローカリズム」とも呼ばれる地域重視の姿勢は，後年に新聞経営の系列企業化が進んだり，"USA Today"（1982年創刊）のような全国紙が一方で登場してもなお，紙面の上では途絶えることがなかった．

1-2　人々を遠ざけたテレビ

ところが1950年代から本格化したテレビ放送については，当初からそのローカリズム性に疑問が投げかけられた．1920年に始まったラジオ放送は当初，各地で各局が独自の番組編成を行っていたが，やがて大資本が放送ネットワークを形成し，それらがテレビ時代を迎えると，大都市に構えたネットワークの親

局や映画のスタジオプロダクションなど，一部の制作専門集団の手による同質・同フォーマットの番組が全米に中継されるようになる．それら専門集団は，大衆を魅了するコンテンツ作りに長けていた．

　テレビ放送が急拡大するなか，米国の電気通信を所管する連邦通信委員会 (Federal Communications Commission = FCC) は，「放送事業者はコミュニティの受託者である」と定義し，「ピーコン (Public Interest, Convenience, Necessity = PICON, 人々の利益や利便，必要性)」と呼ばれる放送免許付与基準を定め，計2053のテレビ放送用チャンネルを，全米1291のコミュニティに区切って分散・割当てし，テレビのローカリズム原則を打ちたてようとした [菅谷 1997: 9-32]．それにもかかわらず，各地で視聴できるテレビ番組といえば，ネットワークが中継するクイズショーやバラエティ番組，ソープオペラ（昼メロドラマ）やコメディが大半を占めるようになり，地方のテレビ局がローカリズムを発揮する番組といえばニュースや天気予報，地域情報の告知など一部に過ぎなかった．

　それでも人々は全米規模で配信される娯楽番組に釘付けとなり，それゆえテレビは極めて効率の良い宣伝媒体として認知・利用され，大量生産・大量消費社会に拍車をかけていった．当初，テレビ放送に地域への奉仕を期待していたFCC委員たちの落胆は大きく，ニュートン・ミノー委員長（1961年当時）による演説「テレビは一望の荒野」(a vast wasteland) は，あまりにも有名である．いつしかテレビは，より高い視聴率と広告収入を求めて，暴力やセクシュアルな放送までするようになっていた．また一部の優れた報道系番組は，放送局が投機対象へと姿を変えていく中で，そのジャーナリズム性を堅持するために相当のエネルギーを費やさなければならなくなっていたのである．

　その一方で，アメリカの人々はますます生活時間の多くをテレビ視聴にあてるようになり，地域参加の機会を自ら消失させていった．1950年の世帯平均視聴時間は4時間35分であったが，1960年には5時間6分に増え，さらに1971年には6時間2分の長時間にわたるようになった [Sterling 2002: 867]．アメリカにおける地域社会の弱体化については様々な説明がなされるが，テレビによる「余暇時間の私事化」と，それにともなう地域活動への不参加が，コミュニティの衰退要因の1/4を占めると推定されている [Putnam 2000: 邦訳346]．アメリカにおいて新聞は人々を近づける役割を果たしたが，テレビ放送は逆に人々から時間を奪い地域との交流から遠ざけ，コミュニティを衰退させてしまった．

2 カナダの挑戦(チャレンジ)と米国の法制化

2-1 変革への挑戦(チャレンジ)

　アメリカ人の生活時間にテレビ視聴の割合が増すなか，カナダではテレビを使って地域社会の問題を解決しようとする試みが行われていた．

　カナダ国立映画庁が中心となって展開した「変革への挑戦 (Challenge for Change)」と呼ばれる社会プロジェクトは，もともと地域の抱える問題をテーマにしたドキュメンタリー映画の製作をめざしたものであった．その企画段階から上映に至るまで，制作者側と地域住民が対話の場を何度も持ち，ともに問題の本質を見極め，行政に対して解決策を提示していこうとしたのである［川上 2006：56-74］．なかでも都市のスラム化したコミュニティや，経済的資源の枯渇にあえぐ地方の貧困問題は，プロジェクトの重要なテーマであった．

　1967年，日本のSONYがホームビデオカメラ「ポータパック」を発売すると，「変革への挑戦」プロジェクトもビデオ時代を迎える．フィルム機材に比べて操作が簡単なビデオ機器は，より多くの人々を制作に参加させることができた．また，ビデオ機器はケーブルテレビとの技術的親和性が高く，1960年代末の時点でケーブル世帯普及率が既に1/4に達していたカナダにおいて，ビデオは地域の双方向コミュニケーションを活性化させるメディアとして期待が高まった．地域住民のビデオインタビューを編集して，コミュニティに提供されたケーブルチャンネルでそれを放映し，地域の問題を共有しようとする試みが，各地で一定の成果を見せた．それらの実験は，やがてカナダの地に「コミュニティチャンネル」を根付かせることになる[4]．

　「変革への挑戦」の客員プロデューサーとして米国から招かれた，教育映画制作者のジョージ・ストーニーにとっても，ポータパックとの出会いは決定的なものとなった．ストーニーは，このプロジェクトを通して育んだ地域住民たちによる手作りテレビの実験場，すなわち「コミュニティテレビ」構想に新しい可能性を感じていた．ストーニーはふりかえる．――「当時，私は人々のコミュニケーションさえ実現できれば，世界の全ての問題は解決できると信じていた．ところが新聞やテレビなどの既存メディアは，既に一部の限られた人間の手に握られているような状態でね……そんなことで，カナダで試したことを米国でも実践できないか，考えるようになったんだ」(2004年，筆者とのインタ

ビュー).

1970年,カナダで知り合ったドキュメンタリー制作者のレッド・バーンズを連れて米国に戻ったストーニーは,ニューヨークで「オルタネート・メディア・センター」(Alternate Media Center = AMC)と呼ばれる教育機関を立ち上げ,テレビを使った地域対話を推進しようと計画した. AMC には連日,芸術家や教育関係者さらに地方自治体の政策立案者など多彩な人々が集まった. やがてそれらの人々は,地元マンハッタンのケーブルテレビを手始めに,地方のケーブルテレビのフランチャイズ (地域営業権) 交渉の場に遠征し,コミュニティテレビのために一部のチャンネルを開放するようケーブル会社に働きかけていった. さらに,今では一般に「アクセス・センター」と呼ばれる,スタジオ・機材室・会議室もしくは集会所などを兼ね備えた,コミュニティテレビの拠点となる施設作りについても,ケーブル会社に資金援助を求めたのである.

後年「パブリック・アクセスの父」と呼ばれるストーニーの薫陶を受けた,当時の門下生の1人であるダビッド・ホウクは,ペンシルバニア州ヨーク市の York Community Access Television (現 White Rose Community TV) を立ち上げ,地域の若者たちに番組作りの楽しさを教えてきた. ヨーク市は1960年代,人種間の緊張が高まり,騒乱のあげく無実の黒人が射殺され1人の警官が殉職する事件が起きた. その後,地域住民の相互理解を高めることが市の最重要課題と

写真11-1　コミュニティメディア・レビュー誌

なり，そのためにコミュニティテレビを活用することになったのである．

このホウクをはじめとするストーニー一派は全米に散らばり，各地でコミュニティテレビ構想を稼動させていった．1976年には「全米ローカルケーブル番組制作者連盟」(National Federation of Local Cable Programmers＝NFLCP)[6]を結成し，コミュニティテレビの横のつながりを築いていった．翌年からは会報『コミュニティメディア・レビュー』(Community Media Review)誌の発行を開始し，コミュニティテレビ運動の論理的支柱となっていった．

2-2 米国での法制化

「驚嘆のFCC委員」(A Maverick FCC Commissioner)と，今もその人物を賞賛する声は絶えない．33歳という若さで委員に抜擢され，その一匹狼的な行動から，FCCの政治的独立性を体現したとも言われるニコラス・ジョンソン(在任期間・1966-73年)である．

ミノー委員長の意思を継いで放送改革に着手したジョンソンは，やがて電波の希少性にとらわれずに幾多のチャンネルを配信できるケーブルテレビこそが，地域に貢献するメディアになると考えた．すなわち，米国では1960年代末，既に200を超えるケーブル局がコミュニティ専用のチャンネルを設け，なんらかの自主制作番組を放映していた[7]．また1968年には，バージニア州デールシティにおいて，地元の青年商工会議所が全米に先駆けてアクセスチャンネルを設置し，地域住民による手作りテレビを実現していた．そのような状況下，カナダから帰国したストーニーがコミュニティテレビ構想への法的支援を求めて，ポータパックを携えFCCを訪問したのである．

1972年，ジョンソンは他のFCC委員たちを説き伏せ，ケーブルテレビのフランチャイズ要件の1つとして，アクセスチャンネルの設置義務を「FCC規則」として盛り込むことに成功した[8]．その後，紆余曲折を経て[9]「1984年ケーブル通信政策法」(Cable Communications Policy Act of 1984)と呼ばれる連邦法が制定された．これにより全米のフランチャイズ権限者(多くは市町村などの地方自治体)は，ケーブル会社とのフランチャイズ交渉に際し，パブリック(P＝公衆用)，エデュケーショナル(E＝教育用)，ガバメンタル(G＝自治体用)の3用途(PEG)に，アクセスチャンネルを要求することができるようになり，さらに売上の5％を上限としてケーブル会社からフランチャイズ・フィー(地域営業権料)を摂取できると定められたのだった．

その頃最盛期を迎えていた米国のコミュニティテレビは，その活動実践数が1000を超えていた[10]．その中の1つ，マサチューセッツ州ロングミドウ町のコミュニティテレビが開局2年後の1982年に実施した調査によると，3700のケーブル視聴世帯のうち94％がコミュニティチャンネルの存在を認知しており，45％がそれを日常的に視聴すると答え，さらに40％がこのチャンネルのおかげでコミュニティへの意識を増幅させることができたと答えている．この他にもコミュニティの再生に大きな役割を果たしてきた事例として，同じマサチューセッツ州のボストン市，ワシントンDC，ミシガン州グランドラピッズ市，同カラマズー市，イリノイ州シカゴ市，アイオワ州アイオワシティ市，テキサス州オースティン市，ハワイ州ホノルル市などがある．

1984年に開設された，ミネソタ州セントポール市のコミュニティテレビであるSPNN（Saint Paul Neighborhood Network）も，地域との連携が極めて高い．セントポールは，米国最大のモン（ミャオ）族コミュニティを抱える．セントポール市の人口は29万人弱であるが，そのうち2万5000人が米国に移住してきたモン族系住民である．それを反映してSPNNでは，米国初となるモン族の人々によるモン語の地域情報番組 *Kev Koom Siab* を1992年から制作・放映してきた．

写真11-2　セントポール市のコミュニティメディアは全市をあげて．SPNNの面々，中央は市長（セントポール市長室にて）

3 コミュニティテレビの課題と将来

3-1 コミュニティテレビの課題

　近年,コミュニティテレビはどう視られているのであろうか.例えばインディアナ州フォートウェイン市のコミュニティテレビは,隔年毎の標本調査を行っており,2004年度の調査によると,地元ケーブルに加入している人のうち66%がコミュニティテレビを「全く視ない」と回答している（同,93年度38.7%,95年度50.5%,97年度47.7%,99年度57%,02年度70%）.また,アクセスチャンネルの存在自体についても,28%が認知していないという結果が出ている（同,93年度11.2%,95年度11.8%,97年度13.6%,99年度10%,02年度22%）.同地のコミュニティテレビは米国でも有数の存在ではあるものの,ここ数年に限っては人々の関心が低下気味と言えるのかもしれない.もしこれが全米的な傾向であるとするならば,それはなぜだろうか.[11]

　第1に,カナダを含めた北米のコミュニティテレビは,「声なき声」を大手メディアが支配する言論市場に登壇させようとする「アクセス権」論に,その思想が通底しているからであろう.経済的成功を収め,自らの主張や価値観を政治的・経済的パワーによって社会に反映させることも不可能ではない,いわゆる「エスタブリッシュメント」入りを果たした人々が,マイノリティの声を代弁することの多いコミュニティテレビに関心を示さなくなっても,それは不思議なことではない.[12]その一方で,経済的格差による中間層の後退は,コミュニティテレビ活動を下支えするボランティアの数を減らしてしまった.「声なき声」を登壇させることでテレビに多様性を持たせたくても,もともと財政基盤の弱いコミュニティテレビの限られたスタッフ数では人手が足らず,例えば機材講習会などはボランティア講師が確保できずにキャンセルされてしまうケースがあるという.

　第2に既存のマスメディアによる批判と,それによるネガティブなイメージの蔓延が,アメリカのコミュニティテレビに対する評価を,実態よりはるかに低く定着させてしまったことがあげられる.1986年にディープディッシュ・テレビというプロジェクトを立ち上げ,全米各地のコミュニティテレビ間の番組交換を人工衛星で実現させたディーディー・ハーレック（DeeDee Halleck）は,次のように指摘する.

「パブリック・アクセスは，アメリカ人の意識の中で肯定的に捉えられていない．これは主に，放送ネットワークのニュース番組をはじめとする大手商業メディアによって浴びせられてきた数々の嘲笑に原因がある．人々の間でよく話題になるパブリック・アクセス番組といえば，下品な番組やスキンヘッドの人種差別主義者によるものが多い．一方で市議会中継や福祉番組，それに先生や生徒たちが制作した教育番組についてはほとんど話題にのぼることがない……パブリック・アクセステレビを，大手マスメディアの『上から目線』で理解しようとするのは，タブロイド新聞の大見出しで街の様子を判断しようとするに等しい」［Halleck 2001：97-98］．

　例えば *CBS Evening News* は「ケーブルとわいせつ」(1993年7月26日放送) と題したレポートで，アクセスチャンネルに「権利の濫用」があふれているかのごとく描いてみせた．このレポートは，アクセステレビが果たしてきた地域貢献についてはほとんどふれておらず，ハーレックのようなコミュニティテレビの支持者たちはもどかしい思いをしたに違いない．確かにアクセス番組の中には過激なものも存在するが，それらはたいがい深夜帯に放映されるよう，事前に制作者との調整が行われているのが実際である．このような配慮があることも知らずに，コミュニティテレビを批判するむきも少なくない．

3-2　コミュニティテレビの将来

　1950-60年代にかけて，テレビの虜になった人々は地域参加の機会を失っていった．それをこんどは，1970年代-80年代に全米各地で始まったコミュニティテレビという活動が人々の地域参加を促した．人々は地域のアクセス・センターに集い，チャンネル利用のための技術・法倫理両面についての講習を受講し，また自分たちの番組を企画し，さらにお互いの番組制作を手伝って，住民相互の交流を深めてきた．つまり，コミュニティテレビへの参加を通じてアメリカの人々は自らが住まう地域を再発見したのである．1990年代に急速に普及したインターネットは，今後コミュニティに何をもたらすのだろうか．

　ノースカロライナ州グリーンズボロ市のコミュニティテレビを1996年に立ち上げた創設メンバーの1人で，現在はニューヨーク郊外の大学で教鞭をとるローラ・リンダーは次のように述べたという．

　「インターネットは，表現することや意見を表明することを可能にしてくれますが，それはほとんどが私的な活動であって，共同作業や統一見解を出すた

めの議論の機会にはなっていません」[Linder 1999：邦訳240].

　もちろん，ネット上での共同作業も不可能ではないだろう．例えば，同じ価値観や趣味を共有する，物理的な地域を超越したコミュニティの形成とそこでの議論はインターネットが得意とするところとなった．実際，ソーシャル・ネットワーキング（SNS）は，新しい形態の「地域」コミュニケーションを実現しつつある．しかしながらそこで懸念されるのは，ややもするとテレビ以上に「余暇時間の私事化」に拍車をかけかねない側面である．いわゆる「ネット依存」や「ネット中毒」といった，人との直接的なコミュニケーションを妨げる症状が，ネット社会の未来に影を落としているのは周知の事実である．

　近年，デジタル・デバイド（インターネットや情報機器へのアクセス可否から生じる格差で，貧富の差や世代間格差が要因とされる）が懸念されているが，実はデジタル・デバイドは，コミュニティテレビの存在意義を担保してきた側面がある．例えばパソコンが使えない高齢者にとって，テレビはいまだ最も身近なメディアの1つであり，それゆえケーブルテレビに加入さえすれば視聴できるコミュニティテレビもまた，高齢者にとっては地域に明るくあるための手軽なツールであり続けた[13]．しかし時代とともに世代交代が進み，また情報機器の低価格化によりインターネットの普及がさらに拡大すれば，テレビにいまの「かたち」を保つ必然は消滅する．事実，アメリカの若年層は既存のテレビ放送から離れていっており，テレビ局はYouTubeのようなネット上の映像発信サイトに擦り寄らざるをえなくなっている．通信と放送の融合がもたらす若年層のテレビ離れは，コミュニティテレビにも変容を迫りはじめている．

注

1）ベントン財団による米国コミュニティメディアの現状報告書 *What's Going on in Community Media* (2007) は，次のURLよりダウンロードが可能．http://www.benton.org/benton_files/CMReport.pdf（2009年9月28日閲覧）

2）"Access Rights"（アクセス権）はメディアに対して，反論権を含む人々の利用を保障しようとする考えで，1967年に憲法学者ジェローム・バロンによって提唱された．アクセス権は，当時の公民権運動と「マイノリティー（少数者）の声なき声」を世に知らしめようとした点で親和性が高かったので，時流に乗りひろく知れ渡るところとなった．

3）*FCC Sixth Report & Order*, 1952.

4）カナダの放送・通信を管轄するカナダ・ラジオテレビ・電気通信委員会（Canadian Radio-Television and Telecommunications Commission＝CRTC）は1968年に創設され，1971年にコミュニティチャンネルの設置をケーブル会社に対して義務付けた．その後，カナダはコミュニティテレビ先進国として認知されてきたが，1997年の規制緩和でコミュニティテレビは衰退した．2002年の再規制による，コミュニティテレビの再興が期待されている．
5）なかでも『ゲリラ・テレビジョン』という雑誌形式でのオルタナティブ・メディア啓蒙を展開していた，マイケル・シャンバーグ率いるレインダンス・グループとの出会いは，コミュニティテレビ運動に「ユートピア的推進力を加えた」という［Engelman 1996：239］．
6）NFLCPはパソコンやインターネットをはじめとする新しいメディアの普及を見越して，1992年に「コミュニティメディア連合」（Alliance for Community Media＝ACM）に改称している．
7）*FCC, 1st Report & Order,* 1969.
8）3500以上の加入世帯があるケーブルTV施設は，送信可能な総チャンネル数の1割をアクセスチャンネルとして地域に提供することを義務付けた．*1972 Cable TV Report & Order.*
9）この間の曲折については，魚住［2005］参照．
10）ACM発行の2004年版 *Community Media Resource Directory* にもとづいて推計すると，現在の実践数は600ほどに低下していると思われる．いわゆる"State Video Franchise Law"が各州で採択され，地方自治体のケーブルに対する管轄権限が弱まっていることが影響していると思われる．
11）本来，コミュニティテレビの視聴傾向について言及するには，全米規模の社会調査データが必要である．*Community Media Review* 誌は，Winter 2001-02（vol. 24, no. 4）号で"Audiences"と題する特集を組み各地の調査結果を報告しているが，全米調査が実施された形跡はない．
12）ただし，開業医や弁護士が地域貢献としてコミュニティテレビに「医療相談」や「法律相談」といった自分の番組を持つ事例は多々あるので，富裕層の全てが無関心であるとは結論できない．
13）"Seniors & Community Media," *Community Media Review,* 26(3), pp.9-34に詳しい．

魚 住 真 司

第12章

ドイツ市民メディア政策のゆくえ
―― 社会運動と公的制度をつなぐ細い糸 ――

はじめに

　今日のドイツ連邦共和国においては，職業的なジャーナリストではない市民による非営利の地域放送，すなわち「市民メディア」(Bürgermedien) が，公共放送と民間商業放送に続く「第三の柱」と位置づけられている．その運営形態は多様であるものの，いずれの場合も原則として広告・スポンサーが禁止され，その代わり財源に公共放送受信料を拠出する仕組みが存在する．

　ドイツでは，かつて「新しい社会運動」の流れでオルタナティブなメディア利用が盛んになった．そして同じ時期に，激しい議論を呼んだ商業放送の導入への対抗措置として，非商業性を守るアクセスの仕組みが構築された．ドイツの市民メディアは，この両方の潮流をすくい上げた制度である．ただし今日，この2つの要素のあいだの亀裂が，改めて根本的な問題として浮上している．本章では，ドイツにおける市民の放送活動の多様性と，その歴史的な成立過程とを簡単に概観したうえで，そこに認められる急激な状況の変化が何を意味するかを検証したい．

1　地方分権と市民放送

　ドイツは複数の州（Land）からなる連邦制国家であり，放送の分野においても地方分権が徹底され，放送内容に関わるメディア法は州ごとに別々に定められている．

　この体制は，ドイツ独特の「放送の自由」の思想にもとづいている．ナチズムの過去をもつドイツでは，国家や大資本など特定の勢力がメディアを独占す

ることへの警戒感が強い．そのため，集中排除の原則によって放送の多元性を確保する機構が高度に発達しているのである．民間放送の導入以前にも，公共放送協会の内部に多様な社会層を代表する人々からなるチェック機関が設けられるという「内部的多元主義」(Binnenpluralismus) の方針が追求されていた［鈴木 2000：43］．民間放送が1984年に導入されてからは，その監督を目的として，各州に1つずつ「州メディア機関」(Landesmedienanstalt) が置かれている[1]．これは，州議会によってメンバーが選出される意思決定機関と，職務執行機関の2部門からなる独立行政機関であり，国家や州政府からの独立性を保つという名目で，税金ではなく放送受信料の約2％[2]を財源として運営されている．

　市民メディアの認可と監督についても，州メディア機関に権限がある．今日，市民放送の形態が州ごとにきわめて多様な様相を見せているのは，各州の政治基盤の違いによるところが大きい．上述の市民メディアの2つの要素のあいだに走る亀裂も，そのような政治状況と無縁ではない．以下ではまず，両者がいかなる状況下で生まれ，いかなる条件下で発展・存続してきたかを確認する．

2　自由ラジオとオープンチャンネル——対立の淵源

　第10章で述べたように，ドイツでは1970年代の終盤，マスメディアが伝えない少数者の声を電波に乗せる「自由ラジオ」の活動が周辺諸国から波及し，環境保護運動に代表される「新しい社会運動」の一環として広がっていた．ただし，それらの放送局のほとんどが短命に終わり，コミュニティラジオの制度化を果たす前に自由ラジオ運動は鎮静化した．市民によるメディアへのアクセス権を反映させた制度は，また別の経路で実現する．それが「オープンチャンネル」(Offener Kanal) である．

2-1　オープンチャンネルの理念

　戦後の西ドイツで公共放送の一元的体制が長く続いた原因には，敗戦国ゆえの周波数の割りあての少なさもあったが，1970年代から80年代にかけてケーブル敷設が連邦全土で進んだことにより，民間商業放送を求める経済界の声がにわかに現実味を増した．最終的に，商業放送の導入を後押しするキリスト教民主同盟 (CDU)[3] のコール政権が誕生したことで1984年，二元的放送体制への移行は実現する．しかしその過程で，公共の電波を資本の論理に委ねることへの

抵抗はドイツ社会で根強く，社会民主党（SPD）や労働組合，新旧の教会などの反対を押し切ることは容易ではなかった．そこで，商業放送の導入とバランスを取るものとして，厳格に非商業的な性格を守るフォーラムの制度化が検討されたのである．

　オープンチャンネルは全ての市民に開かれた放送局である．そこでは無料で機材を利用し，技術指導を受け，番組の制作・放送を行うことができる．当初，アクセスの平等性を最大限に尊重するため，制作された番組は「無差別・先着順」に放送することが原則となっていた．この仕組みは北米で実現したパブリック・アクセスを参考にしたものである．また，ケーブルTVの普及という技術的要因が制度化要求の実現のための突破口になった点も北米と同じである．――違いがあるとすれば，アメリカの場合は1960年代の公民権運動から生じた市民のアクセス要求が制度化を達成したのに対し，ドイツでは，様々な社会勢力の妥協の産物として，さしあたり市民の社会運動の実践とは切り離された形で制度化が実現したという点であろう．その実現に特に寄与したのは，他州に率先してケーブル事業を推進したラインラント＝プファルツ州のCDU政権であり，同州の工業都市ルートヴィヒスハーフェンで実施された「ケーブル実験プロジェクト」(Kabelpilotprojekt)の枠内で1984年1月，最初のオープンチャンネルが試験的に開局した．翌年にはノルトライン＝ヴェストファーレン州ドルトムント，そして西ベルリンでも同様の実験が開始される．

　発足の時点において，ケーブル事業と商業放送を推進する保守勢力に主導されていたことが，アクセス制度としてのオープンチャンネルの特異性である．その点は社会運動の側に強い不信感を招き，この制度は商業放送の導入を認めさせるための方便であって放送の多元性のアリバイ作りに過ぎない，という認識をもたらした［Weichler 1987：401］．

2-2　オープンチャンネルの現実

　1987年の放送に関する州際協定の枠内で制度恒常化が決定づけられたオープンチャンネルは，SPDの地盤が強いドイツ西部の諸州を中心に，順調にその数を伸ばしていった．2000年ごろまでに連邦全体で70局以上のオープンチャンネル放送局が開局したが，その半数以上が，1966年から2005年までSPDの長期政権が継続したノルトライン＝ヴェストファーレン州と，1991年にCDUからSPDへ政権が移ったラインラント＝プファルツ州に集中していた．また，

東のドイツ民主共和国が西に吸収合併されてからは，新連邦州のメクレンブルク＝フォアポンメルン州，ザクセン＝アンハルト州，テューリンゲン州でもオープンチャンネル方式の市民放送制度が採用されている．

オープンチャンネルの放送媒体は，現在もほとんどケーブル TV であるが，少数ながら地上波ラジオ局も存在する．運営形態としては，都市州ベルリンのように ① メディア機関によって直接運営される場合と，ラインラント＝プファルツ州のように ② メディア機関の支援を受けた非営利団体によって運営されている場合に分かれる．いずれにせよ，メディア機関を通じて公共放送受信料の恩恵を強く受けるタイプの放送局だと言えよう．放送内容の事前検閲は行われないが，放送された番組は監督機関によって常にチェックされており，広告など商業活動を行った場合は警告や利用停止のペナルティが科される．

この制度は実のところ，どの程度まで市民に活用されているのだろうか．そして，マスメディアが伝えない少数者の声を仲介するという役割を現実に果たしえているのだろうか．1990年代に行われた追跡調査では，それらの問いには概ね否定的な答えが出された．アクセスの平等を保障するための「先着順」の原則が壁となり，独立したコミュニティラジオの場合などとは違って局側が自由に番組編成を行うことができないため，番組の見通しという点で視聴者にアピールすることができず，固定した視聴者を獲得するのが難しくなっていたのである [Walendy 1993：313-14]．施設利用者が若い高学歴の男性に偏り，女性の利用率が低いことも指摘された [林 1997：56]．さらに，施設の利用者には概して「非政治的」な特徴が認められた．オープンチャンネルで制作され，放送される番組の内容は，音楽・文化・スポーツなどが中心で，政治的なテーマが扱われることは少なく，たとえ扱われたとしても，むしろ体制寄りの立場からのものが支配的であり，対抗公共圏の創出に寄与しているとは言いがたいのが現実であった [Breunig 1998：243-44]．

その後，あくまで「先着順」原則を堅持しようとしたラインラント＝プファルツ州を除き，ベルリン市をはじめとする各州のオープンチャンネルは，テーマごとに分類した固定放送枠を設けるなど，局側が番組編成に一定の介入を行う方向を選択していく．

2-3　市民メディア概念の誕生

保守政党の地盤が強い南部のバイエルン州やバーデン＝ヴュルテンベルク州

では，オープンチャンネル制度を採用していない．ただし，第10章で見たように，海賊放送から始まった自由ラジオの伝統が同じ地域で根強いこともあり，これらの州では「非商業ローカルラジオ」(NKL) が発達した．

オープンチャンネルを推進したノルトライン＝ヴェストファーレン州のSPD政権は，NKLは導入しなかったものの，民間商業ラジオの利潤追求と番組の多元性とを両立させようとする独特の放送政策を追求していた［林香里 1996：166-68］．そのことを背景に，この州では，市民団体が制作した番組のためのアクセス枠を商業的なローカルラジオ局の放送時間中に設けることを義務づけた「市民ラジオ」(Bürgerfunk) 制度［Lerg 1994］が成立する．ドイツ有数の工業地帯を擁する同州では外国人労働者が多く居住しており，市民ラジオ枠を利用してトルコ語など多言語の番組も放送されるようになった．

このように，1990年代のドイツでは，州ごとに異なるタイプの市民放送の棲み分けが起こっていた．その中で北部のニーダーザクセン州では，オープンチャンネルを推すSPDと，自由ラジオに好意的な緑の党の連立政権が1990年に成立したのをきっかけに，オープンチャンネルと自由ラジオの要素を統合する方向でメディア政策が進められていく．同州議会は1993年10月，市民放送の位置づけを定める法案を可決．1996年から翌年にかけて，州内各地にオープンチャンネルが設置されるのと並行し，6局のNKLが次々と開局した．こうして，ニーダーザクセン州はしばらくのあいだ，南隣のヘッセン州とともに，オープンチャンネルとNKLの二極がともに存在し，比較的手厚く保護される州の代表例となった．この局面に至って，本来は起源をまったく異にする2つの市民放送を，同じ市民メディアとして包括的に定義する道が開かれたのである．

3　変わりゆく市民放送

3-1　非政治化の流れとメディア・リテラシー重視の方向

同じころ，自由ラジオの現場においても状況の変化が見られた．合法化されたNKLに新たに参加してくるボランティアの人々のうちでは，社会批判的な意識からラジオに情報発信の経路を求める活動家タイプの比率は低下し，むしろジャーナリスト志望の若者が職業訓練の場を求めてやってくるケースが増加した［Buchholz 2001：474］のだ．同じ変化が，ノルトライン＝ヴェストファーレン州の市民ラジオの番組制作者に関しても観察されている［Volpers et al.

2006：21-22]．参加者の傾向の変化は，硬派のニュースやドキュメンタリーの割合が減り，音楽を中心に娯楽番組が増加するという形で表れた．そこでは，社会運動に根ざした活動という起源が見失われ，対抗公共圏の創出という使命が空洞化する恐れも出てきている．

皮肉にも，この非政治化の結果 NKL に新たに期待されるようになった役割は，オープンチャンネルのそれへと接近する．つまり，市民のメディア・リテラシー向上［平塚・松浦 2006：126-28］という機能である．もともとメディア技術の伝達はオープンチャンネルの主要な機能として想定されていたが，2000年ごろからインターネットの普及と YouTube に代表される動画投稿サイトの急速な発達にともない，市民が制作した番組の発表の場というオープンチャンネルの意義は薄れ，代わってメディア・リテラシーの側面に強く光が当てられるようになっていたのだ．この現象を，市民放送がメディア教育機能へと収斂する動き，と呼ぶこともできるだろう．

3-2　教育チャンネル——脱オープンチャンネルの流れ

その動きは今日，様々な場所で見受けられる．オープンチャンネル制度を設けていない州，あるいは廃止した州では，代替的に「教育チャンネル」(Ausbildungs-kanal) を設置する例が目立つ．これは，もっぱらメディア教育の機能に特化したタイプの市民放送で，大学など教育機関との連携を強め，職業的なジャーナリストの養成やメディア関係の生涯学習を行うとされる．

バイエルン州では1995年から「教育・再教育チャンネル」(AFK) が導入されている．旧東独ザクセン州ではドイツ統一後まもない1991年にオープンチャンネル設置を可能にする法案が可決されたが，実際に制度運用が始まることはなく，その代わり「教育・試験チャンネル」(SAEK) が2002年の法改正で導入された．都市州ハンブルクでは，SPD 政権下の1988年に開局した歴史あるオープンチャンネルが，2001年の保守系の連立政権への政権交代にともなう2003年の法改正により，15年の活動に終止符を打たれた．同じ年に半官半民の「メディア学校」(Hamburg Media School) が開校され，それに運営される形式で「市民・教育チャンネル」(BAK) が放送を始める［ALM 2009：334]．

ノルトライン＝ヴェストファーレン州は，上で見てきたように，オープンチャンネルと市民ラジオ制度を車の両輪として市民放送を高度に発達させていた．さらに1995年以来，多数の大学キャンパスラジオに独自の放送免許を与えてき

た［ALM 2009：335］のも特徴である．だが，2005年の地方選挙でのSPDの歴史的敗北は，状況を一変させた．そこで成立した保守連立政権は，同州の市民メディア政策を大きく転換させる．まず2007年のメディア法改正で，従来の市民ラジオ制度の放送枠を大幅に縮小することが決定された．教育関係のプロジェクトは優遇されるようになった反面，放送される番組はドイツ語のみと定められ，移民コミュニティの制作団体による多言語の放送は不可能になった．さらに2008年8月，州メディア機関（LfM）のメディア委員会は，オープンチャンネルへの財政支援の打ち切りと，全州規模で放送を行う「教育・試験チャンネル」(AEK) の導入の方針を発表した[4]．これによって財源を断たれた州内のオープンチャンネル局は，順次ケーブルTVでの放送を終了していった．

同州の「オープンチャンネル・ドルトムント」(Offener Kanal Dortmund) は，先に述べたケーブル実験の一環で1985年に放送を開始した，最古参のオープンチャンネル局である．2004年にはドルトムント大学TVと合併し，市内のテレビ塔にちなんで「フロリアンTV」(florian tv) と改称，新制度の導入に先立って教育チャンネルの実験を行っていた．この放送局を2008年の9月に訪ねた．町の中心部から少し離れた住宅街にある，歴史を感じさせる古い建物がそれで，2年前から他のメディア教育機関と共同で使用しているらしい．大学生や専門学校生がここで1年間の実習を行うほか，周辺地域の学校の生徒もグループ単位で2週間の体験学習に参加することができ，これまで多くのトルコ系の子どもたちが学んだという．局長のノルベルト・ヴォルトマン (Norbert Wortmann) 氏はいわゆる68年世代で，はじめ教育学を学び，労働組合運動を経由して市民放送にたどり着いたという経歴をもつ[5]．若者に社会との接点をもたらす場としてのオープンチャンネルの意義を力説するヴォルトマン氏は，新たに設立中の教育チャンネルにも自由なアクセスという要素を残すよう運動中だというが，この州では脱オープンチャンネルの「流れは止められない」と無念そうに語った．

その後，2008年末でケーブル放送を終えたオープンチャンネル・ドルトムントは，2009年以降は同州の他の元オープンチャンネルと合同でウェブ放送局として活動している[6]．

3-3　模様替えしたベルリンのオープンチャンネル

やはり1985年に放送を開始した「オープンチャンネル・ベルリン」(Offener

第12章　ドイツ市民メディア政策のゆくえ　175

Kanal Berlin = OKB) の変容も，近年の市民メディアをめぐる状況の激変を象徴するできごとである．

　テレビ塔がそびえるアレクサンダー広場から地下鉄で数駅，かつての倉庫街の一角にスタジオを置く OKB は，ベルリン＝ブランデンブルク州メディア機関によって直接運営され，2009年度の予算は247万5000ユーロ（約3億2175万円）[ALM 2009：387]．ドイツ最大規模のオープンチャンネルである．ここには学生，芸術家，同性愛者，失業者，移民など多彩なコミュニティから多彩な人々が集い，番組の制作に取り組んでいる．1987年から局長を務めたユルゲン・リンケ（Jürgen Linke）氏は，2000年ごろにケーブル回線の割りあてをめぐってOKB廃止の動きが起こったのに対抗し，番組の固定放送枠の設置や教育機関との連携強化，ベルリン市で開催される文化行事をOKB職員が撮影して無編集で放送する「イベントTV」（Ereignisfernsehen）事業の導入など，様々な改革を進めていた．そして2007年，リンケ氏の定年退職にともなって就任したフォルカー・バッハ（Volker Bach）新局長のもとで，OKBはさらなる変貌を遂げようとしている．

　バッハ氏はケルン大学でジャーナリズム学を修め，フリーのTVプロデューサーとして民間商業局の番組制作に携わってきた．[7]「公共放送受信料を財源とするからには，OKBは視聴者を満足させる番組の品質を保つべきだ」というのがバッハ氏の持論である．2008年2月から新たに開始された改革のプロセスにおいては，テレビ，ラジオ，インターネットの3部門が設定され，設備のデジタル化が進められるとともに，メディア教育機能の充実によって番組の品質を向上させることに最大の重点が置かれた．さらに，「オープンチャンネル」という呼称につきまとうマイナスイメージを払拭するため，OKBは2009年5月，オープンチャンネルとしての法的な位置づけはそのままに，「アレックス」（ALEX）[8]と改称した．

　現在進行中の改革を，オープンチャンネルの利用者はどう見ているのだろ

写真12-1　新局長のバッハさん

うか.失業問題を扱う番組の制作グループに話を聞いた[9].ベルリン市に電力を供給する火力発電所にほど近い場所,壁の崩壊から間もない時期にスクウォット(空家占拠)された建物の一室をスタジオ・編集室として利用している「不労働フォーラム」(Forum der Nichtarbeit)の制作者たちは,最初,失業率の上昇を懸念する労働組合の支援によって番組制作を始めたという.ベルリンで行われるデモやストライキを取材し,統一後の地価高騰で住む場所を失った人々の状況を追いつづけている.彼らは局の現状に概して批判的である.そもそも市民自らが制作するのではないイベントTVのような番組が放送時間の相当な部分を占めているようでは,もはや市民のための放送局とは言えない,というのが彼らの言い分だ.

4 ニーダーザクセン州の市民メディアの光と影

4-1 統合モデルの導入

1990年代の末にニーダーザクセン州とヘッセン州で体系的に実施された,市民放送の受容状況の追跡調査は,市民放送が住民のあいだで広く知名度を得ていることを明らかにした.この調査結果によると,2週間に1度は市民放送を視聴する者は平均して住民全体の17%にのぼり,放送対象が小規模で均質なコミュニティであれば,それだけ市民放送の影響力は増加する[EMNID 2001:18-19].また,市民放送の聴取者層は,高学歴の若い男性の比率がわずかに高いものの,住民の平均的な層に一致する[ebd.:29-30, 54-55].

さらに,この調査結果からは,市民放送の2つの形態の違いを視聴者は重視しておらず,同質的なものと見ているとの結論が導き出された.これを踏まえてニーダーザクセン州では,NKLとオープンチャンネルの垣根を取り払い,ともに同じ「市民放送」(Bürgerrundfunk)と位置づける統合モデルを2002年から導入した.この新制度により,オープンチャンネルは市民から寄せられる番組を放送することに加えて自局での番組制作が求められ,NKLは1週間に最低18時間のアクセス枠を市民に開放することが義務づけられた.

新しい市民放送局の理念は,次の3点に集約された.①地方・地域においてマスメディアを補完する,②市民の平等なアクセスを保障する,③メディア・リテラシーを向上させる.ニーダーザクセン州メディア機関は,例えば2009年度には州内の15の市民放送局のために499万4000ユーロ(約6億4922万円)を

写真12-2　文化センター「ケピ」(左) と「不労働フォーラム」のフランクさん (右)

準備し [ALM 2009：421], さらに局側が自助努力で運営資金を集めることを奨励している.

4-2　「ラジオ・フローラ」の苦闘

　同州の州都ハノーファーでは, 環境問題に関心を抱く市民が中心となって1993年5月に社団法人「ローカルラジオ友の会」(Freundeskreis Lokal-Radio=FLoRa) を結成し, 自由ラジオの設立準備に取り組んだ. この運動が実を結び, 州メディア機関から NKL として認可を受けた「ラジオ・フローラ」(radio flora) は, 市内の羽毛工場の跡地を再利用した文化フォーラムにスタジオを設置した. 放送開始は1997年6月21日. それから5年間の試験運用を経て, 2002年4月から7年間の正式な放送免許が発行された.

　ラジオ・フローラは2008年の時点で約550名の会員を集めた. 会員総会で選ばれた25人の有給役員が局のインフラ整備にあたり, 番組制作に携わる約400人のボランティアの便宜を図るという底辺民主主義的な体制が築かれた. 番組内容は, 地域のニュースや情報から世界の情勢, 地元ミュージシャンの新曲から世界の民族音楽, 文化や教育の話題から性の問題までを広くカバーし, 地域に住む移民向けに, スペイン語やポルトガル語, ポーランド語やペルシア語, クルド語やタミル語など10以上の言語で放送を行っていたことも特徴である.

また，大学や地方公共団体からメディア研修生を積極的に受け入れ，実習の場を提供していた．

ところが，地方政治の状況がこの自由ラジオ局に不利に働いた．まず，1994年の地方選挙でSPDが単独過半数を獲得し，緑の党との連立を解消したことで，逆風が吹きはじめる．先に触れた1999年の受容調査では，ラジオ・フローラの聴取者層に緑の党の支持者が多く，例外的に強い政治的関心を抱いていること，そして同局の放送が例外的に聴取者の強い共感を得ている［EMNID 2001：30, 34］ことが確認されたが，政治的な問題を扱うのを市民放送の機能として求める市民の数は全体として少ない［ebd.: 24-28, 52-53］ことを根拠に，ラジオ・フローラが例外的な少数者のみに強く支持され，「平均的な住民層」は政治色の強い自由ラジオに背を向けているという結論［ebd.: 66］が導き出された．さらに2003年の選挙でSPDが敗北し，CDUと自由民主党（FDP）が連立を組んで政権の座についたあと，2006年に改めて実施された受容調査では，都市部で活動するラジオ・フローラの受容レベルが他の地方局の平均よりも低い水準に留まることが繰り返し強調されている［Horstmann 2007：16-25］．これを論拠に州メディア機関は2007年3月，2年後の2009年3月末で切れるラジオ・フローラの免許を更新しない方針を発表した．

ラジオ・フローラは存続へ向けて運動を続け，それと同時に監督機関の求めに従い，異種混淆的だった番組編成を整理する改革を（制作者グループの反対を押し切ってまで）進めた．しかし状況が変わることはなく，ハノーファー市の周波数をめぐって競合していた他の団体との合併交渉も不調に終わり，2009年4月からはウェブラジオに移行した．[10]

5　少数の声のゆくえ

ラジオ・フローラの事務役員ディルク・イーレ（Dirk Ihle）氏は，多言語放送を身上とする同局が免許を失う決め手となった2006年の受容調査において，14歳以上のドイツ語使用人口のみが調査対象となり［Horstmann 2007：19］，同局の重要なリスナー層である民族的マイノリティの人々は実質的に除外された点を強く批判する．[11]これに対して，研究者として市民メディア概念の整備を長年リードしてきた州メディア機関職員クラウス＝ユルゲン・ブーフホルツ（Klaus-Jürgen Buchholz）氏は，自由ラジオはもはや放送における多様性の実現

に寄与するよりは，小さなターゲット集団のために特化した，閉じたメディアになってしまっていると反論した[12]．いずれにせよ，非営利の市民放送の維持そのものに消極的な保守政権のもとで，ニーダーザクセン州の市民メディアは当面苦しい経営を迫られるだろう．左翼党 (Die Linke) の躍進が話題を呼んだ2008年1月の地方選挙でも，CDUとFDPの連立政権はかろうじて州議会の過半数を維持したからだ．

他州に先駆けて市民メディア概念の整備を推し進めていたニーダーザクセン州の動向は，同時に，公式化された市民メディア概念から自由ラジオの社会運動的な性格が排除されていく過程でもある．そこでは，制度的に許容されるアクセスの範囲を非政治的なものに限定することによって，ひいては少数者の意見を排除する方向へと事態が推移した．また，地域で成果を上げてきた市民の放送局が州レベルの政権変動によって一気に活動の基盤を失う各州の状況からは，商業活動を禁止するドイツの市民メディア制度が，かえって非営利セクターの経済的自立を阻んでいる現実も浮かび上がる．

そこで社会運動のエネルギーと公的制度のあいだをつなぐ糸は，きわめて細い．だが，コミュニティメディアを公的に支援することを求めた2008年9月の欧州議会の決議はドイツのメディア政策の現場でも強く意識されており［ALM 2009：320］，ゆくゆくはこれが，局地的な政治変動にあまり強く左右されない安定した基盤を市民メディアに与えることになるかもしれない．この決議が出される直前ベルリンで開催された国際会議[13]では，北欧やドイツのオープンチャンネルと自由ラジオの関係者に加え，旧社会主義圏の東欧諸国の人々が集い，やっと可能になったメディアへの市民参加に寄せる思いを口々に語っていた．EUの東方拡大という枠組みのなかで，市民メディアには「ヨーロッパ統合」のために草の根のネットワークを形成するという使命が新たに期待されはじめている．

注

1) あくまで総称であり，個別名称は州ごとに別々に定められている．なお，都市州ベルリンとブランデンブルク州のみは，合同で1つのメディア機関をもつ．
2) 厳密には，基本料金の1.9275％とテレビ料金の1.8818％を上限とする．従来は受信料収入全体の2％と定められていたが，2005年度からの受信料値上げにともなって減額された．

3) ドイツ南部のカトリック圏バイエルン州では「キリスト教社会同盟」(CSU).
4) 法的基盤が存在しないまま，実験プロジェクトの形で構想された．http://www.lfm-nrw.de/presse/index.php3?id=600 （2008年8月29日閲覧）
5) 2008年9月18日，ドルトムントのフロリアンTVにて聴取．以下の訪問調査においては，ベルリン自由大学修士課程（当時）のサーシャ・クリンガー（Sascha Klinger）氏の協力を得た．記して謝意を表したい．
6) http://www.offenerkanal.de/
7) 2008年9月16日，ベルリン・ヴォルタ街のOKBにて聴取．
8) テレビ塔のあるアレクサンダー広場にちなんだ命名．http://www.alex-berlin.de/
9) 2008年9月15日，ベルリン・ケペニック街の「ケピ」(Köpi)にて聴取．
10) http://www.radioflora.de/
11) 2008年9月17日，ハノーファーのラジオ・フローラにて聴取．
12) 2008年9月17日，ハノーファーのNLMにて聴取．
13) 本書の巻末の資料1を参照のこと．

川島　隆

第13章

英国コミュニティラジオの展開
――「新労働党」のメディア政策のもとで――[1]

はじめに

　イギリス労働党が1990年代以降に追求した社会政策においては，政府の脱中央集権化が進むと同時に，地方行政とパートナー関係を結ぶ市民社会組織の役割が増大し，そのため地域のコミュニティが中心的な位置を与えられた．英国のコミュニティラジオは労働党政権のコミュニティ論のレトリックを最大限に利用し［Rennie 2006：151］，そのことによって法制化に成功した．本章では，その成功までの道筋を追い，現在の英国コミュニティメディアが地域社会で果たしている功績と，その活動にまつわる問題点を概観する．

1　「新労働党」(New Labour) の社会政策

1-1　コミュニティを重視する「第三の道」

　社会学者エッツィオーニと政治学者ギデンズは，1990年代を通じ，労働党の政策決定に大きな影響を及ぼした人物である．暴力犯罪や薬物乱用の増加によってモラルや社会機構が弱体化していることを憂慮するエッツィオーニは，その対策として「強いコミュニティ」の創設を訴える．彼はその際，社会において「受け取るだけで与えないのはモラルに反する」ことであり，「最も声高に権利を求める人たちが，再責任にもまっさきに賛成するべき」だと主張した［Etzioni 1995：10］．ただし，モラルと社会秩序の再生の軸となるべきは，あくまで国家ではなくコミュニティ自体である．もし1つのコミュニティ内で「責任というものが大々的に国家権力により強制されるのであれば，そのコミュニティは深刻な道徳危機に瀕していると見なされる」［ibid.: 266］．同様にギデンズ

は，不利な立場の人々に対して単に義務を免除するのではなく積極的にエンパワーメントを行っていく「能動的な福祉」の概念を提唱した．彼は民主主義の再建のために「第三の道」の追求の必要性を説きつつ，「責任なき権利」があってはならないと断言する．つまり，権利は「無条件の要求」として扱われるべきではなく，福祉は能動的に仕事を探す義務と組み合わされるべきだというのである［Giddens 1998：邦訳116］．そこで提唱された新混合経済においては，政府は市民社会のパートナーとなり，「コミュニティの再建と発展」に取り組むべきだとされる．

　こうした原則に歩調を合わせ，トニー・ブレアは1995年に行った講演で，「第三の道」が「家族やボランティア団体のような，個人の機会を増大させる市民社会の構造と機構」を支えることにより，コミュニティの価値を増大させるであろうと語った［Driver and Martell 2002：69］．ここに「旧労働党」からの変化を見て取ることができる．すなわち，公共サービスの平等拡大という社会民主主義的な概念から，コミュニティに対する一市民の責任を強調する枠組みへの移行である．「第三の道」におけるコミュニタリアン思想の本質を考察したドライバーとマーテルは，「ボランティア型」と「上位下達型」のコミュニタリアンの違いを指摘している．前者は市民社会と社会運動の伝統に接続し，コミュニティの拡大を「国家権力を通してではなく」追求する［ibid.：94］．「新労働党」はこの立場に立ち，国家権力によるコミュニティ形成ではなく，「社会の中のコミュニティを育成する」ことをめざした．

1-2　政権についた「新労働党」

　1997年5月1日，労働党は総選挙に勝ち，18年間におよぶ保守政権に幕を閉じた．ひとたび政権についたブレアの労働党が社会政策の分野において着手した最重要事項の1つが，福祉の「ニューディール」（New Deal）であった．

　財務大臣となったゴードン・ブラウン［現首相］が野党時代から優先していたことの1つに長期失業者の機会拡張があった．雇用による機会拡張は，「新労働党」の福祉国家改革のアプローチの核心だったのである．ブレア政権は，教育および技能育成，そして能動的な雇用サービスを通じて国民の雇用可能性を上昇させることをめざした．1998年の4月から2004年4月までに，若者・長期失業者・シングルペアレント・身体障害者・失業者の配偶者・50歳以上の人々を対象とした「ニューディール」が次々と施行された［Finn 2003：117］．

これらのプログラムは，有給労働の促進を通して社会的排除と闘うことをめざしたもので，助成金によって市場の不十分さに対処するよりも，技術へ投資することで「社会的に排除された人々」の雇用可能性を高める教育課程を支援するものであった [Rennie 2006 : 38]．このように，社会的排除を減少させるために市民社会における自立的な「強いコミュニティ」を育成し，政府はそのパートナーとなることが労働党政権においては目標とされたのである．

1-3 都市の再生政策

都市部を——物心両面で——再生させることが，1997年以降の労働党政権の主要な社会政策目標となっていた．労働党は都市再生政策に力を入れ，社会的排除対策室（SEU）と18の政策活動チーム（PAT）を設置した．1999年には地域開発機関（RDA）がイングランドの8つの地域で設立され，危機的な衰退問題をかかえる都市部の再開発のための長期プログラムとして「コミュニティのためのニューディール」が導入された．88の最も恵まれない地方公共団体を対象とする近隣地域再生基金（NRF）も2000年に創設された．さらに，「地域戦略パートナーシップ」(Local Strategic Partnership = LSP)が，地方公共団体とコミュニティ団体・ボランティア団代のあいだの関係構築のために導入された．これによって，地方行政がコミュニティ（の恵まれない人々）の現実へと接近する「近道」が開け，前政権の各種プログラムの場合よりもボランティア団体の財源が確保しやすくなり，企画とその実地運用において市民自身の声を反映させる可能性もまた生じてきた [Osborne and Ross 2001 : 82-83]．

労働党は2001年のマニフェストにおいて，地区再生を「地域の人々主導で」，公共団体，民間団体，コミュニティ団体とのパートナーシップのもとに進めるため，さらに90万ポンドを投じることを確約した [Labour Party 2001 : 29]．その過程で，コミュニティというものが必ずしも同一の利害関係を共有する一枚岩の集団ではないことも明らかになった [Alcock and Scott 2002 : 115-17] が，いずれにせよ，社会的排除に対抗するためにコミュニティの運動体が果たす役割が重要であることは疑いようがない．コミュニティ感覚というものは社会的インフラとして有益だと気づくことが，幅広い社会・経済的問題に取り組むための第一歩なのである．コミュニティ団体とは，自らの存在により社会の組織化を促進し，有害な行動に挑戦し，共有の価値と規範を強める存在である[Richardson and Mumford 2002 : 225]．

2 社会・文化政策に居場所を探すコミュニティメディア

2-1 コミュニティラジオ＝文化イベント？

　以上の政策の展開から分かるとおり，1990年代後半から2000年代前半にかけて，コミュニティラジオという部門(セクター)がリスナーとプロデューサーの二役において「下から」コミュニティを巻き込んでいく可能性があるものとして信用を獲得し，参入してくる余地ができていた．ゆえに，コミュニティメディアにとって，通信テクノロジーなどに関する技能をコミュニティに提供すること，そしてコミュニティを知識経済に参加させ，1980年代から90年代にかけて英国経済の変化でダメージを受けた地域を再生させることを目的としたプログラムのために公共財源にアクセスする余地もできていたのである．

　しかし，1997年から2003年のあいだ，コミュニティラジオは政府の政策が提供した機会に乗り遅れていた．なぜなら，当時はコミュニティラジオ自体，放送政策を管轄していた文化・メディア・スポーツ省の耳に届くように声をあげてはおらず，コミュニティラジオを公共放送および商業放送とは明確に別枠として認識することを可能にするような放送政策も存在しなかったからである．コミュニティラジオは，まだ地域の「文化イベント」程度の認識しか受けてはいなかった．フルタイムで放送を行う，コミュニティ自身によって運営されるラジオ局というものは，いまだ政策の視野の外にあった．そこで，BBCやITNのような既存の主流メディアは，自分たちには地域のラジオの運営主体となる能力があると主張し，政府のコミュニティ開発ターゲットと放送手段の使用のあいだをつなぐ媒体として立候補する機会を見過ごさなかった．

2-2 公共財源へのアクセス

　それでも，上で見たような社会・文化政策の展開は，英国におけるコミュニティラジオ制度の導入にとって好ましい政治風潮をもたらした．政府の側が，コミュニティ団体やボランティア団体が地方・地域の都市再生や社会的排除撲滅において「下から」の文化活動によって果たしうる役割を強調するようになったのである．実際，1年につき最長28日間放送を行うことができる「限定免許」(Restricted Service Licence＝RSL) に応募するコミュニティ団体の数は急増した．この事態は，この分野においてさらなる措置が必要とされていることの指標と

なった．コミュニティ放送局の代表団体「コミュニティラジオ協会」(Community Radio Association = CRA) は，短期放送はコストがかかりすぎることに懸念を表明し，コミュニティラジオ部門のための個別免許の創設を要求していた．これを求める運動自体は，その20年間前から行われていたものである（1977年以来のコミュニティラジオの放送免許要求運動については［Lewis and Booth 1989］を参照）．

ともあれCRAは，個別免許の体制がないまま，失業率の高い地域における情報・通信技術の水準を引き上げるためのプロジェクトを数多く展開しはじめた．そしてCRAは，テクノロジー面の状況の変化をよりよく反映させ，領域を接しつつある複数のメディア団体を1つにまとめるため，1997年に新名称「コミュニティメディア協会」(Community Media Association = CMA) を採用し，コミュニティテレビ局や急増しつつあるウェブ放送局にも参加の門戸を開いたのである．このことは同協会がエジンバラで1997年10月25日に制定した「コミュニティメディア憲章」(Community Media Charter) にも反映されている．その趣旨は，AMARCが1994年に出した「ヨーロッパ・コミュニティラジオ憲章」[1]に類似していた．

CMAの達成した成果として特筆に値するのは，政府が1999年に資本近代化基金（2億5200万ポンド）と新機会基金（2億5000万ポンド）によって着手した情報・通信技術訓練センターの活動に，コミュニティラジオ部門を参与させたことである．この文脈においてCMAは「情報・通信技術の習得と，幅広い文化実践技能ならびにビジネス技能の収斂のための統合的アプローチ」の有効性を訴えて成功した．上述の「コミュニティのためのニューディール」と，デジタル格差を埋めることを目的とする運動体のために教育省が出資する英国コミュニティーズ・オンライン基金（8000万ポンド）によって，多くのコミュニティ団体が財源獲得に成功した．コミュニティメディア団体から情報・通信技術訓練センターへ40から50の助成申請が行われ，その結果，1-2000万ポンドが資本金としてコミュニティメディア部門に投じられたと見積もられている［Rennie 2006: 152］．——こうして，コミュニティメディア部門に対して巨額の資金が投じられた（例えば，シェフィールドの1プロジェクトに対してだけでも60万ポンド）．時代の動きにうまく乗ることができた者にとって，これは限られた技術的リソースから最新式のデジタル制作環境へ移行する絶好の機会となった．

コミュニティメディア部門に流入する資金が増大する一方で，メディア政策への本格的な参入は，いまだ課題として残されていた．1999年7月，CMAは

文化省の代表と会い，英国のコミュニティラジオの発達がヨーロッパの各国事情と比べて遅れていることを説明した．ただし，その際の強調点は，コミュニティラジオが政府の最優先の公共政策目標に貢献できる，現に貢献しているということであった．すなわち，社会的排除との闘い，生涯学習の促進，情報・通信の新技術へのアクセスをコミュニティに提供すること，地域開発と地域再生への住民参加の促進，ボランティアや能動的な市民活動の奨励などの政策目標である．ハレットの言葉を借りると，コミュニティ放送局は常に，公共放送や商業放送のあいだの小さな「隙間」を占めることを目指していた．そして，明確に定義された特定の地理的コミュニティか，あるいは少数民族や特定の年齢層，専門的音楽マニアといった拡散的なマイノリティのコミュニティか，どちらかに奉仕することを目的としていたのである［Hallett 2009：37］．

3 メディア政策に参入するコミュニティメディア

3-1 「アクセスラジオ」という概念

　かつてラジオ規制の権限をもっていた「ラジオ公社」(Radio Authority) の長に任じられていた人々は，ラジオ政策に関して明らかに保守政権に近い態度を保持していた．つまり，メディア産業における所有権の自由化と規制緩和の流れを進める一方で，コミュニティラジオに対しては特に何も予定していなかったのである．1997年の総選挙を控えて就任した，やや左寄りのトニー・ストラー (Tony Stoller) 会長でさえ，基本的にコミュニティラジオの導入にどちらかというと同情的な態度は示していたものの，就任後の数年間に大きな変化はもたらさなかった．

　2000年，ラジオ公社の新議長にリチャード・フーパー (Richard Hooper) が就任した．彼はこの問題に対してもっと前向きであることが明らかになった．CMAのロビー活動の結果，6月にラジオ公社はコミュニティラジオの実験プロジェクトを進めることを決定したのである．だが，1970年代から20年以上にもわたって英国のラジオ活動の実践者により（特に意見対立もなく）使われていた言葉と定義を用いる代わりに，ラジオ公社は「アクセスラジオ」(Access Radio) という名称を採用した．──もとよりBBCおよび地方の商業放送局は，自分たちは何らかの形態の「コミュニティラジオ」的な活動を行っていたと主張してきた．ゆえに，この語を新しいセクターに適応するという可能性は両業界の

反発を招き，別の言葉を選ぶようラジオ公社に圧力がかかったのである．

この事態はコミュニティラジオ側にとっては大いに不満の残るものであった．当時の CMA 会長スティーブ・バクリーは，ラジオ公社はコミュニティラジオをその「実態に即した名称で呼ぶことを拒絶」したのだと批判する［Coyer 2006：97］．当局の側が示したのはたしかに善意であったが，その善意はコミュニティメディア自体の意図を無視していた．「アクセス」はコミュニティラジオ概念の構成要素の1つに過ぎず，その名前を採用すれば，コミュニティ放送局を，北欧やドイツの「オープンチャンネル」（Open Channel）のモデルに近いものとして提示することになってしまう．つまり，番組を持ち寄る局外者の「発表機会」を重視したものとして．しかし，そうしたモデルの伝統は，英国のコミュニティラジオの実践とは大きく隔たっているのである．

3-2 ラジオ実験プロジェクト

こうしたコミュニティラジオ側の不満をよそに，ラジオ公社はアクセスラジオの概念整備を進めていった．設立中の監督規制機関「通信庁」（Ofcom）が，この新しいラジオ部門を管轄すると想定された．ラジオ公社は，ボランティア・教育・訓練の分野の人々の「潜在的な需要」が存在しているという前提のもとに，「想像力あふれる新たな方法でラジオへのパブリック・アクセスを可能にする」目的で，「教育・社会的包摂・社会実験」の領野を拡大させるラジオの導入を謳った［Radio Authority 2000：17］．そこでは，法律制定に先立って多数の運動体を参加させた実験プロジェクトを施行する方針が打ち出され，法制化に合わせてラジオ基金の設立も提案された．これは，「商業放送とはまったく異なる」使命をもつ非商業的なラジオ局の起業用に，または非継続的に支給され，「商業放送が決して制作しないような社会的価値をもつ特殊な番組のために，あるいはそのような番組を推進するために利用される」ものと予定されていた［ibid.: 19-20］．

この方針は文化省にも受け入れられ，実験プロジェクトの開始は2002年1月1日と決定された．2001年5月24日，ラジオ公社は実験に参加する団体の募集を始めた．193通の応募があり，15団体が最終選考に残り，その年の秋に発効する実験放送免許のための正式な応書類の提出を求められた．この15団体の顔ぶれは多彩であり，イングランド・スコットランド・アイルランド・ウェールズの全域から，そして地方と都市部の双方から候補者が選ばれ，都市再生プロ

ジェクトや民族的マイノリティのコミュニティのためのサービスと連動し，子どもから老人まで幅広い年齢層をカバーし，キリスト教的な放送局も含み，きわめて多様な財源モデルを示すものであった．11月にラジオ公社は，コミュニティ芸術活動の査定に幅広い経験をもつアンソニー・エヴェリット（Anthony Everitt）教授を実験プロジェクトの査定者に任命した．

　同じ月に出された通信白書で，政府はついに「コミュニティラジオ」の導入を正式決定した（奇妙にも，ラジオ公社はいまだにアクセスラジオの語を用いていたが）．コミュニティラジオ部門が商業放送局とは明確に区別される存在であること，その存在が英国社会において強く求められていることが確認され，実験プロジェクトは恒常的な法制化のための予行演習と位置づけられた［DCMS 2001：8］．この時点において，コミュニティラジオの試行段階の開始が可能となり，ラジオ公社は正式にそのための免許を発行することができるようになった．CMAは，どの放送局が実験プロジェクトで「優先」されるべきかについて，直接的には示唆を行わなかった．自らのメンバーのうち一部の局だけを優遇することになってしまうからである．ラジオ公社はなるべく多様なタイプの局を選び出すように努めた．そこには，特筆すべき業績記録がないような局も含まれていた．あえてそのような局を選ぶ理由は，財源および管理機構の多様性と，英国全体への地理的拡散を保証するためとされた．こうして，2002年3月1日に最初の2局，ブラッドフォードの「BCB」とハヴァントの「エンジェル・ラジオ」（Angel Radio）が一時免許を取得した．

3-3　実験から現実へ

　ラジオ公社は，ある時点までは，実験プロジェクトはコミュニティラジオを可能にする法律の制定後に実施したいという意向であった．しかしCMAは，実験は法律制定前に施行すべきであり，その結果から情報と教訓を得たうえで最終的な法規を作成すべきだと主張した．アクセスラジオ実験局の得た好意的な査定は，それが社会・文化の発展のために有望なものであることを印象づけ，コミュニティラジオ部門を英国のラジオ放送の第3の部門として導入する要求を強めることにつながった．査定者エヴェリットは，それらの実験局は政府の社会政策でも中心をなす3つの領域において社会的利益の成果を上げたと報告したのである．すなわち，①伝達可能な技能の習得を通じた個人のエンパワーメントおよび雇用可能性上昇，②コミュニティ精神の強化，③とりわ

け「なかなか手の届かない」集団に対する公共サービスと情報の伝達［Everitt 2003：151］．

　この査定結果により，コミュニティラジオの法的な導入は時間の問題となった．CMA は国会に働きかけ，その成果として議員たちによる全党コミュニティメディア団体（APCMG）が結成された．このロビー団体は，最終的に起草される法案の内容改善のために運動し，「アクセスラジオ」を「コミュニティラジオ」へと再定義し，基金の幅を広げてラジオ局だけでなくマルチメディア団体も支援対象とするなど，上院においていくつかの重要な譲歩を勝ち取った．

　そして「コミュニティラジオ」の項目は2003年の通信法の第262条に盛り込まれ，その詳細はのちに国会で承認されるべき法令によって定められるものとされた．また同第359条により，コミュニティラジオ局が新しい監督規制機関による管理下で助成金を獲得する可能性が開かれた．

　「コミュニティラジオ法令」（Community Radio Order）[2] は国会両院で2004年7月19日と20日に承認された．ほとんど30年にわたる長い旅路を経て，コミュニティラジオが英国のラジオ放送体制における第3の柱となった．2003年末からラジオ公社に代わって新たに監督機関となっていた Ofcom は，ここで承認された法令にもとづき，コミュニティラジオの開局申請の査定を行うことになった．査定に際しては，以下の7つの選択基準に従うものとされた．①免許発効期間中，サービスを維持する能力があること，②対象とするコミュニティの成員の趣向や利益に適合したサービスの供給を行うこと，③当該地域内で利用可能なラジオ・サービスの選択肢を拡張すること，④サービスに需要が存在する証拠を提示すること，⑤対象とするコミュニティの構成員に社会的利益をもたらすこと，⑥コミュニティへの説明責任を果たすこと，⑦コミュニティにとって利用可能な設備および訓練へのアクセスを提供すること．

　当時すでに Ofcom は免許発行のための法的手段をもっていたが，最初のフルタイムのラジオ放送免許を交付したのは2004年9月1日であった．

4　法制化後のコミュニティラジオの実践

4-1　Ofcom 報告書から

　現在のコミュニティラジオ部門の全体像をつかむには，2009年5月に出された Ofcom の第1回『年間報告書』［Ofcom 2009］が役立つ．2005年4月以来，191

局がフルタイムの放送免許を与えられ、2009年3月の時点で131局が放送を行っている。[3] コミュニティラジオは幅広いコミュニティにサービスを提供している。その多くが一般の聴取者を対象としており、都市部18％、地方41％の割合である。小規模なテーマ・コミュニティを対象とした局もあり、民族的マイノリティ向け14％、若者向け9％、宗教団体7％となっている。148局がイングランドで認可され、北アイルランドでは14局、スコットランドで20局、ウェールズで9局である。およそ810万人がAMまたはFMのコミュニティラジオ放送の聴取可能域に居住していると見積もられている。平均すれば各コミュニティ放送局で74人のボランティアが働いており、1週間につき合計214時間（1人あたり週に3時間弱）の奉仕活動を行っている。昼間の番組の約33％がトーク系の番組で、各局は週81時間のオリジナル番組を放送していて、ほとんどが生放送であり、大多数がローカル制作の番組であった。

　局の平均収入は10万1000ポンドであった。特殊なコミュニティを対象とする局が比較的高い収入を得る傾向がある。——都市部での一般視聴者を対象とする局は年収11万ポンド、民族的マイノリティを対象とする局では12万4000ポンドであり、いずれも全体の平均よりも高くなっている。最も重要な収入源は助成金であり、全体の約45％を占める。放送広告やスポンサー収入がそれに続き、約18％を占める。文化省が出資してOfcomが審査を担当する「コミュニティラジオ基金」(CRF) をはじめとする公共財源からの収入はコミュニティラジオ部門の収入全体のおよそ53％にのぼった。最も重要な支出は人件費であり、経費全体の約51％にのぼる。

4-2 地域社会にもたらす社会的利益

　コミュニティラジオは現在、様々な局面で社会的利益をもたらしている〔DCMS 2007：8-15〕。言語的多様性を追求し、英語を第一言語としない人々のために特化した番組編成や支援体制を築くことも、コミュニティラジオの重要な使命である。民族的マイノリティや難民、若者や老人の集団、ゲイ／レズビアンやトランスジェンダーのコミュニティ、ハンディを負った人々——他のメディアによって「サービス過少」の状態に置かれている人々を対象にした番組を放送することで、地域の人々が議論に参加して自分たちの意見を表明する機会が生まれ、ボランティア活動の現場が活性化され、メディア訓練の機会が提供され、コミュニティ内の紐帯が強化される。それだけでなく、コミュニティ

放送局は地域サービスの意識を向上させ，地域経済を発展させ，雇用機会を増やすことにも寄与している．低価格でラジオ広告枠を提供することにより，地域レベルで経済効果をもたらしたのである．また芸術・文化の分野においても，コミュニティラジオは地域のイベントや地域のアーティストの支援を通じ，参加型で包摂的な「等身大」の空間を創出し，「人と人をつなぐための信頼感と実在感」を現出させている [Cochrane and Jeffrey 2008：61]．

4-3　財源確保の困難

コミュニティ放送局が抱える最大の困難は，資金調達である [Ofcom 2009：26]．財源の母体は，この部門が将来的に伸びていく可能性と，コミュニティを発展させるために現に果たしている貢献を考慮するなら，不当なまでに小さい．多くの出資者は，コミュニティラジオがいかに幅広い成果をあげうるかに無理解なのである．局が何か資金を誘致することに成功することがあっても，それは単発的な短期プロジェクトであることが多く，長期の資金確保を引き寄せるのは難しい．このような状況は，コミュニティラジオの限られた財源にますます負荷をかけ，悪循環を生む．さらに，出発の時点で資金調達に成功した局においても，フルタイムまたはパートタイムで働くスタッフの賃金をはじめ，主要な出費をまかなう資金の確保が難しい．原則としては，各局は資金を補填するために上述の「コミュニティラジオ基金」へ応募できるが，これはほとんど200に達する認可局全体のために年間50万ポンド（コミュニティラジオ部門の財源全体の約7%）しか準備されていないため，多くの局があてにできるものとはなっていない．2009年8月現在，コミュニティラジオ部門はキャンペーンを開始し，ブラウン首相へ公開書簡を送り，基金の規模拡大を求めている[4]．

5　政策と社会運動のはざまで

資金調達に加えて，もう1つ大きな問題がある．英国のコミュニティメディア部門は，自らの居場所となるべき「隙間」を政策に求めて闘っているうちに，社会的なコミュニケーションや地域の公共圏を改善するという本来の使命と，国家・地方・地域の行政が求めるものへ密着しすぎるというリスクのはざまに囚われてしまったのだ．地方自治体との協力関係において，より高い水準のプロフェッショナリズムが求められることは，本来は国家および商業セクターに

対する反発の集団的表現として生じていたはずの,乱雑で猥雑だが活気あるボランティア主義への関心が低下させられることにもつながる.そこでは,例えば「雇用を守るためや環境悪化を防ぐための直接行動,すなわち『社会運動』という用語で表される種類の活動」は失われてしまう [Harris et al. 2001：13].

ハリスは,政府の出資がしばしば不安定で,特定のプロジェクトに限定され,ボランティア団体の側の財源安定や長期計画の形成に配慮していないと指摘する [Harris 2001：216].そもそも政府資金の受給と運動体の自律性の保持とのバランスは難しく,出資者の視点から独立した視点を打ち出すことが阻害されたり,「短期的な成長のために,公共放送や商業放送とは異なる第三部門の独立した団体としての長期的な生き残りを犠牲にしてしまう」リスク点が生じたりする [ibid.: 218-19].

それでは,コミュニティメディアの地域放送局が,生き残りのために資金調達を行いながら行政の政策目標とニーズに対応する一方,自らがサービス対象とするコミュニティのニーズにも焦点を合わせつづけることは,いかにして可能になるのだろうか.乏しい財源から安定した収入を確保しなければならないという状況下で,この課題をどのように実践できるのだろうか.そのためには,ルイスが示唆するように,コミュニティラジオが単なるメディアの枠を超えた価値をもつものとして認知される必要がある.

「健康や住宅問題など,若者,老人を問わず影響を及ぼす問題,生涯学習や市民権,民族的マイノリティのコミュニティや難民,文化産業や創造産業.――その全てに関する政策が,コミュニティメディアの役割を認知することによって促進される.このような「複合的」認知と,そこに立脚した財源確保が,この第三の部門が持続可能な発展を遂げるためには決定的に重要である」[Lewis 2008：6].

世界中のコミュニティラジオ経験の蓄積が,この部門が弾力に富み,柔軟に状況に適応できることを証明してきた.そして,英国におけるコミュニティラジオの実践も,個別免許をもつフルタイム局とは異なる形態ではあれ,30年以上にわたり存在してきているのだ.政策の期待に応えつつ,これまで築いてきた社会運動としてのあり方と存在意義を手放さないことが,この部門が英国の放送における「第三の柱」としての地位を確立するための鍵となるだろう.

原注

1) http://europe.amarc.org/index.php?p=Community_Radio_Charter_for_Europe（2009年7月7日閲覧）
2) http://www.opsi.gov.uk/si/si2004/20041944.htm（2009年4月5日閲覧）
3) 認可局の地図は下記リンクを参照のこと．http://www.ofcom.org.uk/radio/ifi/rbl/formats/crmmap.pdf（2009年7月3日閲覧）
4) http://www.sheffieldlive.org/lettertogordonbrown/（2009年7月3日閲覧）

編者注

[1] 原稿の翻訳文章を，編者の判断で圧縮・要約したことをお断りしておく．

サルヴァトーレ・シーフォ／**翻訳：近 藤 薫 子**

第Ⅳ部
地域社会とネットワーク

第14章

自立を模索する英国コミュニティメディア
──公共財源獲得と社会的企業化の挑戦──

はじめに

　英国の「コミュニティラジオ」（以下，CR）は，独立した団体によって非営利的に運営され，地域コミュニティまたは特定のテーマを共有する，コミュニティに開かれた放送局である．制度化の以前から単発の活動によって地域社会の再生に寄与し，時間をかけてネットワークを構築しながら，先進国としては遅かった制度化を「下から」達成した．この過程でCRは，地域の映像表現や出版，ブログやアート活動など多様な表現活動を巻き込み，地域再生を経済的な側面のみならず文化政策の側面からも支援できることを実証したのである．

　ただし，CRの未来は薔薇色ではない．現在活動を続ける多くのCRが，安定した財源の確保に苦しんでいる．本章では，CRをはじめとする英国のコミュニティメディアが新たな財源にどのように到達しようと模索しているのかを報告し，コミュニティメディアが自立するために何をなすべきなのか，実際に何をなしているのかを検証する．

1　Ofcomとコミュニティメディア

1-1　コミュニティラジオの「サクセスストーリー」

　この問題を考えるにあたって，まずコミュニティメディアと，近年新設された通信・放送規制機関「通信庁」（Ofcom）との関係に光を当てたい．

　Ofcomは，2003年の通信法により，それまで文化省のもとにあった独立TV委員会（ITC），放送番組基準委員会（BSC），ラジオ免許交付機関のラジオ公社（RA）の3組織と，貿易産業省の下部組織であった電気通信庁（Oftel）と，周

波数管理を行う電波通信局（RCA）の合計5つの機関を統合して創設された．以後，政府から独立した機関として，議会に対する責任を負いつつ，市民と消費者の利益を促進するために，放送免許交付，コンテンツの質保障，サービス提供の多様性確保などの活動を行っている[1]．この Ofcom の重要な仕事に，コミュニティメディアの支援と CR 局への免許交付，そして文化・メディア・スポーツ省（以下，文化省）が拠出する年間50万ポンドの「コミュニティラジオ基金」を CR へ配分するというものがある．政府がコミュニティメディアのために資金を拠出し，政府から独立した監督機関が配分するという仕組みが整備されているのである．

また Ofcom は2000年の英国放送通信白書でその新設が提案されたものであるが，そこでは，市民の利益として，子どもと弱者の保護，犯罪と社会不安の防止，障害を持つ人々や高齢者，低所得者，僻地に住む人々などの特殊なニーズに重点を置くべきことなども提案されており，現在もそれらに配慮した規制がなされている．

2004年の「コミュニティラジオ法令」の制定以後，政府が支援し奨励すべき「新しい放送のジャンル」として生まれた非営利の CR 放送は，2009年末までに214の免許が交付され，159局が放送を実践中である．それまでにない，高齢者・若者・芸術家・少数民族・性的少数者などのグループが放送主体になった放送局が生まれ，職業訓練・雇用創出の機能を果たすことはもとより，市民の社会参加を促し，社会的排除［塚本ほか編 2007：94-95］を減少させることで，法令に明示された幅広い社会的利益（social gain）をもたらしている．英国各地で社会関係資本の蓄積の要となっていると言えるだろう．かくして CR の成果は Ofcom によって「近年の英国の放送における大きなサクセスストーリー」と形容されるに至った．

1-2　対話の透明性

英国のコミュニティラジオ局は全国に散在しており，生活環境や経済状況は地域によって異なるため，意見の統合が難しい．「コミュニティメディア協会」[2]（CMA，元コミュニティラジオ協会）はそこをうまく補って各局の意見を集約し，国際的な団体と連携し，CR 法令の制定へ向けて放送通信の監督機関ラジオ公社との対話を重ねてきた．後継機関の Ofcom とも，引き続き緊密な協議関係を築いている．その成果として，コミュニティメディアの概念は，放送のみな

らず映像制作やブログなどメディア活動全般を含みながら定着しつつある.

　OfcomでCRを担当するローリー・ハレット（Lawrie Hallett）によると，2001年から2003年にかけてラジオ公社とCMAのあいだで実験放送などに関して相当量の共同作業が行われ，2004年に放送にまつわる規制がOfcomに委譲されてからもこの協力関係が継続した．CMAと個々の放送局と監督機関，そして政府（文化省）との議論は，2004年のCR法令の構造と内容に大きく寄与したという．

　この時点で，法令に決定的な影響を与えたのは，世界コミュニティラジオ放送連盟（AMARC）の定義［鈴木 1997：232-40］である．これは放送というものを国営放送，公共放送，商業放送，そして非営利コミュニティ放送の4領域にカテゴライズするものであり，CRをセクターとして印象づけるのに役立った［Buckley et al. 2008：35-47］．対話の窓口となったOfcomを通して当時の議会はそれらの理念をCR法令に生かし，BBC，商業ラジオに次ぐ第3のラジオとしたのである．

　OfcomもCMAもウェブサイトで決定・活動について詳細な情報を公開し，対話の透明性に努めている．「Ofcomの経験から言えることは，監督機関とラジオ局側の開かれた対話のプロセスが，双方にとって相手の立場を理解することに寄与するという点です．CMAのような代表団体，そして個々の放送局と定期的にコンタクトを取っていた結果，CR放送の側と監督機関は，相互の責任と目標についての理解を深めていくことができました」とハレットは語る．

1-3　コミュニティこそ中心に

　2009年後半，サルフォードやロンドンなど各地で開催されたローカルニュースに関するシンポジウム（The Future of Local Media）で，Ofcomパートナーのスチュワート・パービス（Stewart Purvis）は「民主主義的な地方政治への参加のために，ローカルジャーナリズムは重要」とし，そして地方の商業放送においてこのままでは収入がコストを上回ることはできないという試算を示した．その上で彼は，市民や消費者のニーズに支えられた役割，革新的な草の根の小さなメディアの役割の重要性の認識を語った．

　このとき彼が示した図では，同心円の中心に個人の家とコミュニティが描かれている．従来，（マス）メディアをめぐる言説においては，国家規模の大手マ

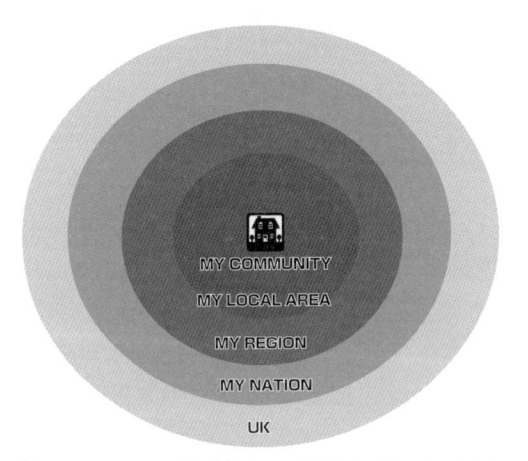

図14-1　Ofcom は異なるレベルのメディア環境に働きかける
出所：2009年9月22日サルフォードでの Ofcom 発表資料．

スメディアと職業的なジャーナリストが「中心」，小さなコミュニティメディアや個人の存在は「周縁」として常に位置づけられてきたことを思えば，この図はメディアを見る視点のパラダイム転換を予感させる．

　この視点の転換の先に，コミュニティメディアの存在が大きく浮かび上がってくるのは間違いない．2009年10月14日にロンドンで放送関係者がフォーラム (Local News and Media) を開催した際，コミュニティメディアを代表して意見のとりまとめに奔走した CMA 代表のジャッキー・デヴェルー (Jaqui Devereux) は，「ローカルニュースは与えられるものではなく，コミュニティが創りだすものであり，上から下に流れるのではなく，下から上に流れる新しいものだ」とコミュニティメディアの意義を紹介した．

2　財源確保をめざすコミュニティメディアの苦闘

2-1　「デジタル・ブリテン」——受信許可料を誰が受け取るのか

　ただし，このパラダイム転換は，必ずしもコミュニティメディアだけを軸に起こっているものではなく，地域メディア全体を支える経済構造の大きな変化に連動している．

2009年6月，英国政府は『デジタル完了後のイギリス』(Digital Britain) という白書を発表した．これは2012年の放送のデジタル化後の産業・経済・社会を見据えたものだが，そこにはTV受信許可料 (Licence Fee)[5]を地方へ分配するという構想が盛り込まれていた [原 2009；中村 2009]．

これまでBBCのみが87年間にわたり独占的に配分されていた受信許可料を，地方や地域の放送局や新聞社，独立プロダクション，ブログ発信団体やコミュニティラジオなどからなる地元メディアの集合体「独立財源ニュース制作機構」(Independently Financed News Consortia＝IFNC) に競争的に分配するというのである．これが打ち出された背景には，インターネットに広告を奪われた民間放送局ITVネットワークをはじめ地方の商業メディアの収入が激減し，それらを支援しなければならないという事情がある．ちなみに，地方ニュース制作・配信を担うITVは商業放送であるものの，英国では「公共放送サービス」の担い手として認識されている．これを支えるために公共財源からの資金を地方・地域・コミュニティに注ぎ込むことが，いわば英国労働党政権下における，メディア産業，メディア政策の生命線となったのである．

この状況は，受信許可料の可能な配分先に含められたコミュニティメディアにとっても一見喜ばしいことのように見える．だが，コミュニティメディアの関係者のあいだでは，受信許可料の配分への期待は薄い．それどころかCMAは文化省による諮問に答え，地方・地域への受信許可料配分への反対を表明した[6]．BBCと同一の財源で地方・地域メディアを支えることになれば，その独立性と多様性が脅かされるからだという．この主張の背後には，これまでパートナーシップを築いてきたBBCや地方・地域の商業メディアと財源を奪い合い，敵対関係になることを避けたいという思惑も窺え，さらに2009年春の選挙結果にも左右される．

2-2 コミュニティラジオの危機と自立の模索

先に見たように，CRの評価自体は高いにもかかわらず，現在CRの最前線で働いている人々は，局の経営基盤がいかに脆弱であるかを痛感している．これまで免許を取得した局のうち，開局に至らない例，免許を返上した例もあり，高いリスクを抱えている局もまだまだ多い．この状況を受けて，CMA元代表でもあるAMARC国際理事長スティーブ・バクリーは，CRセクターへの公的支援の体制が実情に合わなくなってきている，つまり助成金が「放送局の増

加に追いついていない」点に注意を喚起している。そもそも政府は当初、1年につき300万-400万ポンドの助成が必要であるとの見通しを示していたが、CR基金は2005年に14局に対して年額50万ポンドの体制で始まり、「局の数が150に増えた現在でも年度支給額はまったく増えていない」。バクリーは、CRの法制化のための実験の査定を担当したエヴェリット教授が「一局に対して年額3万ポンド」の助成が相応だとしていることを挙げ、CR基金の大幅な増額を訴えた。[7] これまでにCRが地域社会にもたらしてきた大きな社会的利益を考えれば、こうした助成金の増額要求は説得力があるはずである。

ここで問題になるのが、CRにおける広告とスポンサーの位置づけである。2004年のCR法令は、広告とスポンサーによる収入をCR局の予算の最大50％に制限し、また単一財源からの収入も予算の50％までに制限し、CRが既存の商業放送局の経済基盤を脅かさないよう、他の小さな商業局と競合する地域では広告放送を禁止していた。2010年のCR法令修正では、5年ごとの放送免許更新をOfcomの判断で延長することが可能になり、単一財源50％の上限をなくして寄付や助成金を求めやすくする配慮も見られたが、広告制限は見直されなかった。[8]

商業広告による収入確保の道を無軌道に拡大するなら、CRの存在意義である非営利性が失われかねず、特定企業の寡占や過度の商業性がもたらす番組内容への影響も懸念される。ただし、CRの収入源を制限する各種規定は、助成金の取得がそれなりに容易であることを前提にしていたはずだが、それが困難になっている現状では、やがて広告制限の撤廃も視野に入ってくるかもしれない。だが、コミュニティに商業主義を持ち込まずにCRが経済的に自立する可能性があるのだろうか。その問いに対する1つの答えが、「社会的企業」化という方向であろう。つまり、公共財源に頼るだけでなく、決して営利の追求に走るのではないがコミュニティに根ざした経済的自立をめざし、市場に埋没はしないが市場原理を活用するという路線である。

バクリーは、先述のロンドンでの会合で、地元で実践するCR「シェフィールド・ライブ」(Sheffield Live)[9]を紹介した。難民のラティーノ、パンジャブ地方出身のパキスタン人コミュニティ、視聴覚障害者、レズビアン・ゲイコミュニティ、地元大学留学中の中国人のジャーナリストなど、コミュニティ・レポーターそれぞれが社会貢献のためボランティアで出演すること、コミュニティメディアが地域で伝える多様性について紹介した。そのうえで「不安定な新しい

やり方を待って自滅するのではなく，これまでにない並はずれた社会関係資本を築くときではないか」と，受信許可料配分を待つことなく，コミュニティメディアに自立するよう呼びかけていた．

一方では公共財源へのアクセスを粘り強く求めつつ，他方ではビジネスとしての自立を模索すること．それが，CRをはじめとするコミュニティメディアが生き残りのために直面している課題なのである．

3　コミュニティメディアでなければできないことは何か

英国のコミュニティメディアの現場で，公共財源を獲得するに足る，目に見える貢献や実績が住民の主体的な参加によって構築されているのかどうか．そのことを確認するため，筆者はいくつかのラジオ局とコミュニティメディア活動の実践団体を訪問し，それぞれのコミュニティ固有の問題の解消・緩和のために，多様性がどのように確保され，ラジオやそのほかのメディアがどのように用いられているかを聞いた[10]．

3-1　言語の多様性と多文化主義——デシ・ラジオ

ロンドン西部，インド・パンジャブ地方出身者やパキスタン，ソマリア，その他からの移民が多く集住するサウスホール地区のパンジャビセンター．その一プロジェクトである「デシ・ラジオ」(Desi Radio)[11]は，固有の少数コミュニティの言語，音楽等，文化的価値を伝えるための放送である．パンジャブ地方からのニュースをインターネットや新聞でチェックして英語とパンジャブ語の2カ国語で伝えている．

この局は，1999年4月に実験放送を行った英国CRの初期の創設グループにあたる．2002年5月9日に正式に設立され，今では1日24時間・週7日放送し，BBCローカルよりも長時間の放送を誇る．3人が有償フルタイムで，2人がパートで働いており，その他100人以上の16歳から70代まで幅広い世代のボランティアで運営している．創設者で元教員のアマチェット・キーラ（Amarjit Khera）が定年退職後，事務局長役を担う．夕方の放送は銀行員のボランティア．放課後は子どもたちの電話も番組にかかる．時事問題のディスカッション番組や消費者問題，医学，法律などの相談もニーズがあるという．ヒースロー空港で働く人が多い地域なので，空港関連企業の労働問題なども特集番組と

なった．女性ラジオグループとパートナーシップを組み，職業のない女性にインタビューや番組制作，ICT トレーニングを実施するプロジェクトはロンドン開発機構の助成を受けた．雇用につながる活動は，排除されがちな少数者や若者を支えるための CR の存在意義の 1 つである．

3-2　問題解決の対話を創る──サウス・シティ・ラジオ

「サウス・シティ・ラジオ」(South City Radio)[12] は CR ではなく，限定免許（RSL）で放送を行っている．アフリカ系住民が集住するこの地域では市民活動が活発で，連携団体は89団体．青少年，女性，ドラッグ，環境問題まで，その多様性が注目される．

ロンドン市内で若者の銃とナイフによる死傷事件が相次いだ．特に頻発したペッカム地域にあるこの放送局では，再発を防ぐためにラジオ番組を制作した．事件に何らかの強い関心を寄せる地域の「当事者たち」をスタジオに招き，若者，被害者の家族，政治家（労働党議員）が現在問題になっている犯罪について議論するというものだった．2人の若者はアフリカ系で，このラジオ活動に普段から参加している．つい数日前に親族が殺されたというゲストは犯人の親への怒り，厳罰化の訴え，政治家へのいらだちを述べるが，後半，若者たちから地域社会の対話の必要性が語りかけられ，政治家は「資金調達も含めて犯罪

写真14-1　犯罪について若者と議員で語る番組の収録風景

を減らすためにどんなことでも支援していきたい」と当事者との直接対話の希望を告げた．

収録後，スタジオの外で秘書が待ちかねる中，被害者遺族の語りかけに親身に耳を傾ける政治家や若者たちは立ち去ろうとしない．このようにラジオは政治家に直接話すための橋渡しになると司会者は強調した．企画したプロデューサーも，若者が率直に意見を言えたことがトレーニングの成果だったと言う．

地域社会に語りかけるラジオを，問題解決のための対話の場としてつくる．多くの点で意見の「不」一致も出る，それが多様性の真意ではないか．このような機会を増やすラジオの取り組みの意義が確認できた．

3-3 音楽ファン，大学，病院——さまざまなコミュニティのラジオ

ロンドン中心部のCRである「レゾナンスFM」（Resonance104.4fm）は，「明日の新しい音楽を今日聞ける」というモットーの創造的な音楽を専門とする放送局である［Osborne 2009：85；Waltz 2005：134-37］[13]．地域コミュニティとは異なるもう1つのCRのあり方であろう．ときには「音のみ」や，共産圏の音楽など，様々な表現活動のコミュニティが放送を可能にすることで，商業的な流通とは異なる音楽アートの供給がなされる．

CR法令で定められた狭義の「コミュニティラジオ」のほか，限定免許で大学や病院に拠点を置くラジオ，ウエブや有線ラジオ局など，ボランティアが支え地域社会に貢献をもたらしている「ラジオ」は法令以前からあり，それらの周辺には多様なメディア活動がある．

イギリスの大学ラジオはキャンパスラジオとは呼ばれず学生ラジオという．学生組合の1部門であり大学の運営ではない．1960年代には拡声器で放送していた．全国組織「学生ラジオ協会」（Student Radio Association）[14]があり，毎年，インタビューやジャーナリズムなど12部門での「学生ラジオ大賞」が開催される．また病院ラジオは，チャリティ団体によって全国225局が運営されている[15]．なかでも先駆的な「ラジオ・マーズデン」（Radio Marsden）は1969年創設で40周年．ロンドンのノースウィックパーク病院は1971年に有線ラジオ局ができ，38年の歴史がある．24時間放送に挑戦した最初の病院放送局の1つだ．宝くじ交付金を得て配信のためのコンピュータ・システムの導入を可能にした．病院のラジオの表彰は病院ボランティアの業績を称えるのが目的だ．

先述したように，CRはこうした広範囲のラジオ活動のみならず，映像，音

楽，ブログなどさまざまな表現活動を巻き込み，コミュニティメディアとして1つのセクターを成している．

4　社会的企業化するコミュニティメディア

4-1　英国の非営利セクターの伝統

もともと政権交代がありうることを前提に，英国では政府セクターではなく民間の非営利セクターへの信頼が高い．「信頼」の観点から見ても非営利セクターは魅力的なのである．したがって，さまざまな基金や公共的な資金調達イベントから資源動員を行う可能性は多様に開けており，コミュニティメディアは未来に悲観していない．

とりわけ，コミュニティメディアに未来への道を指し示しているのが，英国の非営利セクターを代表する「チャリティ委員会」(Charity Commission)[16]に登録されているチャリティ団体が昨今ビジネス手法を取り入れ，急速に社会的企業化を進めているという事情である．日本では慈善団体のイメージが強いが，それだけでなく，人権，環境，平和など社会運動につながる理念を掲げた団体の日常活動をも支えている．1997年に成立した労働党のブレア政権は，政府と地域の協議を重んじ，地域戦略パートナーシップ(Local Strategic Partnership)を2001年に導入した．これによって新たな予算（地域再生包括資金）が地域に配分されたことにより，非営利セクターが営利企業や自治体をも巻き込んで多様なセクターの団体と強固に結びあい，予算を獲得することとなる［白石 2006：8-21；塚本 2007：1-23］．その結果，協同組合・共済組織・ソーシャルファーム等さまざまな法人形態の民間団体の一群が雇用を生み出し，持続可能性を培ってきた［Borzaga and Defourny 2001：337-63］．

地域戦略パートナーシップによる地域再生包括資金の配分先のなかにはメディア活動を実践している団体も含まれている．日本においても社会的企業の手法がメディアの分野に広がっている．以下では，英国の活動の成功例を1つ，紹介したい．

4-2　地域再生のための事業体——ルーラル・メディア・カンパニー

「コミュニティメディアワーカーを育てたい」．イングランド最西部の農村ヘレフォードの「ルーラル・メディア・カンパニー」(The Rural Media Company)[17]

事務局長のニック・ミリントン（Nic Millington）は，活動の展望をそう語った．この団体は1992年創設．農村部住民のメディア教育やメディア制作を主軸とするチャリティ団体だ．主流メディアが農村の声を伝えていないと不満に思う人々が，農村とメディアをつなぐために興した．彼らの描く未来には「地域」「メディア」「仕事」（活動）が一体のものとして描かれている．

　ここは，農村のアイデンティティを住民自らがメディアの活用を学び表現してゆく活動である．地域の芸術大学でジャーナリズムやアニメーションを学んだ学生たちの表現活動も展開されている．10年前なら都市部にしかなかったデジタル通信技術を持つ人々は，現在では農村部にも居住している．この活動を経て，若者たちがプロの俳優やメディア制作者に成長したケースもある．就業機会や雇用までを提供することで，より活動への評価は高まっている．2009年に公開された映画「*Still Life*」（静かな生活）は，東欧からの移民流入や若者の流出の問題が深刻化するなか，地元の誇りを持つための手段として取り組まれ，俳優・制作スタッフ・ライターなどすべてこの地域の住民が務めた．テーマとシナリオを決める際のアイデアはコミュニティにおける若者と高齢者の対話の過程が重視され，この団体はその手助けをするのみで，1年がかりで完成させた．

　公的な補助金を受けやすい立場の登録チャリティ団体ではあるが，現在，社会的企業化をめざしている．彼らが参画する農村再生事業への財源は，チャリティ部門に向けられる既存の補助，すなわちイングランド文化庁（England Art Council）や地元ヘレフォードの地方公共団体からの助成だけでは不足しているのだ．そこで，活動を持続させるために，大学や警察の広報ビデオを受注し，メディア・リテラシー教育を行っている．そのほかに，地域の非営利団体はもちろん，自治体，大学，商業メディアとさえも地域戦略パートナーシップを組み，衰退地域を選んで農村再生事業として映像制作を行うこともある．また移民理解を進めるための雑誌発行，若者のメディアクラブによるオンラインマガジンでの発信活動を，政府やEUからの基金で実施している．

　このようにチャリティ団体がチャリティの側面を失わず，しかも特定財源のみに依存せず資金調達が可能になるのは，さまざまな信託・財団・基金等，地域の財源が多様なことに加え，個人寄付や会費はもちろん物品寄付や販売など自己調達の方法を開発しているからである［Coyer et al. 2007：315-18］．制作した映画などのDVDの売上は大きな収入源になっているそうだ．2009年度の年収

は73万ポンド（約1億1000万円）．しかし営業主眼で走るのではなく，いかに団体の理念と合致した事業を行うかを挑戦的に構想する．地域の人たちから少しずつ拠出してもらい，社会的企業活動を行い，地域の人たちの利益になる形で還元するというサイクルを堅持しつつ，今後3年でチャリティ資金50％，それ以外の公的資金25％，企業活動利益25％という収入状況にしたいという．

5　ビジネス化と社会運動の両立

再度確認するなら，ブレア政権のコミュニケーション政策の特徴は，地域で活動する市民団体との連携を深め，その文脈においてコミュニティメディアの活動に高度な「社会的包摂」（social inclusion）の機能を認めたことであった．制度化から数年，CRは自らに期待された役割を着実にこなし，コミュニティへの説明責任を果たしている．

英国の事例が示すことは，ひとつには，独立監督機関との対話の透明性を確保しつつ，公共財源確保のための政策提言を積極的に行う姿勢がメディアの側に必要だということ．そしてもうひとつは，住民の主体的参加による自立したビジネスモデルの構築が，小さなメディアの生き残りの鍵となるということである．そのいずれもが決定的に重要である．

もちろん，ルーラル・メディア・カンパニーのように企業化の道を追求し，その過程で自治体や教育機関，さらには営利企業など複数の地域パートナーとの連携を深めていけば，場合によってはジャーナリズムの機能を持つコミュニティメディアの自立性が危うくなる可能性も考えられる．もしそうなれば，「コミュニティ」の語は，ラディカルに社会に働きかけようとする社会運動に由来した要素を無害化するものになってしまうだろう．しかしこの団体は，都会中心の文化の生成に対するオルタナティブを提示するという社会的使命を今なお堅持しており，個人のエンパワーメントに加えて「社会変革」（social change）の要素を視野に入れつづけている［Waltz 2005：67］．このように，技術や能力などのコミュニティの資源をあくまで社会的な目標のために動員しつづけることに成功すれば，そこには，制度化の実利をうまく社会運動の持続可能性にフィードバックする，好ましい社会的経済のサイクルが現出するのである．

付　記

なお，本章は2009年度龍谷大学国外研究員期間の成果である．

注
1) http://www.ofcom.org.uk/
2) http://www.commedia.org.uk/
3) 2008年9月 Ofcom にて筆者が対面で聴取したほか，2009年6月，電子メールにて質問を行った．
4) 林香里は，コミュニティを「周縁」と位置づける従来のメディア観を批判し，ジャーナリズムの「核心」はむしろ周縁化されてきた人々の生活世界にこそ宿ると論じている［林 2002］．
5) 受信許可料は年間1件あたり142.50ポンド．BBCは直接集金せずいったん国庫に入れられ配分される．
6) http://www.culture.gov.uk/images/publications/CCE_CMA.pdf（2009年9月19日閲覧）
7)『Guardian』2009年8月24日．http://www.guardian.co.uk/media/2009/aug/24/community-radio-funding-crisis（2009年8月29日閲覧）
8) http://www.opsi.gov.uk/si/si2010/draft/ukdsi_9780111488089_en_1（2009年12月10日閲覧）
9) http://www.sheffieldlive.org/
10) 2008年8-9月と2009年9月（この回は東京農工大学大学院千賀裕太郎教授のご協力を賜った），ウエブサイト調査と訪問調査を実施した．その際，翻訳で近藤薫子，小山善彦の協力を得た．なお，全調査期間中，ウエストミンスター大学コリン・スパークス教授に調査の手がかりをいただいた．ここに記して御礼申し上げる．
11) 2008年8月，2009年12月訪問時に聴取．http://www.desi-radio.com/
12) 2008年8月訪問時に聴取．http://www.myspace.com/southfm
13) 2008年8月訪問時に聴取．http://resonancefm.com/
14) http://www.studentradio.org.uk/
15) http://www.hospitalradio.co.uk/
16) http://www.charity-commission.gov.uk/
17) 2008年8月訪問時に聴取．http://www.ruralmedia.co.uk/

松浦　さと子

Column 6 「市民のテレビ局」でゆるやかな変革をまちに,自分に

「自分たちのメディアをもちたい！」そう思ったことはないだろうか？
　人の命に関わる深刻な問題から，町内の微笑ましい話題まで，伝えたいことはたくさんあるのにマスコミに載せるのは難しい．行政側の見解は記事になりやすいが，市民の訴えは通りにくい．まれに取材があっても，一番伝えたいことが書かれるとは限らない．記者の予見の入った記事となり，情けない思いをしたことが私にもあった．
　日々の暮らしは，町単位のコミュニティにある．地域の話題はそこに暮らす人々によって発信し，地域やより広い社会に知らせたい．インターネットも普及したが，やはり，ラジオ・テレビの情報伝達力は抜群である．市民による FM 放送が増えているのもそういった要望からだろうか．映像として見せたいテレビ番組を市民が作るのはハードルが高いが，技術が進み，機材も手に入りやすくなった今，それも可能となってきている．

七夕の日に誕生した市民テレビ局

　私の属している NPO 法人むさしのみたか市民テレビ局は，『市民による市民のためのテレビ局』として，東京都武蔵野市・三鷹市を放送エリアとする武蔵野三鷹ケーブルテレビ株式会社（JCN 武蔵野三鷹）に，自ら制作した番組を提供，放送している．
　2010年1月現在，毎月，30分番組を4本，市民からの投稿番組15分を2－3本制作．おおむね1日2回放送している．ほかに，市や地域団体からのビデオ制作の受注や，大学のメディアリテラシー講座への協力なども行っている．
　開局は2000年7月7日．ケーブルテレビ局からの誘いを受け，地域の市民グループや活動していた人たちが核になり，広く市民に呼びかけて誕生した．ケーブルテレビ局から資金援助は受けているが，番組への口出しはなし，事務所は別，運営も独自に行っている独立した存在である．
　「まちを知り，まちを伝える」がコンセプト．意見が混迷したときに立ち戻るのは，市民テレビ局の設立目的を著わした「設立趣意書」と CATV と恊働して番組制作をするという『パートナーシップ協定』だ．これらは局員のよりどころとして活動の指針となり，また『誇り』ともなっている．

「なんだかおもしろそう」からまちづくりへ

　会員は約80名．大学生から80歳近い人まで，年齢・職業も様々である．大半の局員は，「まちづくり」が目的というより，「テレビの世界は何だか面白そう」という動機で入る人が多い．まちの魅力的な人やできごとの紹介，歴史・風土の記録などの取材をするうち，地域への理解が深まり，それがまた企画に進化する．

市議，市長選時の番組も制作している．いずれは市民テレビ局が市民の声を集め，行政や市民への『まちづくりの提言』をすることができるようになるかもしれない．

変革の場

「市民テレビ局に入って自分を見る目が変わりました．私がこんなに活動的で積極的だったなんて！」

制作チームの会合で，入局2年目の50代の女性が発言すると「私も」の声が続いた．控えめだった主婦がぐんぐん力をつけ，企画・撮影・編集をこなし，チーフにもなる．見事な変身だ．

開局当初から参加の男性局員は「市民テレビ局の取材だから，面識のない人たちも話をしてくれる．町に知りあいが増えた．今，定年後の生き方を模索した3部作の最後の『このまちに生きる』の資料集めに入っている」と報告，拍手を浴びた．

局はまた，様々な経験や価値観の人とも出会える場でもある．違いを知り，理解しあうことは社会を考えるきっかけにもなる．市民テレビ局の活動は，緩やかな変革の波となって，自分にも地域にも伝わって行く．

市民テレビ局の役割

市民テレビ局の役割で注目したいのは，市民による情報発信ができるのと同時に，メディアリテラシー教育の実践の場にもなりうることだ．番組制作の過程で情報がどのように取捨選択され，構成されて形になるかを知ることは，マスコミ情報を読み解く上で欠かせない力になる．社会を見つめる目にもなる．

もちろん，市民テレビ局の課題はまだまだ多い．家事や仕事の間のボランティア活動では，マイノリティや行政に批判的な話題を取り上げるのは，マスコミ以上にハードルが高い．また，局を構成するメンバーの考え方次第で，その団体の性格はいかようにも変わるだろう．

私としては，諸外国に見られる『メディアセンター』の設立や，公的な保障が日本でもできることを期待したい．しかし，それがない今，「市民テレビ局」が，その役割を幾分かでも担い，市民の情報広場として機能していければと願う．

むさしのみたか市民テレビ局は，2010年9月に，開局10周年を記念して『武蔵野・三鷹メディフェス2010』を開催する．市民テレビ局はどうあるべきか……．開局以来の問いを自問しながら，10年の節目を越える．

（河戸道子：NPO法人むさしのみたか市民テレビ局 理事・番組制作部長）

第15章

ストーリーテリングと地域社会
―― 虫の目から作りかえる世界 ――

1 デジタル・ストーリーテリングの世界

1-1 ストーリー・マジック？

　私は仲間たちと「メディア・コンテ」というデジタル・ストーリーテリングのワークショップを行っている[1]．一般的に英語でデジタル・ストーリーテリングといえば，ハイパーテクストやインタラクティブなストーリーのありよう，それにストーリーを伴ったコンピューターゲームなどを指す用語だが，本章で扱うのは，1990年代半ばに，カリフォルニアから世界に広がった市民のメディア実践としての「デジタル・ストーリーテリング」の潮流だ．

　「デジタル・ストーリーテリング」実践とは，自分の生活や記憶についての短い映像ストーリーを制作する方法を学ぶワークショップ型のメディア実践 [Hartley and McWilliam 2009] を指す．多くの場合，① 参加者間でゲームなどをしながら打ち解け合い，各々の語るストーリーに建設的に関わってゆくワークショップ（ストーリー・サークル）ののち，② ストーリーに関係のある写真や映像をコンピュータ上に並べ，自らの声でナレーションを入れて，2分前後の映像を制作するという様式にのっとっている．ここで語られるストーリーは，流れゆく日常に寄り添った小さな物語だ．妻がなぜこれほど靴を買うのかという夫の愚痴．移民一世としての祖父との思い出．音痴だと言われていた自分がオーケストラをバックに歌った晴れがましい記憶……．写真をスライドショー形式でつないだシンプルな映像と声で，普通に暮らす人びとの大事な記憶や感情のかけらが映し出された映像は，デジタル時代のソネットや俳句にも例えられる．

　面白いのは映像だけでない．話を戻すと，「メディア・コンテ」のワークショッ

プを終えたあとには，マジックにかかったと思えるほど，不思議な感情の高まりが訪れる．参加してくれた学生や子どもたちのことがたまらなくいとおしくなり，日常生活でも折々にそのことが思い出されるのだ．聞けば，世界各地のデジタル・ストーリーテリング実践に参加した人びとが同様の感情を抱いているようだ．

いったいどうしてなのか．考えていくうちに，どうやら「物語」[2]という様式にその秘密が隠されているように思われた．実際，各地のデジタル・ストーリーテリング実践で重視されているのは，映像制作技術やデジタルな表現方法の学習より，物語を制作する部分であり，その物語を生み出す場，すなわちワークショップのありようである．

現在，誰もが個人的なことを語れるツールとしては，ブログやVlog，SNSなどウェブをベースにしたさまざまなシステムが私たちの身近に存在しており，そのどれもがこれまでのマスメディアとは違う視角を提示しつつある．しかしそのなかでなぜコミュニティメディアが重要かを考えていくと，そこにはデジタル・ストーリーテリングが重視する「物語」という切り口が浮上してくる．日本には，コミュニティメディアとして，地域メディアの実践と研究に長い歴史があるが，その可能性は，これまでほとんどの場合，情報伝達の視点から語られてきた[3]．しかし私たちは情報によってものごとを知ると同時に，何らかの「物語」によって，他者の経験を共有し，共感することができるようになる．物語とは，世界内の出来事を，意味のある，それゆえ理解し納得できるものへと変換する装置であり，人間が世界を体験する枠組み［桜井1995：233］として，私たちの生活世界において重要な意味をもっている．

本章は，世界中に広がりつつあるデジタル・ストーリーテリングの実践を手がかりにしながら，人びとの生活世界や地域社会と「物語」，そしてコミュニティメディアの可能性と課題について考える試論である．まずデジタル・ストーリーテリングの歴史について振り返った後，世界各地の人びとが，その物語実践でどんな試みを展開しているのかを，参加者にとっての意義から地域社会にとっての意義へと概観する．そして，コミュニティメディアの役割と課題を，「物語」，「物語ること」，「物語の空間」という3つの位相から考えてゆきたい[4]．

1-2　デジタル・ストーリーテリングの歴史

　最初に，デジタル・ストーリーテリングの系譜について概観しておこう．シンプルなデジタル技術を活用して，個人的な物語を語るというデジタル・ストーリーテリングのアイディアは，デイナ・アチュリー (Dana Atchley) の NEXT EXIT というパフォーマンスに溯る[5]．デイナは，自分の父が，毎年同じ日に 3 人の子どもたちの成長を記録し続けた八ミリ映像を使って人びとの前で昔の思い出を物語ることで，日常の個人的な映像やストーリーが十分に興味をひくものだということを証明してみせた．そして，普及しつつあったパーソナル・コンピューターやビデオカメラを，普通に暮らす人びとが，その日常的な体験や思いを表現するデジタル・メディアとして使うために，ワークショップ形式でその使い方を教え始めたのだった．彼が2000年に病で世を去ってからは，カリフォルニア・バークレーに本拠地を置く「センター・フォー・デジタル・ストーリーテリング」(Center for Digital Storytelling) がその試みを引き継いでいる．センターはワークショップを世界各地で行い，教育機関や文化施設などで数多くのストーリーが制作されてきた[6]．

　こうして広がった数多くのプロジェクトのなかでも，英国BBCが行った『キャプチャー・ウェールズ』(Capture Wales) は，デジタル・ストーリーテリングを世に知らしめたプロジェクトとして有名だ．『キャプチャー・ウェールズ』は，カーディフ大学教員でフォトグラファーのダニエル・メドウズとBBCが，自己発見，セラピー的色彩の強かったカリフォルニア・モデルに修正を加え，地域コミュニケーションに焦点を当てて始めたプロジェクトである．この実践は，客観的ジャーナリズムを旗印としてきたBBCが，地域住民自らに編集権を渡した放送プロジェクトとして世界中から行方が注目され，北欧の公共放送などにも影響を与えた[7]．

1-3　デジタル・ストーリーテリングのひろがり

　センター・フォー・デジタルストーリーテリングと『キャプチャー・ウェールズ』，そしてそこから生まれた多様なプロジェクトは，今も多くの実践を各地で生み出しながら広がっている．世界各地のデジタル・ストーリーテリング実践をネット上で検索し，どのようなワークショップが行われているのか調査したマクウィリアムによれば，その数はウェブ上に英語で記録されているだけで300を上回り，ワークショップが行われた地域は，格差をはらみながらも，

北米，ヨーロッパ，オーストラリアを中心に，アフリカ，アジア，南アメリカにまで広がっている［Hartley and McWilliam 2009］．実践にはありとあらゆる目的を持ったものがあるのだが，ここではその目的に見られる3つの傾向を挙げておきたい．

1つ目は，デジタル時代の「リテラシー」獲得を目的とするもので，主に自分の思いや意見を複合的なメディアで表現する方法を学ぶことに焦点が当てられる．2つ目は，とりわけ社会の周縁に置かれている人びとに声を与えようとする試みで，例として，先住民，移民，女性，青少年の更正，病気を持った人びとやお年寄りなどの自己表現プログラムが挙げられる．3つ目に，地域社会の再構築を行うためのプログラムであり，そこに暮らす人びとの視点から，新たに地域の歴史や社会を作り上げていこうとする試みである．実際にはこれらの目的は互いに絡み合っているが，実践が目指す目的の3つの動向は，コミュニティメディアを立ち上げようとする動きともほぼ重なりを持つのではないだろうか．次節以降，デジタル・ストーリーテリングの実践事例を紹介しながら，誰によって，どのような物語が語られているのかを見ていこう．

2 語ることと生きること

2-1 生き方を考える物語実践

前述のマクウィリアムによれば，300のうち123件が，「メディア・リテラシー」，や教師教育など教育を目的に行われたデジタル・ストーリーテリング実践であり，学校や大学などが，主要な実践の教育の場として立ち現れていることがわかる．90年代以降，イギリスやカナダをはじめとして，世界各地でメディア・リテラシーの重要性が指摘され，教育カリキュラムなどにも取り込まれるようになったが，その際，簡易なソフトを使って映像を作ってみるストーリーテリングの実践は，マスメディアが駆使する映像手法の一端を学び，デジタル時代に可能になった一般市民の発信例を自ら体験する意味でも，簡易かつ有効な方法として注目された．

だが，デジタル・ストーリーテリングの教育的効用はそれだけでない．自分自身がメディアのスキルを学びながら作り上げた物語を誰かに見てもらえたという経験は，満足感や自信を得ることにつながるようだ．その際，難しいのはメディア機器の扱いではなく，むしろ誰もができると思い込んでしまいがちな

物語制作のようだ．身の回りのことから何かを語りだすためには，ただ漠然と話すだけでなく，自分の断片的な日常経験や想いのかけらを過去，現在，未来といった時系列や因果関係などで整理し，他者にも理解可能な意味のあるかたちに並べ直すという作業が必要になる[8]．

　しかしだからこそ，短くても身近な経験から物語を制作するという経験は，時として自らの生き方や生活の意味を問い直すことにつながる．私が関わったストーリー実践でも，「お手伝い」や「勉強」など，子どもにとって普通はやっかいだと思う日常の決まりごとが，自分の将来像や家族との関係性のなかに位置づけなおされてポジティブに物語化されて決意が語られたり，与えられたテーマを超えて参加者が将来の夢を物語り始めたりした．誰かとともに身近な物語を制作することは，自らの雑多な経験に意味を与え，生き方を考えていくことにもつながってゆくのだ．

　実際，最近ではカウンセリングの分野でも，自分の生き方の指針になるような物語をカウンセラーとともに創りだすことを重視する「ナラティブ・セラピー」が注目されている[9]．この立場では，問題や悩みはその人にあるのではなく，社会的，文化的，政治的に作られたものであるという見解に立つ．例えば，不登校という行為は，時代や社会が違えば問題にはならなかっただろうし，現在でも学校に行かなくても立派に生きていくことはできる．つまり，この立場では，その人が暮らす社会やコミュニティにおいて支配的な言説に自分を沿わせることで生み出されるきしみこそが問題として現れていると見る．そして，社会が押し付ける物語に取り込まれない，自分が寄り添うことのできるオルタナティブな物語をカウンセラーとともに作っていくことを試みる．

　デジタル・ストーリーテリングのワークショップでも，参加者の間で，苦労の経験が支配的な言説に沿って意味づけられることもあれば，オルタナティブなストーリーが生み出されることもある．いずれにせよ，身近な物語の制作は，自分の過去の経験に意味を与え，未来の生き方の指針につながっていく可能性がある．自らの経験に基づく物語の制作は，自らが行きていく上で理想としている物語を補強したり，物語に変更をせまったりすることにもつながるのだ．

2-2　聞かれない声を伝える

　デジタル・ストーリーテリングの物語行為が個人に与えるこうした効用を，社会の中で周縁化されている人びとのエンパワーメントに使おうという動きも

世界各地で展開されている．とりわけ，現在のマスメディアを中心とするメディア環境では，先住民，移民，高齢者，障がい者はあまり映し出されない．そこで彼らの存在を積極的にメディアに映し出していこうとする試みも各地で行われているが，その際，テレビ局のクルーに既存のイメージに沿って取材されるのではなく，自らが，支配的な物語に回収されない，オルタナティブ・ストーリーを生み出してゆける手法としてデジタル・ストーリーテリングが注目されている．

オーストラリア，カナダ，アメリカなどでは先住民の若者たちに焦点を当てたプロジェクトが数多く行われているほか[10]，最近では国際機関やNGOなどによる途上国の開発プロジェクトのなかにも，貧困や差別に苦しむ人たちのためのデジタル・ストーリーテリングの講習が盛り込まれているようだ．

聞かれない声を聞くという意味では，イギリスを中心に展開されている「患者たちの声(Patient Voices)[11]」プロジェクトもユニークな試みである．ここでは，普段テレビカメラが入り込むことのない病院の中から声が発せられる．病気と戦う患者たちの想いを語った物語や，子どもを亡くした経験，臓器移植や，難治性の病気など，患者たちの心の動きや思いが，その心象風景とともに映像になって人びとに公開され，医療関係者や家族，同じ境遇に苦しむ人びとに，心理状態などをよりよく理解してもらうことが企図されている．また患者にとっては，その耐え難い経験も，物語化し，自ら語ることによって，納得し，受け入れられるようにもなるのだという[12]．

ここで気づくのは，病や死という，多かれ少なかれ誰もが経験するできごとが，現代では多くの場合人びとの前で語られないということだ．ましてはそれらを医療関係者自体が理解していない．つまり，こうした人びとの想いや物語をどのように共有できるのかが課題として立ち現れてくる．これはジェンダー，障がい，民族の視点からの訴えにおおむねあてはまるだろう．彼らが語る想いや物語は，どこで，どのように聞かれるべきなのだろうか．

3 物語の空間――地域社会とメディアの関係を問い直す

3-1 地域を架橋する，他者を理解する

デジタル・ストーリーテリングの実践のなかには，物語そのものよりも，個々の経験や想いを他者に物語る行為や，他者の物語を共有する空間の創出を重視

したプロジェクトも多い.

　ウェールズにある元炭坑町ブラックウッドでは，BBCの『キャプチャー・ウェールズ』を経て，地域独自で「ブレーキング・バリアーズ（境界を越えていこう）」というデジタル・ストーリーテリング実践を行っている．このプロジェクトでは，現実の地域社会のなかで語りあうことのない人びとが互いの声を聞くこと，すなわち地域社会のなかの異なるコミュニティに属する人びとが出会う場としてのワークショップを重視している．お年寄りと子ども，障がいを持つ人と一般の人が，物語制作を目的に同じ空間に集まり，それぞれの話を聞くことで，その思いを共有してゆくことが企図される．つまり，このプロジェクトでは，互いを理解する空間としてワークショップを位置づけ，共同の物語を制作することがその理解に役に立つとみなしているのだ．

　実際，他者との間でその経験や想いが共有される「物語りの場」は現代社会のなかで失われている．友人との飲み会など，よく似た背景を持った人びとと語る場はあっても，町の寄り合いや祭り，井戸端会議，商店でのやりとりなど，異なる背景を持つ人びとと語り合う空間は私たちのまわりから消えつつある.

写真15-1　他者を理解するストーリー制作
メディア・コンテでは，大学生と地元の在日外国人の子どもたちがともにストーリーを作成した．普段目にすることはあってもじっくり話すことがない他者とのストーリー制作はスリリングかつ感動的な活動である．写真は，付箋を用いながら子どもたちの日常についての語りを聞き，ストーリーの種をさぐるためのワークショップの様子．

車というプライベートな空間で移動し，家には寝に帰るだけ，店ではお金を払うだけという，郊外化，消費社会化した現代では，背景を異にする人びとが日々の経験を何気なく語り，相談し，共感する場はきわめて限られている．

　会ったこともない他者の主張をそのままに受け入れることは，時に難しいのが実情だ．しかしその主張が一旦物語化され，その主張に至る経緯が可視化されることで，不思議なことに他者を理解しやすくなる．「物語」は，自分と異なる背景を持つ他者の経験を理解し，納得するために有効な様式である．物語は，異なる背景を持つ人びととのコミュニケーションが断絶した現代の地域社会において，あらためて重要な意味を持つのではないか．

3-2　地域の歴史をめぐるデジタル・ストーリーテリング実践

　ところで，デジタル・ストーリーテリング実践のうち，地域社会で行われる実践としてもっとも多いプロジェクトは，歴史に関連したものである．それは，80年代以降のアカデミズムでオーラル・ヒストリーやライフ・ヒストリーが注目された経緯と重なりを持つ．すなわち，これまでの歴史学や社会学が抽象的な概念として社会を論じてきたことに対抗し，歴史をそうした社会的諸力によって規定される人びとの生活の側から記述してゆこうとするのがその立ち位置である．このように，一般の人びとの生きられた経験をもとに，人びとがともに民主的に作り上げる歴史を欧米では「パブリック・ヒストリー」と呼んでいる．[13] ウェールズやオーストラリア，カナダなどでは，これまで触れられることのなかった移民たちの暮らしから見た歴史のデジタル・ストーリーを，大学や博物館などが中心となって収集している．[14]

　ウェールズのカーディフにあるオールド・ライブラリー博物館でも，移民など，多数派ではないカーディフ市民から見た町の歴史がデジタル・ストーリーとして制作され，鑑賞されている．80年代以降，イギリスの社会史関連の博物館では，農機具や道具を単に展示するのではなく，モノを使った人びとの個人史や映像を見せていくという方法が積極的にとられるようになり，その延長線上でデジタル・ストーリーの存在に注目が集まったという．来館者は誰かのストーリーを見て，同時期に自らが体験したカーディフの歴史をコメントカードに書き込んで投稿することで，次のデジタル・ストーリーの制作者になっていく．こうした参加型の物語連鎖によって，戦争，地域の産業の盛衰，交通の変化，社会の変化，災害の記憶といった地域の歴史が多声的に表現されてゆく．[15]

多声的に表現された歴史からは，それまでの地域やコミュニティの歴史がどのように，誰によって，描かれてきたかが逆照射される．同じ地域を描くにしても，上空から地図のように俯瞰する視点と，そこに暮らす人びとの地を這う日常の視点では，まったく見え方が異なるはずだ．聞いた話では，空爆を敢行する兵士は，頭の中にその都市や場所の地図を叩き込まれ，何度もシミュレーションを繰り返して飛び立つという．もちろん，彼の頭の中の地図に，その町で暮らす人びとの生活が描き出されることはない．そのことを思うとき，私はスミソニアン博物館に展示されるきのこ雲の原爆と，広島の原爆資料館に展示される人びとの生活を「痕跡」に変えた原爆とが，まったく違った物語として描き出されていることを思い起こす．

こうした「上からの眺めと下からの眺め」の違いについては，都市社会学やポストモダン地理学などでも長く議論になってきたことではあるが，郷土史も多くの場合，公的記録に基づく，航空写真のような鳥の目から描かれていて，人びとの暮らしの歴史は十分に描き込まれていない．1人ひとりの住民の記憶に残る歴史的事象も，物語として語られ，また記録されなければ，存在しなかったかのように消え去っていくだけだ．すなわち，街路から見た人びとの側から記録された歴史は，どこも未完成のまま残されている．歴史の当事者としてのパーソナルな語りが，他の人びとの語りとともにより大きな歴史に結びつけば，町の歴史は，自分自身のルーツが書き込まれた魅力ある歴史へと変化することだろう．

4 「虫の目」からつくりかえる世界

4-1 近代の物語と物語り，そして物語空間

日々の暮らしをめぐるさまざまな経験や想いは，地域共同体の物語空間で語られ，時に語り継がれ，共有されてきた．デジタル・ストーリーテリングの試みを通して見えてくるのは，こうした物語空間が地域のなかから失われた地域社会の現状であり，多くの人びとにとってはただ夢見るだけの華々しい成功物語を流し続けるマスメディアの現状である．

デジタル・ストーリーテリングの創始者とされるアチュリーが，個人的な物語りのパフォーマンスの際に，火を映し出したモニターを傍らに置いていたのはそうした現代人の疎外状況を象徴的に示そうとしたからだろう．人びとはそ

の昔から，たき火や囲炉裏を囲みながら，土地に伝わる共同体の物語に耳を傾け，時に自らも語り手となることで，その経験や想いを共有し，物語に関わってきた．物語とは，共同体の中で人びとの個別経験を伝承し，共同化する言語装置［野家 2005：82-83］として，人びとの生に意味を与えてきたのである．

　こうした物語空間は近代の訪れとともに変容を見せる．野家啓一は，柳田国男がこの変容にいち早く気づいた1人だと指摘する．印刷術の飛躍的発展を契機に，人びとの口承によって紡ぎ出され，維持されてきた物語的世界が小説の世界へと代わられ，西欧近代をモデルに突き進もうとする日本型近代の大きな物語に「常民」が巻き込まれていく時代に，柳田はあえて「口承の文芸」を重視することで抵抗を示したのだと論じている［同：16-96］．

　新しさや独創性を追求し，個人が密室で孤独に書き綴る小説の登場と普及は，共同体的伝統として蓄積してきた人びとの物語の世界と異なり，空想のうちに作者が世界を構築してゆくことでもある．物語から小説へという流れは，口承から文字へという伝達様式の変化とともに，語り手と読み手を分離させ，そこに一般の人びとが関わる余地を大幅に減らし，一部の文学的エリートのみが特権化した語り手となることを許された．語り手の特権化は小説にだけ起こったことではない．共同体の物語空間において紡がれ，伝えられていた地域社会における経験値としての知，それに歴史は，政治家や官僚，研究者それにジャーナリストといったこれまた特権的な書き手によって編纂され，印刷や新聞，書籍というメディアに記録され，配布されることによって，人びとの間で個別に消費されるものへと変わっていったのである．そしてその過程で，経験値としての知は，近代的な科学の知へと移り変わっていった．

　地域で起きた事象は，各地域に新聞などが入り込むことによって，記者という専門職が語るものとなった．初期の地域新聞には，人びとのつぶやきや疑問，噂などをそのまま載せた投書欄や，講談調で語られた事件など，物語空間の痕跡が見られるが，日本では，おそらく日清・日露戦争あたりに，新聞，雑誌，幻灯，活動写真などの新しいメディアが地域の中に入り込み，戦争という国家的な言説が流れ込んだのを契機に，人びとの関心が国民国家レベルの話題へと向くようになったようである．そして「客観的」であることを自らに課したジャーナリズムの様式が確立するにつれて，人びとも，メディアの視点を自らの立ち位置として，まるで彼方の地で起きているかのように自らの地域に起きているできごとを眺めるようになった．そこにあるのは，その事象とは直接の

関わりを持たない鳥の目の視点である．

　祭りのニュースはその典型だろう．放送局で働いてきた自分の経験やケーブルテレビ局での参与観察などと照らし合わせてみても，取材の前に過去の記事などからほぼ頭の中に予定稿ができあがっていて，その物語を作り上げることを前提にインタビューなり取材なりを行い，そこから物語に必要な部分を切り取るというのがメディア取材の常道である．その地域のメディアが祭りなどを取材する場合であっても，極端な場合，過去の映像や記事を流用してもわからないのではないかと思われるほど紋切り型な表現になりがちで，同じ場面，同じような原稿で表現される．そうして示された祭りの概要は，視聴者にとっても凡庸で，大して興味を引かれない．

　だが，本来祭りとは，画面映えのするクライマックスの前に，より大事とされる神事があったり，その祭りの由来となる言い伝えが大事にされたりするものだ．しかし他者によって俯瞰的に描き出されるニュースにはそれらは表現されることはない．しかし，今年の夏に学生が作った浜松祭りのデジタル・ストーリーには，当事者の視点から，まったく趣が異なる祭りの様子が映し出されている．隣町の若者たちとの見栄の張り合い，髪飾りがどこにいったかわからなくなるほどの揉み合い，その髪飾りを今年の祭りで隣町の女の子の頭に見つけたときの怒り……．虫の目から見た祭りの作品には，到底1分の定時ニュースに収まりきらない豊かな物語が含まれている．これらは現在のマスメディアにあふれる経済的成功や健康，美を称揚する物語とは異なっているが，他者を理解し，また地域で生活する私たちの生に豊かな意味を与える物語である．そして同じ地域に暮らす人びとの物語を共有する「私たち」こそが文字通り共同体として意味を持つのではないだろうか．

4-2　「虫の目」から世界をつくりかえる

　新世紀に入り，マスメディア産業の危機が叫ばれるようになった．想像をはるかに超えるスピードで私たちを取り囲むメディア・システムが変容している．そして印刷メディアや放送など，発信に中心を持つシステムから，誰もが平等に発信できる「ナラティブの噴出」とでもいえるような YouTube 的世界のありようが姿を現しつつある．

　マスメディアは，これまで曲がりなりにもドキュメンタリーや調査報道によって普通の人びとの生活に目を向け，異なる人びとを架橋しようとしてき

た．しかしこのところ他メディアとの競争のなかで，異なる背景を持つ人びとに一体感を与える機能は弱体化を続け，コミュニティの分断化は避けがたい状態にある．発信することだけならばウェブは大きな可能性を持つが，そこで語られることにユーザー自身が進んで関心を持たないと行き着くことは難しい．

コミュニティメディアが，内部の成員に対して，何らかの情報や意見を発信することも重要だ．しかし，「社会的なるもの」の喪失を目の前にした今，私たちはその一方で，自らの経験や想いを語り，他者の声にも耳を澄ますことのできる物語空間をもう一度，自らの手で作りなおしていく必要があるのではないか．そうして育まれた「われわれ」感覚があってこそ，主張なり議論なりが展開されうるのではないだろうか．

80年代以降，B・アンダーソンを初めとするさまざまな論者によって，国家や地域社会をふくむ「コミュニティ」が，決して所与のものではなく，表象行為や言説戦略，境界線を維持しようとする仕掛けとメディア技術によって「生産」されてきたものだという指摘が相次いでなされてきた．A・アパデュライは，そもそもローカリティとは，本来的に瓦解しやすい社会的達成なのだと論じる［Appadurai 1996：邦訳319］．より広域へと関心を誘うメディアや物語に抗するために，人類は延々と通過儀礼や住居の建築，田畑の整備など，パフォーマンスや表象，行為という複雑な実践によって空間や時間のローカル化を行い，ローカルな知識を持つローカルな主体を生産してきたのだと彼は主張している．

このように考えれば，コミュニティのためのメディアが必要というよりも，むしろコミュニティを作り上げ，維持していくためにこそ，「われわれ」の物語空間，すなわちメディアの存在が不可欠なのだといえる．自分たちの生を意味付ける物語を生み出し，共有する空間があってこそ，「われわれ」感覚が育まれ，その物語実践によって人びとを受け入れるコミュニティが形成されていくのだ．すなわち，コミュニティがないことを嘆くのではなく，私たちは，物語行為や広義のメディア実践によってコミュニティを作ってゆけるのだという逆の発想が必要なのではないか．

メディア・システムの構造変化によって，マスメディアやローカル・メディア自体もこれまでのビジネスモデルとは異なるやりかたを模索し始めている．先にあげた事例にも散見されるように，さまざまな公共施設も地域住民たちの物語空間，「コミュニティメディア」としての役割を果たすようになっている．

流動化する社会のなかで，こうしたメディアや空間の変容に目を配りながら，「われわれ」の生を肯定し，共有できる虫の目の物語空間をどこに，どのような形で築いていけるのか．柔軟な発想が求められている[17]．

付　記

なお本章の北欧調査については，平成18年度基盤研究 B「非営利民間放送の持続可能な制度と社会的認知——コミュニティ放送のモデルを探る」(代表：龍谷大学 松浦さと子)，デジタルストーリーのイギリス調査や現状についての報告は，JST のCREST 研究「情報デザインによる市民芸術プラットフォームの構築」(代表：多摩美術大学 須永剛司) の共同研究から補助を受けている．記して感謝したい．

注

1) メディア・コンテは，在日外国人のこどもたち，お年寄り，障がいを持つ方などと行うデジタル・ストーリーテリングのワークショップ．詳しくはウェブサイト http://mediaconte.net/
2)「物語」の関してはさまざまな定義があるが，ここではさしあたり「できごとを筋立てのもとに表現したお話」とし，「ストーリー」の訳語に近いものにとどめておきたい．
3) 地域「情報化」政策に代表されるように，地域メディアの存在は，その地域情報の制作や流通に注目が向けられた．代表的な研究として［船津 1994；林茂樹 1996］など．
4) ちなみに，デジタル・ストーリーテリングのすべてが放送やウェブなどのメディアと関わりを持っているわけではなく，一般公開されない作品も少なくない．
5) 彼の活動記録は http://www.nextexit.com/ で見ることができる．
6) ウェブサイト http://www.storycenter.org/
7) スウェーデン公共放送 (STV) やスウェーデン教育放送 (UR) (http://www.ur.se/rfb/) も同じ公共放送として，BBC をモデルにしたデジタル・ストーリーをウェブ上に収集している．ちなみに北欧では，user generated contents (視聴者制作のコンテンツ) をどのように生かしていくのかという議論が放送界やメディアビジネスにおいて盛んである (STV, UR でのヒアリング調査 2007.06.20 による)．
8) こうした作業を，たった 1 人で行うのは，じつは容易なことではない．私たちが行った「メディア・コンテ」は，人びとの想いを物語化するためのスキルについてキット等を作って援助した［小川・小島・伊藤・稲葉　2009］を参照のこと．
9) ナラティブ・セラピーについては［野村 2002；野口 2005；Monk et al. 1997］を参照．
10) たとえばアリゾナ州で行われている「Outta Your Backpack」プロジェクト (http://

oybm.org/）などがデジタル・ストーリーテリングの手法を用いた代表的なものである．
11）「Patient Voices」http://www.patientvoices.org.uk/
12）こうした癒しの効果は社会構成主義から派生するナラティブ・セラピーの流れとも結びつき，暴力を受けた人びとのセラピーや，戦争によって傷ついた子どもたちのための「Kids for kids」プロジェクト（http://kidsforkids.net/aboutus.html）などへと展開している．
13）パブリック・ヒストリーについては，http://www.publichistory.org/がまとまっている．
14）たとえば，カリフォルニアの過去について公立図書館が中心となって行った「California of the past」（http://www.library.ca.gov/pressreleases/pr_070509.html），オーストラリアのコミュニティ・アート・センターでハンガリー系移民の歴史に触れた「First Person」プロジェクト（http://www.tuggeranongarts.com/digistory.php）などがある．
15）Old library Cardiff での学芸員 Ms.Rodgers へのヒアリング調査（2007.03.15）による．なおこの調査については，JST の CREST 研究「メディア・エクスプリモ」（正式名称「情報デザインによる市民芸術プラットフォームの構築」／代表：須永剛司）の共同研究から補助を受けている．
16）［有山 2009；小川 2009］を参照．
17）本章では，これらの物語をどのようにその空間なりメディアなりに集め，どのように「編集」していくべきか，あるいはしていけるのかという重要な点について十分に議論を尽くすことができなかった．今後の課題としたい．

小川明子

Column 7　日本の離島・我ンキャ（私たち）の中心

奄美大島は鹿児島本土から380キロ南へ下った奄美群島の１つで，人口は約７万人．奄美大島は沖縄県と間違われがちだが，1953年に日本に復帰し，行政区分は鹿児島県となった．奄美大島は鹿児島本土のテレビ・ラジオなどからの情報が伝わる．しかしながら，鹿児島本土とは海を隔て文化も言葉（方言）も異なるところが多い．中央メディアから流れてくる情報により，新しい物事が魅力的で正しく，地元の古い物事が間違っているという内地への憧れとともに私たちは「奄美」に対して誇りが持てず，また気付くことができず，地方・離島のコンプレックスが生まれた．私自身20年前高校卒業後，上京し出身地を聞かれても「九州」，「鹿児島」とそれ以上は答えなかった．周りの出身者も同じ状況だった．
2002年，もともとシマ唄の歌い手であった奄美大島出身のポップス歌手，元ち

とせのメジャーデビューより奄美が注目されるようになった．私がその後2005年に出張で上京した時のこと．奄美関係の飲食店も増え，あるお店での出来事だ．私がカウンターで黒糖焼酎を飲んでいると，50代のサラリーマン風の男性が入ってきて隣に座った．酔いも深くなり彼は私に話しかけてくれ，互いに奄美出身であることを探るように確認した．話を聞くと彼は上京してきて30年間「奄美大島出身」であることを誰にも伝えられなかったという．その彼がこんな話をしてくれた．ある日東京から出張のため地方へ車で移動中のこと．ふと，ラジオから「奄美大島出身」という紹介とともに元ちとせの歌声が流れてきた．すぐさま車を路肩に止め，暫く震えと涙が止まらなくなりボーっとしていたという．その日から彼は，周りに自ら「私は奄美大島出身である．」と口に出し始めたということだった．

2002年の元ちとせのデビュー，2003年の日本復帰50周年を経て，内地での「奄美」というフレーズが聞かれるようになり，これを機に行政も民間も内地へ奄美大島をアピールという動きが高まった．私自身は，シマ唄をはじめとする文化や自然，歴史を島の人が知らなかったことが問題だと感じ，島外へ伝える前に「島の人が島のことを知るべきだ！」と強く思った．知るためのツール，島口（方言）・シマ唄，島の物事が流れ伝えられる音声メディア，「ラジオ」を作ろう！と単純にそう思った．とはいえ資金ゼロ，ノウハウゼロ．ようやくその後「コミュニティFM」というくくりがあることも知った．

奄美大島は，目の前に海が広がり，背には山が迫る．その少しばかりの狭い平地にシマ（集落）というコミュニティが太平洋側と東シナ海側に点在する．お互いが存在を把握認め合うことで治安や秩序が保たれ，相互扶助など共同体意識が強い．そのためNPO精神が無意識の中に宿っている．

九州管内離島初に成り得るコミュニティFMは，株式会社ではなく，NPO法人での開局を目指せないか模索した．丁度その頃2003年，京都三条ラジオカフェがNPO法人で開局していたのを確認し，翌年NPO法人「ディ！」を設立した．「ディ！」とは島口で「さぁ！行こう！」「はい！起きよう！」といった掛け声的な意味合いがある．

周辺にラジオ構想を語ると，日に日に島内外に協力者が増え，少しずつ具体性が出てきた．2006年4月に本格的に総務省へ申請手続きを進めるため事務局を立ち上げ，経験者が島内に皆無という状況の中，農業をしていたものや中学校の臨時の教師やIターン者の島興しの志だけを頼りに転職しスタッフとして参加してくれた．1年間の幾度もの総務省九州総合通信局とのやりとりの中，地元では初の「コミュニティFM」というものがイメージできず，果たして無事開局できるのかという地元の不安もありつつ，何とかサポーター会員が約500名集まった．また開局後の広告出稿仮契約書を地元企業から頂き，地元の通信技術会社の手弁当での強力なサポートにより，構想約6年経て2007年5月1日あまみエフエム

ディ！ウェイヴが開局となった．

　現在，サポーター会員は約1500名．その会費と，地元の企業等の広告が収入源．（行政広報費は未だもらえず）スタッフは，20-30代の島ンチュとIターン者男女半々私も含め8名で運営している．その他，地元の主婦・ガイド・神主・公務員などのボランティアパーソナリティに参加頂き，朝・昼・夕方と生番組の放送を行っている．行政情報はもちろん，島口ニュース，お悔やみ情報，シマ唄はもちろん，奄美出身のアーティストの番組，人気番組の標準語を英訳と島口で翻訳する「英会話のOVA」などもある．また，奄美大島は台風の常襲地帯ということもあり，台風の時には24時間，泊まり込みで台風の進路状況や停電状況を放送する．

　できるだけ島口を使おうと若手パーソナリティが少しでも間違うと，ご年配さんからのお電話でのご指摘がかかってくる．

　私たちはコミュニティFMを作ることが目的ではなかった．伝えたい物事があり，そのためのツールがコミュニティFMである．伝えるべき物事がある限り，そのツールを維持していく覚悟である．先人たちが残してくれたシマ唄・島口などの文化・歴史・自然を受け継ぎ，また子ども子孫へ語り継ぐものとして，この1世代を島で過ごし終えることの使命の中に生かさせてもらっているのだとつくづく感じる．

　中央メディアや鹿児島ローカルメディア，そして私たちあまみエフエムを通して，島の人々が己を知り，違いを知り，それを誇りに思えること，感じることのできるアイデンティティの形成に努めたいと思う．

　島内外にいる奄美大島出身者にとって，この日本の離島「奄美大島」は私たちのアイデンティティ，そして中心である．

　　　　　（麓　憲吾：特定非営利活動法人　ディ！（あまみエフエム）理事長）

<第16章>

ミックスルーツ
―― ネットと SNS が築いた対話 ――

1 新しい価値観がネットから世界に広がる

　2005年の新春，近代化の波が押し寄せる中国の杭州にいた．そのころ中国の原動力の1つとなっていたのが，IT技術の開発と適用．杭州を拠点に1999年に設立された阿里巴巴（アリババ）はまず企業と企業，Business to Business（B2B）ネットワークを確立し，2007年には中国全土で1位の利用者数と市場のシェアを誇るまでになっていた[1]．アリババはビジネス同士が情報交換し，商談できる基盤を作り，同時期には Taobao というオンラインマーケットプレイスも展開していった．以前私が在住していたアメリカでは eBay が市場を独占していたが，中国や日本ではアメリカと同じ営業スタイルでの進出には事実上失敗していた一方で，日本でもライブドアや楽天という地元のIT企業も急成長を見せていた．

　これらの成功や失敗の事例で明らかになったのは，国際化を促進してきたインターネットでさえも市場が属する国の文化や風土を取り込まなくては，いかに高度なテクノロジーでも普及しないということであろう．ネットも市場であるかぎり，利用者，消費者の需要によってなりたっている．グローバル化がキャッチフレーズとなった時代から瞬く間に我々は地域性の重要性を再認識させられている．

　この動向を象徴するもっとも大きな出来事としては，2009年10月30日付けでインターネットのIPアドレスやドメイン名などの各種資源を全世界的に調整・管理している International Corporation for Assigned Names and Numbers（ICANN）が発表した声明に基づき，今まで全てローマ字であったドメイン名に他言語の文字の使用を解禁することがある[2]．英国BBCの報道によると，来

年からデビューするローマ字以外のドメイン名の申請がすでにエジプトやサウジアラビア，ロシアなどから計10件寄せられており，国内ではすでに自国の言語でドメイン名が設定できるようにしていた中国やタイも，新たな自国マーケット向けの商業戦略として導入を活発に始める見込みだそうだ．ICANNの代表ロッド・ベックストロム（Rod Beckstrom）曰く「世界のネットユーザーの半数は英文を母語として使っていない」というのが現状である．[3]

　このICANNの決断はネット社会，そして世界が情報テクノロジーと共に生きる中で新たな過渡期を迎えたことを意味するであろう．インターネットはそもそも米軍が利用していたものが国際的に普及し，ICANN自身も，民間の非営利団体ではあるが，アメリカ政府の影響が強く，事実上アメリカの商務省の傘下にいると，世界からも非難されていた団体である．この決断を迎え，インターネットはある意味で本当に世界のものになった訳だが，国際化のプロセスは地域性と他言語を尊重するといった形で実現したのである．グローバル化からグローカルなビジネス展開，開発が進み，今度は無数のローカルが繋がってインターネットという国際的な情報網が存在するという，従来の姿に戻った様な印象を受ける．

2　国際化と社会対話の始まり

2-1　移民とマイノリティに関する社会変革

　世界は交通手段の整備や社会経済の変動の影響，さらに遡れば植民地政策などといった影響により，人間の移動，移住が加速してきた．これに伴い，現在では多くの人々が人種を超えた共同生活や結婚をするようになった．日本も例外ではない．

　日本の場合，複雑な歴史の背景もあり，これまで登録外国人のマジョリティであったコリアン系の住民の多くは最近まで差別を避けるため日本の名前を使い，社会にそれなりに溶け込んでいた一方で，移民法の改正と共に新たにニューカマーと呼ばれる移民や難民（主にベトナム人）も増えている．

　さらに，定住外国人の増加に伴い国際結婚［河原・岡戸 2009］も増えている．今回のテーマである複数の人種的・文化的ルーツを持つ「ミックスルーツ」の国内人口に関しては，未婚の異人種カップルの間に生まれた子どもや帰化した外国人と日本人の間の子どもなど様々なケースがあるために正確な統計は存在

表16-1　登録外国人数

登録外国人数（日本）					
年	総人口	コリアン	全体の割合	詳細
1981年12月31日	792,946	667,325	84.2%	難民法制定前年
1994年12月31日	1,354,011	676,793	50.0%	阪神大震災の前年
2007年12月31日	2,152,973	593,489	27.6%	第二次世界大戦終了直後の外国人総人口は200万
		華僑	全体の割合	
		606,889	28.2%	

しない．しかし，一部の調査では東京都内の国際婚姻件数が10組に1と言われるほどにまで増加しており，下記の厚生労働省の国際婚姻件数や親の国籍別で見た出生データを見ると，日本の多ルーツ人口が増加していることが推定できる．

世界の経済状況やそれぞれの国の法律で移り変わる移民状況ではあるが，移民が増加するに伴い，様々な社会的な変革が起こる．例えば，母語の名前を隠さず使い始めるきっかけ，差別の現象などである．

実際に，近年の私の活動のなかでも様々な人種の青少年が先頭に立って通名を捨て，堂々と韓国語やベトナム語，スペイン語やポルトガル語の名前を社会で使おうという動きを目の当たりにした．もちろん使うことで，社会で嫌な思いに直面することもあるが，それはまた学びの機会，社会対話を進める原動力にもなっているのではないだろうか．

移民が増えても，まだまだ教育の現場や日常で改善しなくてはいけない意識的，無意識的な差別は多々あるが，日本はゆっくりと自らの社会に訪れている変革，多文化共生の重要性などに目覚め始めているのではないだろうか．これには，移民達も積極的に地域住民と共に情報誌やコミュニティメディア，行政との連絡会などに参加し貢献している［吉富 2008］．

表16-2　国際婚姻件数と国際出生件数（父母の一方が外国人）

	昭和45年	昭和60年	平成12年	平成17年	平成18年	平成19年
婚姻件数	5,546	12,181	36,263	41,481	44,701	40,272

	昭和62年	平成2年	平成12年	平成17年	平成18年	平成19年
出生件数	10,022	13,686	22,337	21,873	23,463	24,177

2-2　移民のアイデンティティと世代間の困惑

　文化の融合は歴史上幾多も重ねられて来た．日本も近隣の国と古来より国交や軍事同盟があり，地名や身近なものも多くが外来であったり，先住民族アイヌが付けた名前をそのまま知らずに使っていたりする．

　近代に入り，人種の概念はより強いものとなり，日本もまた自らの国民を単一的な人種と見た［小熊 1995］時代を経て[7]，現在ではアイヌや沖縄の文化，日本文化の根本的に多文化なルーツが再び注目されるようになり，現在では「日本人＝単一民族」という概念が少しずつ薄れ始めているように思える．しかしながら，人種とは，特定のアイデンティティを保ち，社会的な障害に対しての防御策として用いられることが多い．海外に後に移民政策で移住した日本人も自らの人種のアイデンティティを守るのに必死であった．ブラジルで育った，ある日系の大学教授は「ブラジルでは日本人は自分が移民なのに，古い世代は周りのブラジル人を『外人』と呼び続けていた」と語った．また，特に最初の世代は移民した先の各国の移民法によって，家族と再会できない，日本から嫁を迎えられない時期などがあったが，日系1世と2世の間に生まれた子どもは1.5世などと複雑な記録を保ち，戦争中の強制収容の体験などもあり，現在日本にいる日本人よりも保守的，古典的な考えをもっている［Asakawa 2004］．そのため，移住先の現地の住民と自分の子孫が結婚し，人種が混ざることに抵抗していた．しかし最近は3世，4世の世代になると日系人同士だけではなく，現地人との多人種間の結婚も増えて来ているようだ．

2-3　Loving v. Virginia

　そんな中，我々多ルーツの個人が情報交換をし，社会から認められるようになったのは世界でもごく最近のことであるが，依然として認められていない部分も多々ある．全米で異人種間の結婚が合法になったのは1967年，「ラビング対バージニア州」(Loving v. Virginia) という訴訟が最高裁判所によって認められたときであった．

　Loving v. Virginia で焦点となったのは2人の異人種の個人が結婚すること，そして彼らの人権であった．しかし，近年 Loving Day として毎年6月12日に記念祭を実施し，インターネットでコミュニティを作り世界に情報を発信している人々は，家族全体を対象として記念事業を行っている．そして先頭に立っているのは，異人種カップルだけではなく，彼らの子ども達である[8]．発起

人のタナベ・ケンは日本とベルギーのルーツ，マデリン・アナ・カナイは神戸生まれで幼少期を同市で過ごし，父がスコットランド系のクオーター，母が英国とアメリカのルーツでありまさに多ルーツである．このように，日本のルーツをもっている青年達が，多ルーツのアイデンティティと国際的な人権認識，社会対話のために実践的な活動とインターネットのコミュニティなどを画期的に利用しながら活躍している．

　法的にも黒人に対する人種差別が色濃かったアメリカでは，親が異人種同士でも，子どもは黒人とされ，また黒人コミュニティもそれをアイデンティティを守るなかで主張するようになった．これは現在も色濃く，オバマ大統領は母親が白人でも，一般的に多ルーツ（バイレイシャル）ではなく，黒人と見られている．むしろ彼が黒人として選挙に出なければ，大きな反発が支持者からも出ていたのではないであろうか．彼が自らをバイレイシャルという言葉で表現しないことはバイレイシャルコミュニティでも賛否両論を引き起こした[9]．

　アメリカには多くの多ルーツの子ども達，ましてや大人達が住んでいて，私同様にアイデンティティの定義に困惑しているのだ．しかし近年，我々は地域や国内外で情報交換をするようになり，アイデンティティに関する大きな意識改革が始まっているように思える．

3　ミックスルーツと SNS コミュニティ

3-1　ネット上のツールの進歩

　私はベネズエラ生まれの関西育ち，インターナショナル・スクールで小中高と学んだが，自らのアイデンティティに関して特に興味を持ったのは高校を卒業してからだ．アメリカの大学をはじめとして，訪れた各国で「人種」という歴史に深く根付いた概念，そしてアイデンティティに対して抵抗を感じながらも，1つ以上のルーツで形成されている私自身のアイデンティティを確立し理解しようとする日々が続いていた．アメリカの大学では見た目や言語能力，宗教信仰の理由でベネズエラのルーツを否定された．ニュージーランドではセルビア人に「両方なんて無理だ！」といわれ，マオリとパキハ（植民時代の白人の子孫）との間の社会的な壁も目の当たりにした．また，ミックスの黒人の子が黒人以外とつるむと，黒人グループから揶揄されるだけではなく，無視され除外されることもアメリカにいる頃目の当たりにした．

私は2006年秋に中国から帰国した．そのころ，日本では，日本語でデザインされた，日本人が使いやすい機能をうまく組み込んだSNSが浸透し始めていた．それがmixi（ミクシィ）である．紹介制のアカウント取得という現在ではそれほど特別ではない機能が，それまでのパーソナルサイトにない透明性と安心感を与え，新しい仲間と会うだけではなく，すでに自分の友人である人々とより便利に情報交換できるツールとして飛躍的にネットワークの規模が拡大していった．当時，2006年にいち早く1万人の利用者を達成し，私も日本に帰って来てすぐ職場の同僚に進められ入会した．
　ミクシィが画期的だったのには色々な理由がある．SNS自体は海外では数年前に普及し，特に当時はアメリカ国内の大学のメールアカウントを所持している大学生のみが入会できるFacebookなどがMyspaceなどと比べても飛躍的なネットワーク拡大に成功していた．現在ではFacebookも一般公開しているが，2006年にはまだ個々の大学をネットワークに追加して大学のメールアカウントを認識している段階で，まだまだ参加には制限があった．つまり，ミクシィと同じように，少し制限をかけることで，サービスに安心感を与えたのだ．さらに，同時期に成長したFacebookとミクシィには画期的な機能がもう1つある．「コミュニティ」または「グループ」の機能である．
　このコミュニティ機能をいち早く活用し始めたのは若者達で，自然とミクシィブームが広がる中で，多ルーツの若者達もこの機能をもちろんのように利用しはじめ，互いと繋がり始めたのであった．やがて，ミクシィは様々なコミュニティを通して互いに差別の経験から雇用情報や活動の呼びかけまで，多ルーツ同士で情報交換を行うツールとして幅広く使われるようになっていった．日本で初めて多くの多ルーツの個人が互いの存在を確実に認識し，触れ合い，衝突し，グループ意識を生み出すきっかけとなった出来事ではないだろうか．

3-2　ミックスルーツという概念の誕生
　私がミクシィに参加した当初，多ルーツの人々の集うコミュニティは幾つか存在したが，それぞれで設立者や所属する人々の個性がすでにあらわになっていた．「ハーフの会」など直接的なグループ名や，「ハーフ」という呼び名を敬遠し違う名前を付けるグループ．ハーフやクオーター，混血や日系など，似ても似つかぬ様々な既存のアイデンティティと呼び名を組み合わせたグループ．英語ではなく，他の言語を使ったグループなどなど，多くのグループに色々な

人達が多重に所属していた．今でもこのグループの多くは存在するが，実際のところ呼び名とアイデンティティは深く関連しており，我々も統一した定義を生み出すのは難しいというのが本音であった．

　それは，呼び名と直結して，誰をコミュニティの一員として迎え入れるかという大きな問題に繋がっており，「我々」と「その他」を考えるきっかけになり，多ルーツの人とそうではない人達の間にどのように線を引くか，そして多ルーツでない人の呼び方もまた問題になっている．多ルーツでも国籍上または意識的にも日本人である人が多く，自らを社会から除外する結果になるため多ルーツでない人は「日本人」で自分は「外国人」という位置づけはできないのだが，もちろん「純血」や「単一人種」という定義はタブーである．となれば，「当事者」である多ルーツの人々のグループとそうでない人の関わり方が非常にデリケートになるため，例えば当事者の親（つまり多ルーツではない）の参加に抵抗するひともいれば，「ハーフマニア／フェチ」の方々から身を守るために，ハーフ以外の人はコミュニティに入れたくないという強い動きもある．

　そんな頃，私は関西の多ルーツの人々をターゲットにしたコミュニティの管理を任され，地域の先駆者や当事者達と共に運営を始めた．管理人を任されてから間もなく，グループのメンバーと共に生み出したフレーズが「ミックスルーツ」(Mixed Roots) であった．このフレーズは，ハーフやクオーター，日系や在日外国人の子孫，アイヌなどの先住民族など，日本に国籍上，または人種的，文化的にルーツを持ちながら，他文化／他人種のルーツを持ち合わせ，それらを自分のルーツとして認識し，尊重しようとしている幅広い種類の人々が参加できるように命名した．主な目的として，「ミックスルーツ関西」はこのような人達が単一のルーツを強制されず，自らのルーツを自由に尊重し，表現し，またそれを周りの社会が尊重できるようになることを目指し，様々な活動を実施するということであった．活動の例としては，フォーラムやドキュメンタリーの試写会，子ども＆親子会や当事者同士が差別や偏見を気にせず出会うことができる環境を作ることであった．

　当初80名あまりだったコミュニティのメンバーもこの名称と定義を明確にした直後から倍増し，二百数十名が所属するコミュニティに成長した．結果，数々の発見や衝突，意識の変化がその後3年間で明らかになってきた．

3-3　SNS 上でのアイデンティティの形成や衝突

　ミックスルーツ関西を立ち上げた頃，ハーフに関連したアイデンティティを共通点とした各コミュニティでは同様に様々な議論が行われていた．例えば，言語習得やいじめ，ステレオタイプや理不尽な周りの態度，親の話や普通っていた学校の話，自分の生い立ちなど，幅広いトピックが立ち上げられ，時に激しく討論となるなど，賛否両論であった．実際にコミュニティを通してイベントを開催すると，今まで自分の身の回りの生活ではあまりいなかったミックスルーツの「仲間」を見つけた喜びから，大勢の人々が集まり，素晴らしい出会いもうまれた．私自身も，この 3 年間で初めて日本国内にいる同じベネズエラミックスの仲間をネット上で見つけ，やがて実際に会うこともできた．初めて会う「ミックスルーツ」や「ハーフ」といったコミュニティ，つまり仲間が異例の勢いで集まり，またネット特有のスピード感のあるやりとりや情報交換で，皆一様に興奮し，アイデンティティや自分自信，コミュニティに対する考えをそれぞれ育てていった．

　ミクシィが世にバーチャルなコミュニティを形成するツールとして広がる前からも，ネット上でサイトを立ち上げて，すばらしい取り組みをしていたミックスルーツの当事者は何組かいる．実際に自ら作ったサイトはデザインの自由が利くが，ミクシィ上ではなんと言っても，書き込みの自由が「トピック」というシンプルな掲示板機能で誰にでも身近になったことが色々なディスカッションを促進することに繋がったのかもしれない．もちろんこの言論の自由は様々な意見を招くことになり，時には長期に渡る衝突などが発生した．

　ミクシィはあくまでツールであり，掲示板的な機能はリアルタイムの会話を可能にするものではない．ましてや，当時は現在ディスカッションを続けている定番のメンバーの人口より遥かに多い人数の人々が参加していた．初めて目の当たりにする自分にとって身近なテーマのディスカッション．しかも世代別，地域別に経験が違う人たちが一点に集まると，衝突はさけられなかった．結果さらに色々な新しいコミュニティが生まれ，同時に多くの参加者がコミュニティのディスカッションから遠ざかっていったのが現状である．

　ネット上の掲示板が「コミュニティメディア」や「フォーラム」としての役割を果たすには限界がある［干川 2003：201］ということが言えるのではないであろうか．つまり，ラジオやテレビと同じで，多少のフィードバックは可能でも，それ以上の膨大な数の意見や感情を管理することは非常に難しく，それぞ

れのトピックやグループに特質が出る．さらに世代間のギャップもあらわになってくる．差別を多く受けた上の世代の人々や，差別がさほどない境遇や地域で育った若い世代など，観点や感情も大きく違ってくる．

4　リアルな社会へのフィードバック

当初のネット交流を経て，ミクシィを呼びかけ，情報交換のツールとして使いながら，実際に「リアル」に会いディスカッションを行ったり，イベントを開催したりする動向が各地で目立つようになった．つまり，ある種のコミュニティメディアとして実世界でのコミュニティの取りまとめにも大きく貢献し始めていたのであった．

アイデンティティの形成の面では，ミクシィは確実に大きなプラスな影響を及ぼした．それは，「仲間を増やす」という役割であり，これを通して多くの仲間がリアルにでき，その仲間と個人的に会ったりイベントを開催することで，自らのアイデンティティや所属感を形成するのに大きく貢献したと思われる．

4-1　コミュニティの拡大と「ミックスルーツ」という定義の浸透

リアルな活動の1つで，「シェイクフォワード！」という「体感できる多文化コミュニケーション」を目的としたコンサートシリーズがある．アイヌや沖縄，アフリカンやブラジリアンルーツ，ベトナム難民など様々なルーツを持ったアーティスト達が一堂に集結し，それぞれのメッセージや体験を音楽と映像を通して幅広い年齢やバックグラウンドの観客に伝える．これは青少年とアーティストとの表現ワークショップと同時開催され，毎年関西と関東で実施されている．彼ら出演者やスタッフは半分以上がネットを通して，NGOのメーリングリストなどやミクシィで集めた仲間だ．しかも，スタッフのみならず，アーティスト達も全員ボランティア，ノーギャラでイベントを実施することに了解したのだ．それは，テーマ，そして体感できる社会対話という趣旨のイベントを心から待ち望んでいて，社会と繋がる保証があることを了解したから実現したことである．

まさにネットのツールやコミュニティ形成の手段が充実している今だから可能なことであったと思う．アイヌの文化を受け継ぎ「楽しくかっこよく」現代

文化や音楽を取り入れた演出でパフォーマンスを行っているアイヌレブルズもミクシィ上でメンバーと接触したことから始まり，ハーフの芸術家が主になって企画したユニセフ公認のチャリティイベント[10]に参加してもらった．そのライブ会場では Genez（当時 Blendz）のリーダーでガーナとのミックスルーツの矢野マイケルというインスピレーショナルな人物に出会ったことで，瞬く間にコリアンルーツの KP や，大学やシンポジウムで頻繁に講師をしながらブラジル人コミュニティの救済や社会対話に貢献している社会活動家で私に多くのことを教えてくれた MC Beto，その他多くのアーティストと繋がっていった．ネットを通して，友達の友達から直接知り合って信頼できる共同体，コミュニティを確立していったのである．しかし，ネットで繋がることができた理由も，それぞれのアーティストが以前からラジオや外国語情報誌，大学や教育機関のネットワーク，そしてマスメディアをうまく使い，メッセージを発信して来たからである．まさに社会対話が繋ぎ合わせたネットワークである．

　スタッフも同じように集まった．以前からミックスルーツのネットワークで，ミクシィを通して知り合った仲間，英国 BBC の日系人に関するレポートで写真とインタビューが掲載されていた日系ブラジル人の大学生など，これだと思った人材にネットを通して連絡し，繋がっていった．同時に，任意団体でありながら，各自治体や NGO，国際移住機関（IOM）とアムネスティ・インターナショナルの後援なども頂き活動できたのは，一重にネット上で情報を公開し，今まで積み重ねて来たことを組織的にまとめたからであろう．結果，数多くのメディアにも取材され，シェイクフォワード！の情報は国内外に駆け巡った．まだ小さい赤字続きのイベントで認知度もまずまずだが，毎年継続することで，コミュニティも確立されていくであろう．

　これら個性的なメンバーそれぞれの経験や視点から多くを学んだ．MC Betoからは「人間は鏡だ，差別は自分から始まるものだ」という言葉や社会に対する責任の重要性を自分の生き様で示すことの重要性，マイケルの力強い，逆境に負けない行動力，ベトナム人難民 2 世でラッパーの MC J-Nam が自らのルーツを恥ずかしいと思うことから誇りに思うようになった過程，そしてさらにこれらメッセージがステージ上で楽しく，かっこよく，分かりやすく，説教ではなく音楽で伝えられることに青少年から団塊世代までの多くの観客が感動し，ミックスルーツの子を持つ親達からは，「子の気持ちが少し理解できた」，「子どもとずっと釘付けで泣いていた」など感動や感謝の声も多く寄せられ，今後

の企画に対するサポートを今は親達のネットワークで呼びかけてくれている．

4-2　ミックスルーツ概念の広がり

　2008年にシェイクフォワード！がNHKのドキュメンタリーとして放送されてから，関西では大学の授業などでこの作品が上映されることがあるらしい．また，その他雑誌などの特集のおかげで，「ミックスルーツ」というフレーズと概念が浸透し始めているようだ．

　私の母が教える大学での授業で，たまたま日本社会をテーマに学生達が議論していると，学生のひとりが「ハーフ」という言葉を使った際，もう１人が「違うよ，最近はミックスルーツっていうんだよ」と言ったそうだ．日本には色々な人が住んでいて，色々なルーツを抱き，表現して生きていると社会が理解するようになれば，未来の日本も，多文化をうまく受け入れ，良い方向に向かって成長するのではないかと期待する．

　今年，私はLoving Dayの運営サイトに行き，コミュニティのメンバーとなり，偶然ではあるが，「シェイクフォワード！2009」の神戸公演はLoving Dayの記念週間とちょうど重なり，アメリカ外で唯一の公式なLoving Day記念行事として登録された．

　また，アメリカ西海岸では，主にカリフォルニアで全く関係のない団体が「ミックスルーツ文学＆映画祭」を2008年から毎年開催しはじめ，「ミックスルーツハパ」という個人で運営するSNSも登場した[11]．ただ単に「混ざっている」，「半分ずつ」，ではなく，色々なルーツを大事にして表現するという思いが自然と広まっている．ミックスルーツという定義は世界の様々な社会状勢に後押しされて必然的に生まれて来たのであろう．

　また，大阪の箕面で活動しているトッカビ子ども会からは，シェイクフォワード！の広報を通じて，アーティスト達をインタビューしたいと連絡が来た．インタビューを行ったのは地域の多ルーツの女子中高生４名．翌日のワークショップでの自己紹介で彼女達は，1974年から続くこの会も当初はコリアンルーツの子ども達が多かったが，今は地域にフィリピンやベトナム，中国ルーツの子ども達が多く住んでいるから仲間は増えたが，学校で歴史を勉強すると，仲間達がルーツを隠し始めて会に来なくなることを伝えた．「私たちがこうやって新聞を作り続けることで，いつか仲間が戻って来て欲しいと思っています」と言ったレポーターの１人．アイデンティティに誇りを持って表現でき

るようになるため，コミュニティメディアを通して地域社会に発信し，互いが理解し合える様橋渡しをすることの重要性が身にしみた．

5　将来の展望，希望

　私も2008年の6月から「ミックスルーツラジオ」という番組を，アイヌの放送FMピパウシを含む11言語の番組をミニFMとネットラジオで放送している神戸長田区のコミュニティラジオ「FMわぃわぃ」から第4，第5土曜日の夜8時から放送させてもらっているが，この活動の輪を広げると同時に，インターネットでのディスカッションやコミュニティ形成の新たな可能性を開発していきたいと思う．思いの詰まった，重いテーマだけに，日々の生活に重圧をかけず，手軽にアイデンティティのテーマに触れることのできる情報源，フォーラムを形成していきたい．また，現在子どもや青少年を対象にした活動も実施しているが，彼らが持っている能力や知識，新しい観点で今後ネットの使い方や彼らのアイデンティティに対する見方も大きく変わっていくであろうと思われる．

　私はネットを通してコミュニティを形成し，ミックスルーツというアイデンティティとその定義にたどり着くことで多くの仲間を得て，多くを学んだ．メンバーそれぞれの経験とそれに基づいた生き様や反発，完璧にはお互いの経験を理解できないからこそ，それぞれの人生とアイデンティティを尊重する重要性があることを勉強させてもらった．

　そんな中，数多くの人種差別に関する犯罪，人種別の移民問題，雇用問題，社会における無意識的差別などまだまだ課題は多く残る．また，Facebookは世界一巨大なSNSに成長したが，理由の1つがボランティアを動員しての他言語インターフェースの普及を急いだことも上げられるであろう．自らの文化や言語を大事にすることは非常に重要であるが，区別が差別に変わらないようにすることも大事である．コミュニティという存在は時に人種や物理的な地域の違いなどといった要因で分裂することもあり，このプロセスは必ずしも阻止する必要の無いものかもしれない．いずれにせよ，ダイナミックな多文化の交わりが発生すると，社会が多種多様になることで，区別や線引きが行われる．そういった時に，我々ミックスルーツの立場やアイデンティティが常に社会から，そして自ら問われるのであろう．しかし，現在はコミュニティメディアや

インターネット，さらには音楽や映像を通した自由な表現ができる手段に恵まれている．今後もこれら各メディアをツールとして活用し，発信し続けることで，社会対話が絶えないことを願う．

注
1）アリババ公式サイト，企業概要. http://news.alibaba.com/specials/aboutalibaba/index.html
2）ICANN 公式サイト，プレスリリース. http://www.icann.org/en/announcements/announcement-30oct09-en.htm
3）BBC "Net gets set for alphabet changes" http://news.bbc.co.uk/2/hi/technology/8362195.stm
4）塩崎外務副大臣演説外務省・国際移住機関共催シンポジウム「『外国人問題にどう対処すべきか』〜外国人の日本社会への統合に向けての模索〜」国連大学（平成18年3月9日）. http://www.mhlw.go.jp/toukei/saikin/hw/jinkou/suii07/marr2.html
5）「夫婦の国籍別に見た婚姻件数の年次推移」人口動態統計年報，主要統計表「婚姻 第2表」 厚生労働省. http://www.mhlw.go.jp/toukei/saikin/hw/jinkou/suii07/marr2.html
6）「父母の国籍別にみた出生数の年次推移」人口動態統計年報，主要統計表「出生 第8表」 厚生労働省. http://www.mhlw.go.jp/toukei/saikin/hw/jinkou/suii07/brth8.html
7）ミックスルーツに関しては，過去には単一民族的視点からあからさまに差別される立場にいた時代も多くあり，戦後のアメラジアン関係の問題以前にも，例えば外国の商人と日本人の間にできた「混血児」たちは江戸から何度か集められてはマカオやインドネシアに追放されていたらしい．ニッケイ（日系）新聞「次の百年戦略のために＝〜日系社会とは何か〜＝第一部〈世界史の視点から〉. http://www.nikkeyshimbun.com.br/090616-63colonia.html
8）Loving Day. http://www.lovingday.org
9）Featuring Dawn Turner Trice and Annete Gordon-Reed. "Obama and the politics of being biracial" National Public Radio (NPR), U.S.A. http://www.npr.org/templates/story/story.php?storyId=98455533
10）2008年9月いっぱい，ミックスルーツ関西と東京ベースの「ハーフ芸術集団 Harts」の共同企画．
11）「ハパ」という言葉は，アメリカの西海岸を中心に，ミックスルーツの人々が自分達を意味する言葉として，ハワイの先住民の言葉から借りて作ったものである．

須本エドワード豊

Column 8　ダムを止めた川辺川運動体とメーリングリスト

　2009年9月，鳩山新政権のスタートとともに，民主党のマニュフェスト通り，八ツ場ダムと川辺川ダムの中止が発表された．無駄な公共事業の象徴と言われた東西の両ダム，計画から40数年後の政府による中止宣言であった．
　それは，長い，長いダム反対運動が結実した瞬間でもあった．その夜，私の属している川辺川メーリングリスト（以後 ML とよぶ）では喜びの声が飛び交った．東京のジャーナリストの友人は，早速，そのブログに運動を振り返ってのコメントを写真付きで掲載した．「ついにここまできた……」私たちはこの10数年間の活動に思いを馳せた．
　2000年9月，やっとパソコンを手に入れた私が，最初に訪問したウェブサイトが「子守唄の里・五木を育む清流川辺川を守る県民の会」であった．私はすぐに川辺川 ML に参加した．ML 上では，活動状況をリアルタイムに知ることができ，まるで霧が晴れていくように様々なことが分かった．そこは今までにない，全く新しい世界であった．
　川辺川 ML はとても楽しい場所であった．問題意識の近い人がそこにはたくさんいた．日常では出会うことのない人々が，ユーモアある質の高い論戦を繰り広げていた．ML 参加者は，川辺川流域の市民や川漁師さん，八代市民，農家の方々，熊本市の会社員や主婦，また東京のジャーナリスト，広告デザイナー，大阪の公務員等など，多士済々の顔ぶれであった．それらの多彩なメンバーが寸暇を惜しんで，川辺川ダムを止めるために情報を出し合い，知恵を出し合い，議論を戦わせていた．私は夢中になって読み，そして共鳴する思いを書きこんでいった．家事もそこそこに1日の大半をパソコンの前に座って，砂が水を吸うように情報を取り込み，そして発信した．
　会議や集会があると，まるでオフ会のように，書き手と出会いにいき，川辺川の現場にも初めて足を運んだ．熊本に来て20数年行ったことのなかった人吉や八代にも，愛車でいくようになった．そして，現場から見聞きした事を発信するようになった．生の情報をいち早く発信することが貴重な情報になるということを知ったからである．また，マスコミがけっして伝えないような情報も，重要と判断すれば，市民が発信しなくてはという責任感で書き込んだ．比較的，時間を自由に使える主婦の強みでもあった．
　発信に対して返事は，ダイレクトに来た．共感や質問や疑問，そして辛辣な批判も．半端なことは書けなくなった．数時間かけて集会報告書や所感を書いた．私にとって川辺川 ML はネット大学にも，川辺川大学にもなった．現地からの発信に，各分野の専門家がコメントをつける．各運動体は，政府や県に出した要望書や宣言文を UP する．ML 上はしだいに貴重な情報の宝庫になっていった．川

辺川MLは，マスコミや国交省も読み，公的な性格を帯びていった．

　パソコンを始めて半年，2001年正月に起きた有明海の海苔の大凶作は，県内の女性たちに強い危機感を抱かせた．対岸の火事ではないと，私たちは「川辺川を守りたい女性たちの会」を結成した．すぐに「ちょっと待って川辺川ダム！」集会を主催．集会とパレードには400人以上の人々が県の内外から駆け付けた．

　球磨川漁業協同組合が，国交省の提示する16億5000万円の漁業補償案を飲めば，ダム本体の建設が開始されるという，土壇場の状況下であった．私たちは，続いて尺鮎トラスト運動を展開することにした．「漁師さん，川を売らないで，私たちが鮎を買うから！」とのキャッチコピー勇ましく記者会見をまずやった．漁協総会の2日前の話である．メンバーがML上に流した「鮎を食べて川を守って」というメールに，全国から反応は早かった．賛同者の数は，日ごとに膨れ上がり，あっという間に数百人になった．何かただごとならぬ事態が動いている事を実感した．

　鮎の写真や，ホームページの作成者までメール上で募集したのは，実はその後という泥縄状態．チラシ作りや規約まで，ほとんどの事柄をML上でやりとりした．住んでいる場所も，仕事も，年齢も様々なメンバーが，一緒に仕事ができたのは，まさにパソコンというコミュニティツールがあったからだ．私は，朝から晩までパソコンに張り付いて事務局の仕事に専念した．

　ほとんど無償で動くこれらの人々の働きに支えられて，川辺川の尺鮎は全国区のブランドにまでなった．鮎が取れ続ければ，尺鮎トラストは，今後も十分，コミュニティビジネスになりうる．このビジネスを持続可能にするには，なによりも清流川辺川の復活が必須であり，ダム中止はその一歩である．

　止まらない公共事業と言われた大型ダムを，初めて止めさせた川辺川運動体．川辺の民主主義とも熊本型民主主義とも言われたダム反対運動．この歴史的な偉業を成し遂げた勝因はいくつかあるが，その1つに昼夜問わずパソコンを駆使し，川辺川のコミュニティメディアを形成した人々の存在があった事を私はあげたい．

　　　　　　　　　　　（永尾佳代：川辺川を守りたい女性たちの会　事務局長）

第17章

難民ナウ![1]が人々をつなぐ
――放送枠[2]利用者の期待――

1 難民問題専門情報番組

1-1 活動の内容

　本章は，コミュニティFM局で番組を制作する「利用者」の立場から，コミュニティメディアの可能性と求められる制度を考察するものである．

　筆者の制作する「難民ナウ！」は2004年2月，京都市内を聴取エリアとするコミュニティFM局「京都三条ラジオカフェ」（FM79.7MHz，以下ラジオカフェ[3]）でスタートした．日本初の難民問題に特化した情報番組である．緒方貞子氏が国連難民高等弁務官当時にメディアの利用に積極的であったことと，難民問題に継続的な関心を持つ重要性を強調していた［東野 2003］ことを知り，難民問題の情報発信を模索していた筆者が，ラジオカフェによる番組制作講座に参加[4]したことが契機となった．毎週土曜日19時から6分間の放送で，2009年12月までに日本で暮らす難民や難民支援を行う人々約200名にインタビューを行ってきた．また番組制作以外に難民をテーマにしたセミナーや映画上映会を各地で行っている[5]．難民問題は「ここにある」と認識することが難しいテーマである．とくに難民の受入数が少なく，日常生活で難民と接する機会が少ない日本ではなおさらであろう．しかし難民問題のような遠い問題にも思いをはせる地域コミュニティの実現を目標に掲げ「難民問題を天気予報のように」とのコンセプトのもと放送を続けている．

　放送開始以来，約2年間は筆者が1人で番組を作っていた．しかし2006年に修学旅行を利用してスタジオを見学した神奈川県の中学生5名が後日，学校や家庭で募金活動などに自発的に取り組んだとの報告を受けた．この出来事によって，そもそも聴取者の少ないコミュニティFMにあって，番組のリスナー

第17章　難民ナウ！が人々をつなぐ　　243

写真17-1　ラジオカフェでの収録風景

を増やすことだけではなく，番組を作る現場に多くの人を巻き込むことに活動の意味を見出すようになりスタッフ募集を開始した．現在，スタッフは大学生15名，社会人5名の計20名である．2009年3月からは，東京に集中する国際協力関連のイベントを番組内で報告する「TOKYO レポーターズ」の募集も始め，現在6名が登録している．東京で開催した説明会には新潟県から高速バスで駆け付けた人もおり，活動の広がりを実感することとなった．

1-2　コミュニティFMという選択

　筆者は，活動を通して出会った人たちから，どうしてコミュニティFMを選んだのかと質問を受けることがある．その選択の経緯について，「承認」という言葉をキーワードに振り返ることとする．

　まず，番組の企画を相談したところ，ラジオカフェの町田寿二放送局長や時岡浩二チーフエンジニアらが共感し「面白がってくれた」ことが最も大きかった．情報の受け手から送り手になろうとする者にとって，企画に理解を示しサポートをしてくれるスタッフの存在は，放送局というハードと結びつく上で不可欠である．

　次に，情報発信の媒体の信頼性という問題がある．最も身近にはインターネットがあったことは言うまでもない．実際，難民ナウ！は番組開始と同時にウェブサイトを開設し，2005年11月からはポッドキャストによる番組配信を開始した[6]．NPOが1つの社会的セクターとして十分に機能してゆくために必要なも

のを情報資源という観点から検討した池田緑が指摘するように，もともと資源に乏しい環境において細々と活動を続ける組織が，電子ネットワークという資源を十分に活用できるようになることが重要［池田 2004：172］であることは認識していた．しかしながら，難民情報を発信するにあたり，インターネットのみでは関心を広げることは難しいとも考えていた．それは例えばマッキノンが言及するようにインターネット上の情報には信頼性の議論がつきまとうためである[7]［マッキノン 2007：79］．そのため，インターネット上の情報に信用を与えるメディアを利用することが必要だったのである．

　その点，放送免許を取得していることで，すでに社会からの承認を受けたメディアであるコミュニティFMは最適だった．個人の発信する番組ではあるが，信頼のおける情報源として認知されたことで地域を越えたリスナーが増加した．

　最後に，社会的な承認を必要としている人々の「代弁」に適したメディアとは何か，という問題がある．例えば成元哲は，水俣病患者がそれまで生活をともにしてきた隣近所の人や親戚・家族から白い眼で見られ，陰湿な差別を受けた経験を経て訴訟に立ち上がった心境に耳を傾ける．そしてその闘争の歴史を，他者からの承認をめぐる闘争であったと位置づけている［成 2003：61-65］．水俣病患者と難民を簡単に結びつけることはできない．しかし番組に出演した難民という立場に置かれた人々は「難民問題に関心を持ってほしい」と繰り返し訴えた．これは社会に向けて承認を求める叫びにほかならない．このような切実な叫びが社会から承認を受けるためには，継続した関心に結びつくような報道を行う「代弁者」が必要である．しかしマスメディアに関しては，構造的に難民問題を伝えきれないのではないかと考えていた．なぜなら難民だけでなく，尊重の欠如や不当な扱いを受けた経験を経て，社会からの承認を求めている人は数多く存在するが，マスメディアは公正な報道をしようとすればするほど，1つの問題にのみ深く関わることが困難になっていくという構造を有しているからである．

　その点，コミュニティFMはマスメディアとは違う仕方で，すなわち同じ問題を繰り返し伝えることを得意とするメディアである．影響力は小さくても，継続的な関心に結びつくような選択肢が確保されていることは重要であると言えよう．

1-3　コミュニティ・ガバナンスとメディア

　ここで「コミュニティ」について整理しておきたい．新川達郎は，暮らしを同じくしているという共同性，共有性，共通性，そして時間や空間を共にしているという意味での共時性や共空間性，お互いに支え合うという相補性や互恵性がコミュニティの共通の性質［新川 2009：12］とした上で，共に治める空間として，公共的な共通の利害を持った，時には対立する利害関係を含んだ，しかもそれを共に解決していこうとする空間［同：24-25］と位置づけている．本章ではこの定義を採用した上で，難民というキーワードで地域を越えてつながった人々のネットワークと識別するため，前者を地域コミュニティ，後者をテーマ・コミュニティと呼ぶこととする．

　坂田謙司は，それぞれのコミュニティとコミュニティFMとの関係について，テーマ・コミュニティだけを持ったコミュニティFMは，地域社会との関係をうまく築けず，逆にローカル・コミュニティだけのコミュニティFMは番組の魅力という部分においてリスナーに聴いてもらえるラジオ局として受容されることは難しいとしている［坂田 2003：143］．これは言い換えれば両者を結びつける地道な取り組みが実を結べば，コミュニティFMはより大きな役割を担うことができるのである．

　次節以降，テーマ・コミュニティとのネットワークを広げた難民ナウ！が地域コミュニティと協働する経緯について，コミュニティ・ガバナンスとメディアの関係から考察する．コミュニティ・ガバナンスについて新川は，まちづくりの担い手たちが目標を共有して議論しながら協力し，1つひとつの事業をジョイント・ベンチャー型で丁寧に進めていく「パートナーシップ型」に着目している［新川 2009：26］．また，コミュニティ・ガバナンスの実効性を高めるため，コミュニティFMなどの地域メディアにどのような貢献ができるかを検討した小林正は，地域には生活情報と課題情報があるとしつつ地域課題情報がより重要であるとする．なぜなら地域の課題を把握し，共有することから受け手の姿勢が積極的情報活用と当該情報にもとづく能動的活動へと発展していく可能性を帯びている［小林 2003：130-31］からである．これを敷衍して言うなら，地域外の課題情報であっても，使いようによっては地域の課題に目を向ける契機となり，地域住民のコミュニケーションを活性化し，能動的なパートナーシップ型コミュニティ・ガバナンスを築く力となるのではないだろうか．

　では，どのような情報や取り組みがコミュニティ・ガバナンスの実効性を高

めたのかを見ていくこととしよう．

2　テーマ・コミュニティの拡大と地域コミュニティへの接近

2-1　地域コミュニティからの撤退

　難民ナウ！は，小さなメディアからの情報発信であることを補うため，コミュニティとの関わりについて戦略を持って取り組もうとした．とりわけ地域コミュニティとの関係についてである．坂田が指摘するように，コミュニティFMは地域の需要に応える放送局という理念から地域との深い関係を前提としている．そしてその関係構築には地域住民の参加が不可欠であると想定されている［坂田 2008：63］．この想定をいかに現実のものとするかを模索していたのである．例えば地域内でのイベントや，社会福祉協議会と人権をキーワードにして高齢者の問題と難民問題を互いに学びあう勉強会などを準備していた．しかし町内会レベルで難民問題の勉強会を実施できないかと役所へ相談にいった際の，まちづくり担当課職員による次の発言が地域コミュニティとの接近を再考する契機となった．

　　「そら難民問題を考えるコミュニティやなんて実現したらすごいけど，やっとこさ防犯とか防災みたいな自分らのことは自分らでて言うてやりだ さはった（自分たちのことは自分たちでと言って行いはじめた）とこやのに，そんな，難民問題を町内会で考えるやなんて100年先のことですわ」．

　この言葉によって，難民問題にも思いをはせる地域コミュニティの実現という目標については，番組の認知度が高まってから再度取り組む必要があると考えた．「ここにはない」問題を声高に叫んでも効果がないだけでなく，問題への関心という点ではかえって逆効果だと考えたためであった．そして難民をキーワードにしたテーマ・コミュニティの中でネットワークを広げることを優先し始めた．

2-2　難民をキーワードにしたネットワーク

　その後の活動で，多くのマスメディアに活動が紹介されたことや，インターネット上で番組を配信したことにより，京都以外に拠点を置く国際協力NGOや学生団体などの間で番組が注目されるようになった．2006年6月には国連難

民高等弁務官事務所（UNHCR）駐日事務所と国内外で難民支援を行う NGO によって発足した，日本 UNHCR-NGOs 評議会（Japan Forum for UNHCR and NGOs = J-FUN）に設立メンバーとして参加した[8]．これは「京都という地方都市でメディアを利用したユニークな難民支援」と取り組みが評価されたことによる．以後，広報ワーキンググループのメンバーとして，大型 NGO や大学などとイベントを共催する機会が増加した．また難民支援の現場に CSR の一環として参加する企業や，政府，自治体の関係者，研究者などに対して行ったインタビューは，時にマスメディアが情報源として利用するようになった．さらにアーティスト，市民団体，学生などをスタジオに迎えることで，彼らの持つネットワークの中で認知度をあげていった．

このように難民をキーワードとしたテーマ・コミュニティのネットワークは順調に拡大したと言える．しかし地域コミュニティとの深い関係を現実のものとするための取り組みは全く進んでいなかった．

2-3 京都三条通りジャック2008——「地域の課題を映す鏡」

転機は番組が5年目を迎えようとするときに訪れた．それが2008年11月26日に開催したイベント「京都三条通りジャック2008」（以下，三条通りジャック）である．

前年の2007年11月，アントニオ・グテーレス（António Guterres）国連難民高等弁務官が来日した．これに合わせ，UNHCR 駐日事務所の位置する東京都渋谷区の表参道一帯で，難民問題に対する理解と関心を高めようとグテーレス高等弁務官を先頭に，難民や国連職員，難民支援を行う NGO 職員，学生らが参加してパレードが行われた．また当日は沿道の商業施設の協力によるスタンプラリー，トークイベントなども開催され，表参道を難民問題一色にしようとの思いを込めて，全体の取り組みに「表参道ジャック」という名称が付けられた．UNHCR では2008年もイベントを準備した．

この動きに合わせ，ラジオカフェが位置し，国内外から観光客が訪れる三条通り界隈で同様のイベントを行い[9]，映像で両会場を結びつつ開催しようと企画したのが三条通りジャックである．内容は，表参道ジャックと同じように沿道の商業施設に協力を依頼してのスタンプラリーを軸に，講演会，書店での難民関連書籍の特集コーナー設置，難民が出身国の料理を参加者とともに作り，料理を味わいながら自身の体験を語る「難民クッキング」，市内の中学生が難民

問題に関心を持つことをステージ上で表現する「stand up action for 難民問題」などを計画していた．

　開催が正式に決定するのを前に，イベント開催地となる三条通りを長年見守り，また行政に対して積極的なアドボカシー活動を展開している，京の三条まちづくり協議会（以下，まちづくり協議会）[10]に相談に向かった．まちづくり協議会の有本嘉兵衛会長にイベントの趣旨などを説明したところ，有本会長は十分に理解を示しつつ「難民ナウ！が国連をはじめとして多くの団体と協力して難民問題に取り組んでおられることについては非常に大切なことだと思います．宗田さんの思いもよく分かります．しかし，どうして三条通りで難民問題のイベントを行おうとされるのか，その点を示さないと，人は何のことか分からんでしょう」とイベントの根幹に関わる部分を問われることとなった．この問いは，筆者が難民問題と社会をつなぐことを目的と掲げながら，難民支援のテーマ・コミュニティで活動を続けるうちに，社会が難民問題に関心を持って当然という傲慢な思いに陥っていたことを反省する機会となった．しかし，なぜ難民問題を自分たちの暮らす地域で行うのか，という問いに対しては容易に答えができなかった．その後もまちづくり協議会の人たちから「えらいこと（立派なこと）しはるんですね．難しいて分からへんけど手伝えることがあったら言うてください」「応援したいけど難民問題のイベントてピンとこおへんのですよね」などと言われることとなった．

　そうした中で相談を重ねるうちに，まちづくり協議会の中野滋人事務局長が「なぜ三条通りで行うのか」を一緒に考え始めてくれた．そしてある日，「この辺も昔は人づきあいがちゃんとあったんです．そやけど今は近所の人との付き合いもままならへん時代ですやん．そういう時代に（難民問題は）身近な人付き合いを考えるのに遠いとこから映し出す鏡のようなもんでしょうね」というアドバイスを得た．それ以降，この言葉を用いることで地域の人たちにも三条通りジャックが少しずつではあるが受け入れられていくようになった．

2-4　地域コミュニティとの協働

　三条通りジャックを終えてからも，まちづくり協議会の例会や，餅つき大会へ運営スタッフとして参加するなど，つながりを深めている．また地域の人々に番組出演の機会を設けることで，その家族や友人，職場の同僚などの間で番組への認知度が少しずつではあるが上がっている．こうした取り組みの中で，

地域の人たちから難民ナウ！の活動や難民問題に関する質問が寄せられるようになってきた．さらに地域の商業施設や飲食店からイベント開催に協力の申し出があるなど，活動への理解と難民問題への関心が地域に広がり始めている．

　今の段階では地域コミュニティ内でのネットワークは，まちづくりに関心のある人々や，商業施設の人々などに限定されている．しかし今後は小学校や中学校との連携をつくろうとしている．また2009年度には，三条通りジャックを地域コミュニティとの協働を前提とした事業として，京都府の「地域力再生プロジェクト支援事業交付金」に申請し採択された．これは難民ナウ！にとって初めてとなる他財源からの経費であるとともに[11]，難民支援のイベントに地域住民，難民，国連，NGO，コミュニティメディア，教育機関，企業に加えて行政の参加が始まったことを意味している[12]．

3　声なき声を社会とつなぐために

3-1　コミュニティ・ガバナンスの未来形

　ここまで，地域コミュニティにとって「ここにある」と認識することが難しい難民問題，言い換えれば「地域外課題情報」が，コミュニティFMを起点とした取り組みによって地域のコミュニケーション現象の生起につながった事例を見た．

　こうした動きは，これまで難民というキーワードで結びついていたテーマ・コミュニティでは想像もできなかった支援のアイデアを生み出し始めている[13]．一方で難民や国連職員，NGOスタッフと地域コミュニティの交流は，日常生活の中では考える機会の少ない視点を地域コミュニティに提供するだろう．そして互いのコミュニティは刺激し合うだけではなく，それぞれの中で育まれてきた豊かな経験や知見を共有する可能性を有している．このような営みはコミュニティ・ガバナンスという地域社会のこれからのあり方に示唆を与えている．すなわち，まちづくりの多様な担い手たちが目標を共有して議論しながら協力し，「ここにはない」難民問題を考え始めたことは，先に紹介した「難民問題を町内会で考えるやなんて100年先のことですわ」という言葉を敷衍すれば，「多少なりともよりよい『まちづくり』を進めようとする新しいガバナンス状況」［新川 2009：20-31］の未来形が現出していると言えよう．

　その一方で，難民ナウ！は筆者を含め，番組に関わる人たちにとっても大き

写真17-2　三条通りジャックを終えてスタッフと

な役割を担ってきた．現場の難民支援は専門的な知見や，過酷な状況に置かれる難民の人々と寄り添う覚悟を要する．しかしながら，難民ナウ！のスタッフは専門的な知識を有しているわけではない．また難民支援の現場にも直接的には関わっていない．これは番組が難民や支援者など専門的な知見を持つ人々と，私たちの日常生活の現場を「生活者の視点」でつなぐことを目的としていることによる．こうした番組の特性と，難民問題を伝えているという参加の実感は「今のままの自分」で難民支援に関わることを承認してきた．また地域の人々の三条通りジャックへの参加も，難民支援をテーマに掲げつつ，実は難民問題に関わる中で身近な人間関係を作り直そうとする拠点づくりの試みであった．このように考えれば，難民ナウ！はそこに関わる人たちに，自身の居場所を承認する働きを果たしてきたと言えるだろう．

3-2　難民ナウ！の可能性と課題

　日比野純一は，南アフリカ・ケープタウンの「ブッシュラジオ」(Bush Radio) 創設者で，同国におけるコミュニティラジオの先駆者であるゼイン・イブラヒム（Zane Ibrahim）の「コミュニティラジオは90％のコミュニティ活動があってこそ，（ラジオ）活動が生きたものになる」という言葉を紹介している［日比野2007：58］．成功するコミュニティラジオとは90％のコミュニティと10％のラジオでできているというのである．これはコミュニティラジオが対面のコミュニケーションを補完するものとして理解されていることを意味している．

三条通りジャックの事例でも明らかなように，コミュニティ FM の活動は，地域コミュニティとの対面のコミュニケーションを促進する上で強力なきっかけとなった．ここで強調しておきたいのは，テーマ・コミュニティを先に拡大していたことが，地域コミュニティの信頼に結びついたことである．今後も双方のコミュニティを往復する中で，より豊かな難民支援の形が作られる可能性があるだろう．

　しかしながら，まさにその点において難民ナウ！にとっての課題が浮上する．それは番組作りには時間や経費をなんとか工面できても，その活動を十分に機能させるために必要な地道な対面のコミュニケーションには時間が確保できないというジレンマである．コミュニティ・ガバナンスの観点からも難民支援の観点からも大きな役割を果たしうる取り組みだと自負があるゆえに，「もう少し時間があれば」と歯ぎしりをするような思いになる場面も多い．それは活動の幅が広がり，協働のパートナーが増え，効果があがればあがるほどにである．これは筆者の活動に限ったことではなく，ミッションを掲げ，効果が見え始めながらも，運営経費の不足と認知度の低さに苦しむコミュニティメディアの関係者［松本 2009 : 38-41］にとって共通の経験ではないだろうか．

　今後，コミュニティメディアの取り組みがさらに広がろうとしたとき，この「時間の確保」が最大の課題になると考える．常勤体制を実現し自立した活動ができるような明確なコミュニティメディアの位置づけと制度を求めたい．

3-3　制度設計への提案

では具体的にはどのような制度が求められているのだろうか．

　放送への市民参加というパブリック・アクセスが求められることは言うまでもない．また NHK の受信料および商業放送局の広告収益の一部をコミュニティメディアに再配分するという，海外ではすでに実現している制度にも早く追いつくことを期待する．その上で今後，インターネットがますます人々のコミュニケーションや情報収集の手段となることが想定される中，ウェブサイト上でのマスメディアとの連携に可能性が開かれているように思われる．

　「日本，韓国，英国を対象に公共放送と人々とのコミュニケーションに関する国際比較ウェブ調査」を行った中村美子らは，インターネット普及率がほぼ同程度である 3 カ国で，公共放送のホームページがどのくらいの頻度でアクセスされているかを調べた結果として，英国の44％，韓国の10％に対して日本が

3％であることに着目している．そしてネットサービスの普及という観点からすれば利用状況，認知度ともに日本では今後に向けた大きな課題があるとしている[14]［中村・米倉 2009a：82-83］．さらに調査では放送とインターネットの棲み分けや連携のあり方をめぐる議論においても，公共の広場のような情報・コミュニケーション空間をどのようなメディアのどのようなサービスによって担保していくべきなのか，そしてその中で公共放送がどのように位置づけられるべきなのかという観点に立ったサービス・制度設計が非常に重要になると結論づけている［中村・米倉 2009b：25］．

この制度設計の中にこそ，コミュニティメディアの取り組みが埋め込まれてほしいと願うのである．例えば公共放送と連携したウェブサイトが作られ，参加者には制作費に準じるような対価が支払われる．そしてサイトへの訪問者が増えれば小さなメディアの取り組みにとっては認知度の向上につながり，公共放送にとってはより豊かなコミュニケーション空間の創出につながるのではないだろうか．この点について，例えば津田正夫はマスメディアと市民メディア[15]の相互関係性，補完性について検討し，とりわけニュースについて「事実性／客観性」「多様性／公平性」「市場性／経済性」の角度から，マスメディア自体が認識しているよりもずっと深い相互関係性／補完性があると指摘している［津田 2006：282-86］．

市民の発信する情報が公共放送と補完し合うものとして明確な位置を得たときに，果たしてそのコンテンツが多くの人に受容される品質を備えているのかという前向きな課題に早急に取り組みたい．

3-4 情報を必要とする人のために

難民ナウ！は難民のために存在する．難民はどのような情報を受信し，どのような情報を発信することを求めているだろうか．家を追われ国境を越えている人々，さらに過酷な状況のなかで国境を越えられずにいる人々，ようやく他国にたどり着いたと思えば不法入国者として長期収容されている人々，難民として認定されたものの社会の中で周縁化されている人々．筆者が出会ってきたそうした人たちにとって，情報の出所がマスメディアかコミュニティメディアかは大きな問題ではない．営利か非営利かなどは言うまでもないことである．だとするならば情報の発信，受信を必要としている人のために連携が可能なところはあらゆる策を講じる必要があるだろう．連携することで効果があがるの

であればなおさらである．この点においてもマスメディアとコミュニティメディアの相補性は強調できる．もっと容易に連携の道は探れるはずである．

注
1）http://www.voiceblog.jp/nanmin_now/
2）京都三条ラジオカフェは，1分間500円の放送枠利用料を支払い，自由に番組を制作する番組会員制度を有している．
3）ラジオカフェは既に多くの文献などでその誕生の経緯，歴史が紹介されているためここでは割愛するが，日本初のNPOによるコミュニティFM局である．
4）2003年10月23日からラジオカフェが京都精華大学と共同で行った全6回の公開講座．
5）例えば2009年5月から7月に京都外国語大学をはじめ，関西学院大学，立命館大学，京都大学，同志社大学などを会場に行った関西難民映画上映会など．
6）京都精華大学の筒井洋一教授からポッドキャストの有用性や配信方法などについてアドバイスを受けたことによる．現在，難民ナウ！の登録リスナーは4000名に近づいている（2009年12月末現在）．ポッドキャストについては，［鷲尾 2007］などに詳しい．
7）番組開始当時（2004）と現在では状況が異なっている．例えば米国の難民支援NGOであるFORGEはSNSの一種であるFacebookやTwitterなどを駆使しつつ徹底的な情報公開で多くの支援者を獲得している．
8）http://www.j-fun.org/
9）京都市中京区を東西に走る三条通りの寺町—烏丸間で開催した．
10）http://www.sanjyo-kyo.jp/
11）難民ナウ！は複数回の寄付の申し出を断り自主財源のみで運営を行ってきた．活動が確立する前に寄付を受け取ることは無責任だと考えたことによる．
12）京都三条通りジャック2009については，その後，表参道ジャックとの調整で2010年に延期された．既に地域の人々に延期の報告に回っている．
13）イベントへの協力を呼びかけたカフェスタッフから商店街としての難民支援への取り組みなどについてアイデアが出された．
14）公共放送のホームページのアクセスやVOD（Video On Demand）サービスの利用状況，認知度が韓国，英国に比べて大きな差が生じていることについては，日本ではNHKのインターネット事業が附帯業務とされてきたこと，VODサービスが始まったのが2008年12月からであることなどを踏まえる必要があるとしている．
15）津田は，市民メディアについてメディア職業人ではない一般市民が，公益的であれ共益的であれ非営利で，主体的・自発的に発信するメディアの総称としている．

宗田勝也

◇終 章◇

未来への提言
―― 制度構築とネットワーク形成へ向けて――

1　コミュニティメディアの好機と危機

　日本社会において，メディアをめぐる状況に1つのパラダイム転換が進行している．従来は情報の受け手の地位に固定されていた市民が新たに送り手となり，活発に情報発信を始めているのだ．これまでコミュニティに発言の機会を見出せなかった人々の声こそ，生きやすい社会をつくるために意義深いことが認識され，参加型のメディア表現の場は広がっている．本書でも紹介されたようなコミュニティメディア，つまり小さなメディア，市民メディアの現場にいる人々はその変化を日々実感している．

　政権交代で，その流れは加速するだろう．現政権はそれらのメディアの活動を「コミュニケーションの権利」の表現として認め，公共メディアと商業メディアに並ぶものとしての非営利コミュニティメディアの制度化への道を開きつつある．ただし，デジタル化の波によって既存の商業メディアの経済基盤が揺らぎ，公共放送NHKも受信料の不払いやチャンネル数削減の動きに直面しているなか，非営利セクターのために公共財源を確保するのは至難の業である．この状況下で，もともと経済的に不安定である非営利コミュニティメディアが社会的経済の波に乗り，生き残っていくためには，ある場面では商業メディアや公共メディアとも向き合い，次世代に引き継ぐべきコミュニケーションのあり方を構築することが急がれる．

　本書で紹介してきた，一足先にコミュニティメディアの制度化を実現した海外事例から学ぶべきことは何だろうか．1つには，非営利セクターが社会運動の担い手としての自覚をもち，行政が対処しきれない社会問題の解決能力をアピールし，自ら望ましい制度を提案し，政策決定を行う政府や規制機関と交渉

し，政策における自らの居場所を確保するために声をあげることの重要性である．これまでの日本のコミュニティ放送の現場では，社会運動の当事者としての意識は概して希薄で，それゆえに政策提言(アドボカシー)に積極的になれない，という状況が支配的であったように思う．筆者が現場の人々に接するうち，そもそも自らの活動を「社会運動」としてくくられることに違和感があるという声も聞いた．しかし，社会運動とは何ら特別なものではない．私たちが生きるこの日常世界で，自分と他人がより生きやすくなるよう絶えず努力を続けること．――それが社会運動であり，そのためにメディアを利用するのが民主主義的なコミュニケーションの内実なのである．その意味で，いまコミュニティ放送の現場で働く人たちの多くは，自らも気づかぬうちに，すでに社会運動の担い手となっていると言えるかもしれない．

　もう1つの学びは，非営利的な社会的経済を成り立たせる過程における，セクター内外の組織との協働の重要性である．もとより日本には経営の土壌としての非営利セクターの伝統がなく，コミュニティメディアが社会的企業として自立を果たすのはこれからだとも言える．ただ，既存のコミュニティ放送局の事例においては，コミュニティ内の他の団体や企業と広告や助成金などの獲得において相互に競合する関係となってしまい，連携やパートナーシップを取り結ぶ関係を保てないという例が少なくなかった．この点に関しては，地域におけるNPOなど社会的企業の資金仲介機能を果たすことを目的に創設された「京都地域創造基金」[1]などの先駆的な例が，行政の「下請け」ではない独自のセクター形成を進めており，この方向が広く共有されることを期待したい．

　そして最後に，政策提言や他セクターとの連携強化を実現するために必要な前提として，コミュニティメディア間のネットワークの構築が求められるという点である．これについては，宗田勝也と松浦哲郎が，それぞれの角度から問題提起を行う．

2　何のためのネットワークか
　　――国際トークセッションが投げかけた問い

2-1　コミュニティFMの存在意義

　2009年6月に世界コミュニティラジオ放送連盟（AMARC）理事長スティーブ・バクリーをはじめとする幹部3名が来日，世界各地でコミュニティラジオ

がどのように利用されているか，またどのような制度のなかに位置づけられているかについて東京，兵庫，京都で講演した[2]．

　筆者は兵庫，京都の講演に同席したが，日本にはまだ馴染みの薄い，マイノリティの声を社会とつなぐメディア，よりよい社会のためのコミュニケーションツールとしての取り組みに耳を傾けるうち，会場がある種の高揚感に包まれたことを記憶している．

　そうしたなか，京都で開催されたシンポジウム前夜に行ったトークセッションは，他のイベントとは少し趣を異にするものであった．このセッションは当初，国際的なネットワーク NGO である AMARC の幹部来日に合わせ，京都府内のコミュニティ FM 局関係者が集い，ネットワークについて議論しようと企画された．京都府内には日本初の NPO の運営によるコミュニティ FM 局，企業の運営する局，自治体と企業との間に設立された第三セクターによる局など様々な形態の局が 6 局あるものの，実際には局間の連携はほとんど行われていないことを踏まえたものであった．どのようなネットワークづくりが必要か，もしくはそもそもネットワークの構築は必要なのかについて明らかにする狙いがあった．

　そして各局に参加要請の連絡をするなかで，コミュニティ FM 関係者から非常に印象深い言葉が投げかけられた．

　　「わたしらは大きいとこ（大手メディア）が取り上げへん，コミュニティの小さい話題を取り上げるから聴く人やスポンサーがいるわけで，他の地域のことを取り上げても誰も聴かへんし，ネットワークって言うてもインターネットがあるし．営業のやり方で成功例とかあるんなら聞きたいていうのがほんまのとこなんです」．

　こうした言葉は他の局からも聞こえたため，トークセッションの内容は，ネットワークについて話し合うことよりも AMARC の取り組みを知るとともに，先ず参加するコミュニティ FM 局が日頃，どのような活動を行い，課題を抱えているかを紹介し合うことを目的とすることとした．

2-2　多数と少数を結ぶ回路

　当日は京都府内から 3 局，滋賀県から 1 局，翌日の講演会に参加する兵庫，奄美大島の放送局に加え，AMARC 幹部 3 名が参加した．セッションでは日

頃の番組づくりに地域の人々が参加する各放送局の様子などが紹介されたが，貧困や迫害もしくは感染症などと対峙するためのツールとして紹介された海外の事例とは大きな違いがあった．そして少数者の声を社会につなぐというコミュニティFMの一側面が強調されたことに対し，「ミッションは各局それぞれ」という反発も起こるなど各局の地域に対する思いの深さが際立った．

このトークセッションを通して，私たちは，少数者の声に耳を澄ましはじめた今だからこそ，それと同様の注意深さを持って多数者の声にも耳を澄ます必要があると痛感した．少数者，多数者双方の声が響きあわなければ，互いの情報は発信されつつ，受け取られることのない空ろなものになるのではないだろうかと感じたのである．

しかしながら，お互いが耳を傾けあうためには先ずその存在を知り合わなければならない．その意味において，違和感を含みながらコミュニティFMの関係者が集った「場」そのものに大きな可能性が秘められていたと考える．参加した，京都府北部に開局したばかりの放送局関係者がAMARCの取り組みを知り，ジェンダーについて考えてみたいという言葉を残した．知り合えば連携の道は探れるのである．

同じ意味で，コミュニティメディアという小さな取り組みが公共メディアや商業メディアと知り合う枠組みが必要である．そしてその枠組みを空ろなものにしないためには，まずコミュニティ放送が活動や政策形成をともにする「セクター」として，公共放送や商業放送とともに明確な位置に置かれることが強く求められる．

3 ネットワーキングの課題

3-1 「まずコミュニティに」との声

実は，国際的な動きであるAMARCの黎明期においても，地域社会においてコミュニティメディアのネットワーキングがスムーズに進んだわけではない．

本書の第9章で述べた1983年の第1回世界大会には，「ラジオ・センターヴィル」(Radio Centreville) やCIBLなど，モントリオールのコミュニティラジオ局が協力した．現在はAMARCの活動に積極的に参加しているラジオ・センターヴィルでも，当初は開催に対して大きな反対があった．反対する人々は「その

ようなお金があるのだったら，大きな世界会議などに使うのではなく，まずコミュニティに使うべきだ」と主張した．その他のモントリオールのコミュニティラジオ局でも反対意見が相次ぎ，彼らが実行委員会のメンバーとして参加をするまでに，1年がかかったという．

この課題は過去のものではなく，現在も至るところで続いている．日本国内のコミュニティ放送，コミュニティラジオ，コミュニティメディア関係者のなかでも常に議論のあるところだ．「世界のことを考える前に，まず自分たちのコミュニティのことを考えるべきだ」，「まず自分たちのラジオ局を日々どう続けていくかということでせいいっぱいで，世界のことまで考える余裕がない」など，様々な声を聞く．

コミュニティメディアは，コミュニティの課題に敏感なメディアでなければならない．鋭くコミュニティの課題をつきつめればつきつめるほど，それはコミュニティだけの問題ではないことに気がつくはずだ．どんな問題も海外とのつながり抜きには考えられない．マスメディアはコミュニティの課題をとことんつきつめることができない．それゆえに，私たちの日常の喜びと悲しみが，どれも海外の人々の喜びと悲しみとつながっていることを，私たちは極端に知らされていない．時に私たちの喜びが，海外の人々の深い悲しみにつながっていることを，知らされていない．知らされていないことからくる私たちの無関心が，どれほど諸々の課題の解決への足枷になっているか．私たちの日常を，海外の人々の日常とつなげ，地球的課題へとつなげ，平和な世界の構築に貢献することは，コミュニティメディアの存在意義であり，存在理由だ．これにコミュニティメディアの運営者が全責任を負う必要はない．例えばコミュニティラジオ局では，国際問題に特化した番組を制作するグループがいる．一方で地元の商店街の活性化をテーマに番組を制作するグループがいる．もちろんこれらのグループの取り組みに接点を見いだし，協働をコーディネイトできるスタッフがいれば理想ではある．しかし日頃番組制作者同士の交流の場が意識されていれば，局のコーディネイトがなくとも，制作者同士が語らい，互いの取り組みにつながりを見いだし，コミュニティと世界をテーマにした共同の番組づくりが始まることもあろう．

3-2　国内のネットワーク形成から世界規模のネットワークへ

また，日常の業務に追われるコミュニティメディアの現場にこそ訴えたい．

ネットワーキングは，活動の持続可能性を高める上で，欠くことができない．日常業務におけるネットワーキング活動の優先順位を高めることが重要だ．
　世界とのネットワーキングは，言語の壁などから，現実にはハードルが高い．そのような人材のいるところ，いないところ，様々だ．ここで国内のネットワークの重要性が増す．国内のネットワークがあれば，まずは国内におけるノウハウを共有できる．ネットワーク内に世界に開かれたフォーカル・ポイント（人材であれ，グループであれ）があれば，そこを通じて，世界的な情報，教訓などを共有することが可能となる．このような取り組みをはじめると，人材がいないと思っていたところにも，現れるようになるものだ．
　コミュニティメディアはそれぞれのコミュニティで実践が始められた．コミュニティをよくしたい，それに貢献したい，という思いから始まった．一見誰もが賛成するような，非常に簡潔で明瞭な理念と実践が，実は非常に困難を伴うものであることを，世界は見てきた．しばしば権力との対立を招くからだ．簡潔で明瞭な民衆の視点は，見事に権力側の矛盾を突くからだ．権力にとっては突かれると「痛い」部分，闇に葬りたいできごとに，コミュニティメディアは光を当てる．
　今から約60年前に登場したコミュニティラジオ局が，徐々につながり，そのつながりがAMARCとなった．それは，それぞれのコミュニティで自らの取り組みを続けていくために，「他ではこのような課題にどう対処しているのか，知りたい」という気持ちが時代と国境を越えてつながってきたからだ．教訓や成功事例を，まさに「喉から手が出るほど，欲しい」と求めてきたからだ．セクターとしての存在を増し，政府に対してロビー活動をし，身分と安全の保障を求めなければならなかった．こう考えれば，AMARCのネットワーキングは，積極的で自発的なものでありながら，実は困難な状況に置かれた人々が求めざるをえなかったものでもある，と言えるかもしれない．

4　持続可能なセクター形成のために

　確認しよう．ネットワークは，コミュニティメディアの当事者たちが情熱や共感を伝えあうために有効であるが，それだけのものではない．ネットワークは，各メディアが生き残るために必要な体験を共有し，政策を提言する母体となるセクターを形成する．その内部で，人が生きるためのインフラとしてのコ

ミュニティメディア活動がもつ公益性の指標についての了解を共有したならば，それをもとに外部へと声を発信し，政府セクターに法制化と財源配分の要求を行う道，商業セクターとの棲み分けを模索する道，資金調達における他団体との競争的関係から脱出する道が開ける．そうすれば，コミュニティメディアの活動をセクター全体として持続可能なものに変えていくことができるだろう．そのうえで，地域ごとの歴史や経済的状況，災害や貧困など現在引き受けている社会問題の重さの差異，都市中心の価値観やグローバル化による画一化に対抗する意味での「土着性」といったものさえも顧慮していくならば，セクターのさらなる豊饒化につながるはずである．

こうした意味でのネットワーク形成は，単に高度な通信手段としてのインターネットがそこにあるだけでは実現されない．これだけデジタル・ネットワークが高度に進化を遂げているいま，本書であえて「古い」メディアであるラジオにこだわったのは——厳然たるデジタル格差がこの世に存在し，世界の人々の大半はいまだネットにはアクセスできないという事実は別として——それが電波による放送の機能に加え，放送のために集まる人々の対面型のコミュニケーションを通じて人的なつながり(アソシエーション)を蓄積する手段として機能している，という側面が明確であるからだ．

表現活動やコミュニケーションをつなぐメディアは，いずれも私たちの生存や，ともに生きることを支えるために使われるべき道具である．メディアを使うことで人と接し，人と話すからこそ，人は生きられるのではないか．私たちは，メディアが生を支える可能性をできるかぎり多様な場に見出し，それらの場を持続的に維持・発展させるために自分に何ができるかを問いかけていきたい．

注

1) http://www.plus-social.com/
2) 本書の第2章と第3章を参照のこと．

松浦 さと子 (1・4節)・宗田 勝也 (2節)・松浦 哲郎 (3節)

資料1

「がんばれコミュニティ放送」要録と議論の課題

はじめに

本資料編では，2008年9月に京都市で開催された「第6回市民メディア全国交流集会（略称：京都メディフェス）」で実施されたシンポジウム「がんばれコミュニティ放送～非営利放送は今～」での記録をもとにして，各コミュニティ放送の紹介を行うとともに，コミュニティ放送が抱える課題を検討したい．

1．企画概要

① 第6回市民メディア全国交流集会（略称：京都メディフェス）について

市民メディア等の実践者，行政，企業，研究者などが協働し，具体的な実践活動のプレゼンテーションや情報交換などを通して，これからのメディアのありかたを考える交流ネットワーク集会（会場：元立誠小学校ほか）[1]である．

これまでの市民メディア全国交流集会は，2004年から毎年，名古屋市，鳥取・米子市，熊本・山江村，横浜市，北海道・札幌市などで，豊かな市民社会の形成と，市民による多様なメディア表現をめざして開かれてきた（2009年は東京）．各地域の開催趣旨に賛同する市民・市民メディア実践者・行政・企業・研究者などからなる実行委員会がホストとなり，交流の場を設けている．

京都メディフェスでの開催テーマは「十人十メディア時代」であった．かけがえのない「私」の表現と物語を全国から持ち寄り，分かち合い，語り合い，市民メディアの原点に回帰する意味で，「あなたと私たちみんなが発信者である」という理想も追求したいと設定された．伝統と先端が混在した京都を舞台に，メディアと情報を自在につかい，えらび，自分自身の表現をつくりだすことを目的としている．[2]

② シンポジウム「がんばれコミュニティ放送」と日本のコミュニティ放送の概要

この京都メディフェスにおいて，シンポジウム「がんばれコミュニティ放送～非営利放送は今～」が実践報告と情報交換，政策提言，海外の制度紹介の3部構成で実施され，「非営利」をキーワードに各地の取り組みが報告された．

なお，コミュニティ放送とは1992年に制度化された超短波放送用周波数（VHF76.0-

90.0MHz）を使用する放送である．FM を使用する一般放送事業者は「県域放送」[3]と「コミュニティ放送」に区分されており，そのため，放送エリアが地域（市町村単位）に限定され，最大出力は20W．法人格を有する者として，株式会社，特定非営利活動法人（以下 NPO 法人）などが開局できる．シンポジウムが開催された2008年9月には221局が，2010年1月には235局が登録されている．[4]

図1をみると，1996年からの3年間にコミュニティ放送局の開局が目立つ．これは，後述する FM わぃわぃの前身となるミニ FM が，阪神・淡路大震災（1995年）後に活躍したことから，ラジオがコミュニティメディアとして地域の防災情報や災害情報の伝達の重要な手段であると認識されたことも一因だろう．2003年には NPO 法人初のラジオ局が開局され，その後，非営利運営を選ぶ放送局は少しずつではあるがコンスタントに増加している．一方，株式会社形態のラジオ局の増加は落ち着いてきている．いずれにせよ，全国の市町村数（1774：2009年9月）を考えると，コミュニティ放送局が全国に充足しているとは言えない．シンポジウムで紹介されるラジオ運営の問題点の解消，対策や欧州の事例の検討が必要だろう．

2．NPO のラジオ局集合——番組の多様性と運営のハードル

シンポジウムの第1部では，「NPO のラジオ局集合番組の多様性と運営のハードル」をテーマに，コミュニティ放送の組織形態の多くが株式会社の中で，非営利（NPO 法人）といぅ形態をとった理由や運営の工夫や課題を中心に9団体より紹介された．[5]

第1部で紹介されたラジオ局をはじめ，2010年1月1日現在，NPO 法人が運営しているコミュニティ放送局は17局存在する．各コミュニティ放送局の概要を表2に示す．

表1　コミュニティ放送局の形態内訳

	放送局数
株式会社	215
有限会社	2
NPO 法人	17
財団法人	1
合計	235

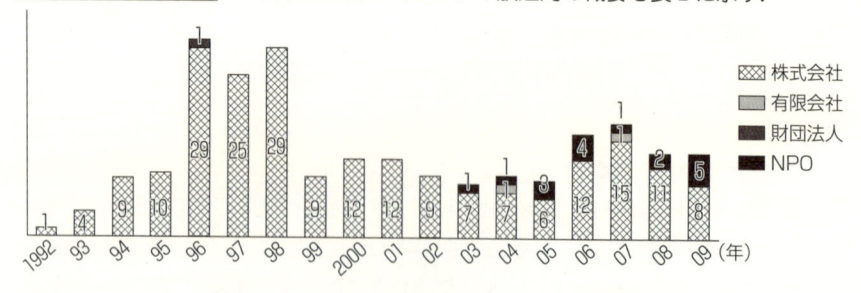

図1　コミュニティ放送局の設立年ごとの開局数

資料1 「がんばれコミュニティ放送」要録と議論の課題

表2 NPO法人形態をとるコミュニティ放送局一覧

放送事業者名	愛称	免許日	開局日	法人認証日	報告者	放送エリア	可聴人口・世帯	特徴その他
(特活)京都コミュニティ放送	京都三条ラジオカフェ	2003.3.27	2003.3.31	2002.3.5	町田寿二	京都市中京区ほか	100万人 44万世帯	NPO法人初。月120本の番組のうち局制作は5本程度。10W.
(特活)多摩レイクサイドFM	多摩レイクサイドFM	2004.6.21	2004.6.30	2004.4.20	大山一行(代理)	東村山市	10万世帯	24時間放送。10W.
(特活)長崎市民エフエム放送	長崎市民エフエム放送	2005.9.8	2005.9.9	2004.11.4	秋山賢一郎	長崎市	33万人 11万世帯	生放送ライブ動画映像発信。他FMとエリアが競合。
(特活)たんなん夢レディオ	たんなんFM	2005.10.20	2005.10.21	2005.7.7	伊藤努	鯖江市	11万人 4万世帯	技術者が設立。町にきた外国人なども出演する。
(特活)カシオペア市民情報ネットワーク	カシオペアFM	2005.12.5	2005.12.19	2004.6.21	中田勇司 沢田光広	二戸市	2万世帯	地域おこしを目的。県域放送と連携.
(特活)かのやコミュニティ放送	FMかのや	2006.8.4	2006.8.4	2005.7.22	伊藤ふさ	鹿屋市	3万世帯	「NPO法人おおすみ半島コミュニティFMネットワーク」による共同運営をしている。
(特活)きもつきコミュニティ放送	FMきもつき	2006.8.4	2006.8.4	2005.7.1	伊藤ふさ	肝付町	5000世帯	
(特活)八ヶ岳コミュニティ放送	エフエム八ヶ岳	2006.9.1	2006.10.1	2005.5.20	—	北杜市	5万人 約1万8000世帯	自然保全が基本理念。観光シーズン中は観光情報局の姿勢を前面に.
(特活)志布志コミュニティ放送	FM志布志	2006.10.11	2006.10.13	2005.7.22	伊藤ふさ	志布志市	1万2000世帯	おおすみ半島でネットワークを結ぶ.
(特活)ディ	あまみエフエムディ！ウェイヴ！	2007.4.25	2007.5.1	2004.10.28	麓憲吾	奄美市	4万5000人 1万8000世帯	島文化を発信している。島出身アーティストも.
(特活)エフエム和歌山	バナナFM	2008.3.27	2008.3.28	2006.11.15	—	和歌山市	1万6000世帯	24時間自社制作番組の放送を行う.
(特活)FMかほく	FMかほく	2008.7.18	2008.7.21	2007.6.12	新江克之	かほく市	2万8000世帯	ミニFMから発展。まちづくり、地域安全活動が目的.
(特活)たるみずまちづくり放送	FMたるみず	2009.2.23	2009.3.1	2008.9.17	—	垂水市	7000世帯	おおすみ半島でネットワークを結ぶ.
(特活)エフエムハムスター	FMハムスター	2009.5.8	2009.5.11	2009.1.13	—	広島市安佐南区	6万2000世帯	広島経済大学発。初の大学内ラジオ局.
(特活)京丹後コミュニティ放送	エフエムたんご	2009.5.21	2009.5.25	2008.8.25	小牧真人 川戸省吾	京丹後市	1万7000世帯	災害時に役立つラジオに。地域の魅力再発見を目指す.
(特活)つやまコミュニティFM	エフエムつやま	2009.12.17	2009.12.24	2007.1.19	—	津山市ほか	4万6000世帯	広域的な地域づくりを目的.
(特活)FMうけん	エフエムうけん	2009.12.17	2010.1.4	2009.5.14	—	宇検村	1900人 1000世帯	村民総参加型のラジオ局.

注：報告者はすべて敬称略とした。
出所：各団体のホームページおよび総務省などを基に筆者作成（2010年1月1日現在）。

シンポジウムに参加した各団体は,「電波は市民の共有財産とあり,市民がラジオ局を作るのも市民が持つことも可能と思った」(町田),「台風被害がコミュニティラジオを検討するきっかけとなった」(小牧),自身の人生・職業経験(伊藤努ほか)などの設立経緯や,「NPOだから多くのボランティアがきてくれる」(伊藤ふさ)とNPOの利点,「活動資金が少なく,劣悪な環境で放送を続けている」(秋山),「人口も少なく,地域の住民参加が限られている」(中田)との苦しい現状,「自分たちが,自分たちの文化を知るきっかけになった」(麓)などと話した.

3. 住民参加の機会を拓く非営利メディア

第2部では,「住民参加の機会を拓く非営利メディア」として,NPO法人という組織形態はとっていないが,「非営利性」を大切にしている商業ラジオ(株式会社形態)の実践者や先住民族の言語であるアイヌ語を使用したミニFM放送から,ラジオがもつ公共性や言葉の力,「住民参加」の可能性について問題提起がなされた(表3〜5).その後,総務省が検討をすすめる「情報通信法(仮称)」についてのアンケート調査報告が行われた.

2社はラジオのみならず,他の技術を組み合わせていることが共通点ともいえよう.また,喫茶店のような不特定多数の人が集まる「場」を提供していることも特徴である.このように,さまざまな工夫がなされているコミュニティ放送ではあるが,このラジオ・放送を取り巻く法律が変わろうとしている.

非商業的メディアへのアンケート調査報告 (報告:浜田忠久,池田佳代)

放送と通信の融合をした新規サービスの参入や効率化を図ることを目的として,総務省が検討を続けていた「情報通信法(仮称)」について,非商業的メディア約300メディアへの電子メールを用いたアンケート結果について報告があった.この「情報通信法(仮称)」とは,放送分野と通信分野で縦割りになっている現行法を見直し,9つの法律を1本化し,「コンテンツ」や「伝送サービス」,「プラットフォーム」といった機能ごとに組み直すことを意図している.テレビ放送局などのマスメディアだけでなく,インターネットの掲示板やブログなども対象にすることが盛り込まれており,市民メディアも規制対象になるにも関わらず,検討時に,この点に触れていないことから,市民メディアへのアンケートを企図したものである.

アンケート集計結果によると,情報通信法(仮称)の検討内容については,よく知らない人が多いものの,非商業的メディアの存在を政策に反映させることが必要だと

表3 非営利性を重視している株式会社形態のコミュニティ放送局1

㈱エフエムわぃわぃ（FMわぃわぃ）[報告：金千秋, 吉富志津代, 日比野純一]						
免許	1996. 1. 17	開局	1996. 1. 17	設立	1995. 12. 12	
出力	10W	放送エリア	神戸市長田区他	世帯※	24万人, 11万世帯	
特徴 その他	震災後の問題解決ツールとしてミニFMで開始. 多言語放送（10言語）. 外国語翻訳・通訳など, 他言語放送の強みを生かした放送外事業も手掛ける. 放送理念, 放送基準を設置し, マイノリティの人たちの声を取り入れている. ケーブルテレビ（神戸市西部）, インターネット放送, 有線も使用. 長田区の人口約10%が外国人住民という地域特性がある. AMARC日本協議会もわぃわぃ内にある.					

表4 非営利性を重視している株式会社形態のコミュニティ放送局2

㈱奈良シティエフエムコミュニケーションズ（ならどっとFM）[報告：金城真砂子]						
免許	2000. 5. 31	開局	2000. 6. 1	設立	2000. 4. 19	
出力	20W	放送エリア	奈良県北部, 京都府南部	世帯※	80万人, 28万世帯	
特徴 その他	商工・観光の活性と市民交流の促進を目指し, まちづくりの一つとしてラジオ事業を開始. NPOに製作資金を提供する, 企画を市民から公募するなど, 市民参加を促している. 2007年からは市民の生涯学習の一環の「市民放送プラン」として, 社会部, 子供生活部などを作り情報発信をしている.					

表5 マイノリティの言語を放送するラジオ局

エフエム二風谷放送（FMピパウシ）[報告：萱野志朗] ミニFM6)						
免許	—	開局	2001. 4. 8	設立	2000年	
出力	電波法に準じる	放送エリア	平取町二風谷	世帯※	数世帯（ミニFMのため）	
特徴 その他	アイヌ語を使用したミニFM. 月1回1時間の放送. ラジオを通すことによって, アイヌ語が言語的ステータスを持ち, 郷土学習の機会ともなっている. 他提携ラジオ（FMわぃわぃ, 帯広市民ラジオ）やWeb（室蘭工業大学松名隆先生協力）で聴くことができる.					

注：※可聴人口・世帯.

多くの回答者が考えている. この法改正は, 国民生活にも密接に関わるため, 市民の認識が大切にもかかわらず広く周知されていないと報告された. またメディアについては, 少数のマスメディアが独占しているような状況で, 表現の自由の保障が充分ではなく, 多様性やマイノリティの情報発信の支援や, 市民メディアを認知してほしいという意見があったと報告された. なお, 新政権発足後, この法案の見直しが進められている.

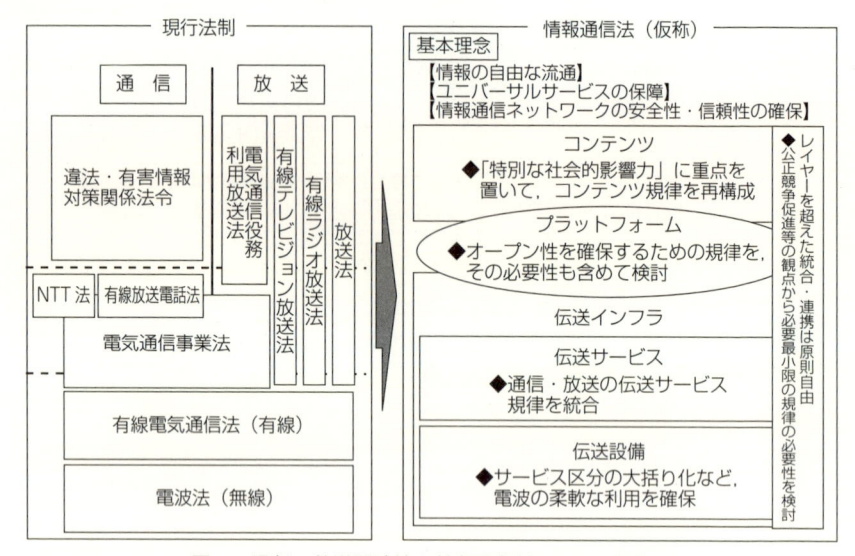

図2 通信・放送関連法と情報通信法（仮称）概念図

出所：総務省（http://www.soumu.go.jp/menu_news/s-news/2007/pdf/071206_2_bs1.pdf）をもとに，筆者一部修正．

4．ドイツ・フランスの市民放送の現場から中継

さらに第3部では，「ドイツ・フランスの市民放送の現場から中継権利実現の制度構築」と題し，海外の現状として，フランス・リヨンの自由ラジオの老舗である「ラジオ・トレドユニオン」と，ドイツ・ベルリンからヨーロッパ・オープンチャンネル会議の報告が同時中継を交えて行われた．

フランスから［報告：小山帥人，ヤスミナ・カダ］

ラジオ・トレドユニオンは1981年創立，自己資金で放送を開始した．設立目的はリヨンに来た移民のマイリティの声を伝える場作り，および，自分と同じ言語の人とつながりを持つことである．移民が多いリヨンで文化コミュニティを結びつけることを目指し，最初は33言語で番組を作っていた．しかし，各言語の放送が独自にラジオ局をもち独立していったため，現在は10言語での放送が行われている．独立後も密接に関係性がつながっているラジオ局もある．

この局の番組である「囚人の表現」の司会者であるカダは，アイデンティティのツールとして，多様な人たちが横のつながりになるような場がラジオであり．自分達の局

が，インターナショナルにコミュニケーションを図っていければ，と話した．

なお，フランスでは，ラジオ・トレドユニオンが創立された1981年に大統領候補であったミッテラン（のちに大統領）が，「自由ラジオ」の公認を公約の1つにあげ，当選後の1982年に自由ラジオの公認（La creation des radios libres）とともに自由ラジオを助成する基金である「ラジオ表現支援基金（FSER）」を設立している．ラジオ・トレドユニオンも財源の約3分の1がこの基金からのものである［小山 2008：149-62］．

1984年にラジオでのコマーシャルが認められるようになり，FSERからの資金を期待する非営利ラジオと，コマーシャル収入を期待する営利ラジオに分かれたことなどから，のちにコミュニケーション法（コミュニケーションの自由に関する法律：1986年9月）が制定されている．自由ラジオもこの法律に基づいて設立でき，「利益を求めないこと，地域を大事にすること」などの要件を満たす団体には電波を割り当て，複数の言語の多数のラジオ局が設立できる．しかし，電波が密集してなかなか簡単にはラジオ局を設立できなくなってきたとカダは話した．

　ドイツから［報告：川島隆，サーシャ・クリンガー，トーマス・クプファー］

ドイツには，市民メディアとして，映像主体の「オープンチャンネル」と非商業ローカルラジオなどが存在する．インターネット化が進む中で，これらの存在意義が問われている．放送の権利の行使，地域内に存在する異文化の理解の推進，メディア・リテラシーを考える上で意義があるとの意見がある．オープンチャンネルは2009年現在約60局，非営利ローカルラジオは約30局[8]が存在し，公共放送受信料の一部をオープンチャンネルに回す仕組みも存在するが，ここ数年，インターネットの普及やYouTubeなどの動画サイトの登場により，連邦制をとるドイツでは，州によってオープンチャンネルの制度が廃止されるなどの存続の危機を迎えている．

このような状況の中で，2008年9月12-13日には「非営利メディアと異文化対話」をメインテーマとして，ヨーロッパ・オープンチャンネルの国際会議がヨーロッパハウス（欧州議会オフィス）2階にて開催された．京都メディフェスのシンポジウムとオープンチャンネルの国際会議がインターネット回線を用いて中継され[9]，オープンチャンネルには，「さまざまな文化を持つ人がチャンネルを作っているので，異文化がつながるための役割がある」こと，また，ドイツの自由ラジオの連帯については，「州ごとに状況が違うが，全国的なつながりを持つように取り組んでいること」，また「近年ではオンラインストリーミングを使う放送局も増えた」ことが紹介された．

ヨーロッパ・オープンチャンネルの国際会議には，特に東欧から多くの参加者が集

まり，コミュニティメディアがどのような役割を果たせるか，「市民社会が果たす役割」が会議の中心的なテーマとなった．最後に，「行きすぎた商業主義に反対し，異文化間の対話を一層進めていく必要性」を確認し，ベルリン宣言2008として採択し，閉幕した．

なお，同年9月25日に，欧州議会の文化教育委員会でコミュニティメディアに関する決議が採択されている（資料3，松浦哲郎の抄訳を参照）．文化的な多様性を促進するため，コミュニティメディアやオルタナティブメディアは重要であることが確認され，法的な位置づけを明確にし，積極的な財政的な支援が必要とする決議である．

おわりに

このようにシンポジウムでは，国内外での活動や状況が報告された．コミュニティ放送の果たしうる役割の1つとして，防災情報や災害情報の伝達の重要な手段であると紹介したが，平常時にコミュニティ放送があり，地域の情報収集と提供が行われていれば，災害時にも，従来の関係性や技術を活かし，速やかな地域の情報収集・提供が可能となる．

シンポジウムでは，それぞれの地域性（言語，音楽，祭祀，環境，慣習）などを生かし，地域の人たちが，地域の人たちへの番組を作ることの重要性や，非営利性や少数者に目を向けた，個人が参加しやすい仕組みがあるからこそ表現できるコミュニティ放送の重要性が確認された．市民がメディアに参加することは，民主的な社会を築く上で大きな役割を担う．そして，それぞれの地域のメディアが，個々に問題や情報を抱え込むのではなく，地域を越えた連携を進めることで，コミュニティ放送発あるいは市民発の放送が地域を越えた情報となり，社会を動かす力になるなどの役割が担える．メディアを通じて他地域に住む市民同士の連携が進む可能性もあり，事実，進んでいるともいえるだろう．

日本では，政権交代を経て，抜本的な放送通信や市民参加のコミュニケーションの在り方について，総務省の審議会で議論されている．これについて市民の立場から，インターネットや市民メディアの規制や放送への市民参加について検討を求める声もあるが，「知っている人は知っているが，知らない人は全く知らない」まま，議論が進んでいることを危ぶむ意見もある．欧米などでは，誰でも番組を作り放送できる権利（パブリック・アクセス）[10]があり，欧州議会では，コミュニティメディアの重要性が踏まえられ，各国法の検討が進むなか，この欧州議会の動きを加味し，放送やデジタル資源への市民のアクセス全般についても十分検討されることが切望される．

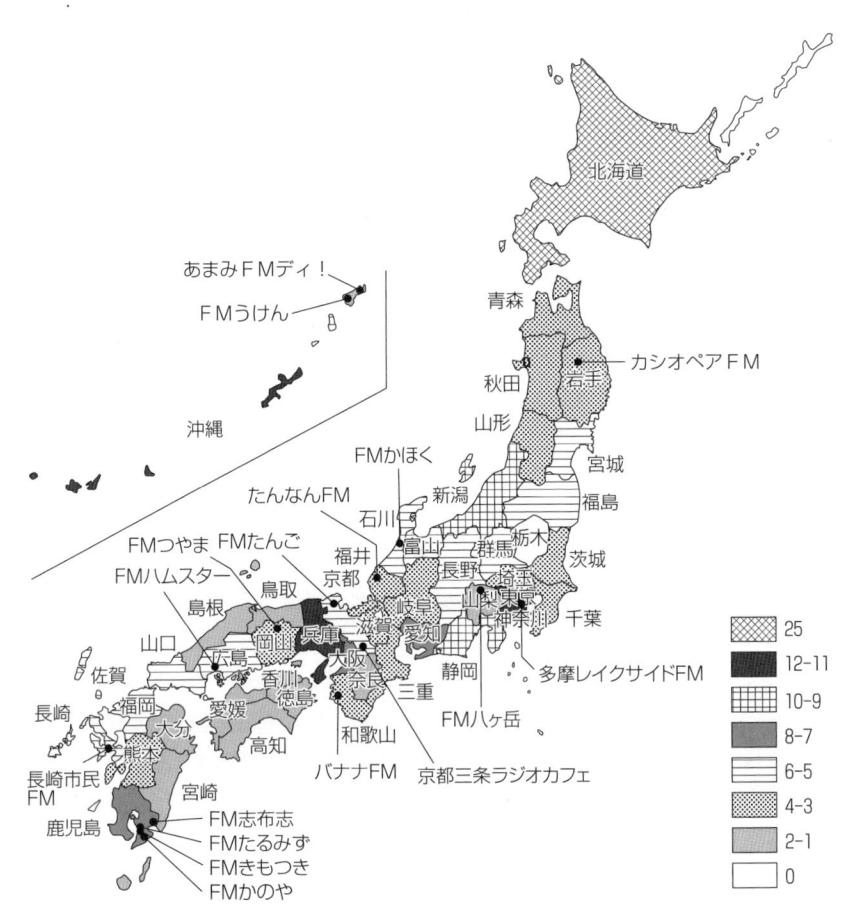

資料1 「がんばれコミュニティ放送」要録と議論の課題 *271*

図3 日本国内の県別コミュニティ放送数とNPOコミュニティ放送の分布（愛称で表記）
出所：総務省電波利用ホームページ，「開局順コミュニティ放送局一覧」をもとに筆者作成．
データは2010年1月1日現在．
放送局の多い地域は，地震・火山噴火などの自然災害を経験している（あるいは予想されている）地域が多いことがわかる．

　日本でNPO法人形態のコミュニティ放送（ラジオ）が少ないのは，テレビの普及やインターネット環境の発展により個人が意見を発しやすくなったこと以外の要因を考えるならば，コミュニティ放送制度自体が17年しか（1992年発足）経っていないうえに，日本にNPO法人の設立が認められたのが1998年．2001年の中央省庁が再編された総務省発足後の2003年にようやくNPO法人設立のコミュニティラジオが認めら

れるようになったという歴史の短さもあるだろう．また，多くの NPO 法人が抱える資金不足の問題は，NPO 法人形態のコミュニティ放送局も同様であり，ラジオ機材などの多額の初期投資を必要し，恒常的に活動を行うラジオ局運営を困難とさせる要因となる．しかし，株式会社であっても，金銭的な利潤を追求するのではなく，「コミュニティビジネス」などと言われるような社会活動を目的とする法人も存在する．CSR（企業の社会的責任）として，社会的事業を行う法人もある．NPO 法人だけではなく株式会社であっても，このように社会的な活動，「公益」を目指す活動にもかかわらず，自助努力による経営が成り立たなければ淘汰されることにもなる．

　欧州のフランス，ドイツなど，（非営利の）コミュニティメディアに公的資金を提供する国もある．しかし，日本でコミュニティラジオへの公的資金提供に関する議論をするにあたっては，コミュニティ放送制度と NPO 法人制度の制定時期の違いなども考慮し，放送局の法人形態だけでなく，放送プログラムや地域との関係性を指標とした評価も必要だろう．

　地方に NPO 発のコミュニティラジオが生まれていることにも注目したい（図3）．電波法により20Wに制限されているためスポンサーが付きにくいという悪条件を克服し，地域にあった規模のコミュニティ放送を提供するために，連携を結ぶなどの例も登場している（NPO 法人おおすみ半島コミュニティ FM ネットワーク）．2009年に入り，大学内に NPO を設置し，ラジオ局を設立したという動きもある．制度上や運営上の困難に対し，改善要求の声をあげることはもちろん大切である．同時に，困難を克服するための努力・対策などの事例についても共有し，連帯していくことは今後とも重要となるだろう．

注

1）会場である元小学校は，1897（明治30）年に京都で初めて映画上映が行われた場所である．もう1つの会場である1928ビル（元毎日新聞社京都支局）は，日本初の NPO のラジオ放送局である京都三条ラジオカフェ発祥（2003年）の地であり，市民メディアに関わる人たちの交流空間となっている．

2）京都メディフェスウェブページ（http://www.shiminmedia-kyoto.jp/about/）など参照．

3）500W - 10kW で放送．

4）出所：日本コミュニティ放送協会．http://www.jcba.jp/

5）かのや，きもつき，志布志の3局は，「NPO 法人おおすみ半島コミュニティ FM ネットワーク」として，共同運営を行っているため，1団体として数上．2009年設立の FM

たるみずもこの一員.
6）電波法第 4 条で「発射する電波が著しく微弱な無線局に核当するもので, 無線設備から 3 メートルの距離において, その電界強度が毎メートル500マイクロボルト以下のもの」と規定されている.
7）調査結果は, 情報通信法制度に関する非商業的メディアへのアンケート調査（2008年, 調査代表：ガブリエレ・ハード）として, 以下から閲覧可能. http://homepage.mac.com/ellenycx/csmchosa/
8）Bundesverband Offene Kanale e.V. 連邦オープンチャンネル連盟. http://www.bok.de/
9）ドイツからの中継映像は以下から閲覧可能. http://open-channels.blogspot.com/2008/09/hello-europe-hello-japan.html
10）制作した番組の法的責任は制作者自身にあり, 番組を通じた商業活動はしない, 特定の政党・宗教の宣伝, 著作権侵害, 放送法に違反しないことなどの基本的なルールがある.

池田悦子

資料 2

AMARC-ALC：コミュニティラジオ放送における民主的立法のための行動原理（2007）（AMARC25周年記念シンポジウム配布資料より）

1．メディア，コンテンツ，視座の多様性

ラジオ放送における多様性や多元性は，民主的なラジオ放送の，定期的なあらゆる枠組みもその主な対象となる．正しくコミュニティメディアが含まれているラジオ放送の異なる3つのセクターあるいは様式；公立／国立，民間／商業，そして社会的／非営利；において，メディアの占有における集中を妨げ，メディアにおけるコンテンツや視座の多様性を表現することを保障し，メディアの占有，目的，機能論理における法律形成の多様性を認知するために，実際のメディアが存在することを意味する．

2．認知と促進

国の規範的な枠組みの中におけるコミュニティラジオの認知や区別は，情報への権利と表現の自由の保障，メディアの多様性や多元性の確保と，このセクターの促進を目的として持っていることである．その法律の原文の中には，手段，条件と公共的政策，その存在と発展の保障のための促進と保護などを盛り込む必要がある．

3．定義と特徴

コミュニティテレビやコミュニティラジオは，社会的な意図を持った民間のアクターであり，さまざまなタイプの営利を目的としない社会的機関の管理運営によって特徴づけられる．その基本的特徴は，番組編成，管理，操作，資金調達，評価と同様にメディアの占有においてもコミュニティが参画するということである．そして，独立したメディアとして，非政府で，どのような政党や商業的な企業にも応じるものでも結びつくものでもない．

4．目標と目的

コミュニティメディアは，コミュニケーションの必要性を満たし，コミュニティの構成員の情報への権利と表現の自由の行使を整えるという存在でなければならない．その意図するところは，コミュニティに仕え，代表する人たちと直接的な関係を持つということである．とりわけ，社会発展，人権，文化的多様性，情報や意見の多元性，民主主義の価値，社会的コミュニケーションのニーズへの満足感，平和な共同生活，そして文化・社会的アイデンティティの強化の促進である．それは，メディアの多元性を意味し，当然のことながらアクセス

権を保証し，社会運動，人種，民族，分野，性的傾向，宗教，年齢や，その他のあらゆるタイプの多様性についての対話や参加を保障しなければならない．

5．技術的アクセス

すべてのコミュニティ団体や非営利団体は，自由に使えるラジオ放送や通信手段のどのような技術——つまりケーブルやその他のメディア，衛星通信あるいはどのようなラジオやテレビやその他の電波の使用範囲，そしてデジタルのようなアナログシステムにおいても，利用する権利を持つ．放送の技術的特徴は，サービスの提供や世話役を務め，音響に関する手続きにおける国のプランや放送コミュニケーションおよびその使用権についての提案をするコミュニティのニーズのみに依拠することである．

6．全世界的なアクセス

すべてのコミュニティ団体や非営利団体は，コミュニティメディアを設立する権利を持ち，地域的性格または関心から成り立ち，郊外もしくは都市に設置されている．コミュニティラジオ放送は，地理的に制限された範囲のサービスに連動する必要はなく，それゆえ，メディアの所有の集中を避けるための道理にかなった供給制限をのぞいては，国，地方，地域においてコミュニティ放送の量や可能性やエリアについて，あらかじめの，あるいは不当な制限は，ないはずである．

7．範囲の条件

国の管理範囲の計画には，すべてのラジオ放送において，コミュニティと非商業的なメディアのアクセスのために，その存在を保証する形として，その他のラジオ放送に対するのと同様に公平に，余裕を持ってその範囲を含めておかなければならない．この原則は，デジタル放送用の範囲の新しい分配にも及ぶものである．

8．所轄の権限

周波数の使用は，分配され，政府の公的な独立機関と企業や商業グループによるものは延長あるいは廃止をされるかどうかを監視されなければならない．そして市民社会の統合と参加とともに語られるものである．しかるべき経緯と，その決定を左右するような適確な資源の供給は，法治国家においては当然保障されるべきである．

9．分配の方法

ラジオ放送の周波数使用の分配の一般的な原則として，公開で透明で公的な入札をするべきである．特定の約款や基準を通して，セクターによって区別されるものでもなく，実際の参加を保障し差別のないように，コミュニティメディアのセクターの必然性と独創性が考慮

された形で選択されるべきである．認可の条件，判断力，周波数の分配のための提案の評価のメカニズム，そしてその経緯は，その手続きが始まる前に，前もって明確な形で広く普及させた形で，決められなければならない．そのプロセスは，国家が主導する形か，あるいはコミュニティ団体か非営利機関の申請者が答える形によって，着手することができる．

一般的な聴衆は，落札の過程と同様に評価や更新時においても，よい役割をはたすことになる．

10. 差別なき要件

運営，経営，コミュニティメディアの創設においてコミュニティ団体や非営利団体の要求しうる技術の要件は，その機能の保障と権利の完全な行使のために，厳密に必要とされるべきである．

11. 評価基準

評価基準は，ラジオ放送の様式によって異なるであろう．コミュニティラジオの場合は，コミュニケーションや，社会・文化的，放送におけるコミュニティの参加，視聴エリアにおいて多様な人たちへの発信があると思われる提案者や出資者の機関でのコミュニティビジネスの職歴などの妥当性によって，優先的であるとみなされる．それが良好であれば，事業を維持する経済的な実現性の道理にかなった要求があるはずであるし，提案者の経済的能力は評価基準にはならないはずである．たとえ放送機能を保障するために，しかるべき経済的要求があったとしても，出資金や当事者の経済的能力は評価の基準になってはならない．

12. 資金調達

コミュニティラジオ放送を提供するコミュニティ団体や非営利団体は，寄付，賛助，助成，商業的・公共的広告，その他合法的に得た資金で，経済的安定性，独立性，発展性を保障される権利を持つ．それらすべては，その目的と目標の達成のために放送が機能するために，全面的に再投資されなければならない．広告のどのような時間的量的制限も，道理にかなっていて差別的であってはならない．メディアは，コミュニティやその代表者に対して，資金の運用について透明で公的な形で，定期的に報告しなければならない．

13. 公的資金

十分な予算としての公的資金は，コミュニティメディアの創造と発展の促進のために重要な要素である．放送の非営利性という特徴に適合するように，その税金は免除あるいは減免されることが望ましい．

14. デジタル方式の開始

　デジタル化と，情報社会・知識社会にむけたすべてのセクターへの保障についての政府の許可は，コミュニティメディアやその他の非商業メディアの，メディアの統一とアナログを土台としたデジタル化から生じる新しい技術と機材へのアクセスと移動が保障されるメカニズムを想定するものである.

翻訳：吉富　志津代

資料3

欧州におけるコミュニティメディアに関する欧州議会決議
(2008年9月25日)

欧州議会は以下を考慮し，この決議を行う

- EC条約150条，151条

- EU条約へ修正を加えて成立したアムステルダム条約，EC設立に係る条約，1997年10月2日に署名された関連法令，加盟諸国における公共放送についての協定9番（プロトコル9）

- EU基本的権利憲章11条

- 文化的表現の多様性の保護，促進に係るユネスコ協定—多文化共生主義を認知，促進する公共政策の法制化を促している

- いわゆる「枠組み指令」——「電子コミュニケーションのネットワークとサービスに関する加盟諸国間での共通の監理枠組み構築」について，欧州議会とEU理事会（2002年3月7日開催）により出された指令（2002／21／EC）

- いわゆる「アクセス指令」——「電子コミュニケーション・ネットワークと関連設備へのアクセスと相互接続」について，欧州議会とEU理事会（2002年3月7日開催）により出された指令（2002／19／EC）

- いわゆる「認証指令」——「電子コミュニケーションのネットワークとサービスに対する認証の有り方」について，欧州議会とEU理事会（2002年3月7日開催）により出された指令（2002／20／EC）

- いわゆる「普遍的サービス指令」——「電子コミュニケーション・ネットワークとサービスに関する普遍的提供及び使用者の権利」について，欧州議会とEU理事会（2002年3月7日開催）により出された指令（2002／22／EC）

- 加盟諸国のテレビ放送事業に関する法律，規則，法令に盛り込まれている諸条項のすり合わせについて述べた委員会指導89／552／EECに，修正を加えるかたちで欧州議会とEU

理事会（2007年12月11日開催）が出した指令（2007／65／EC）

・いわゆる「ラジオ周波数帯決定」――「欧州におけるラジオ周波数の割り当て政策に関する監理の有り方」について，欧州議会と EU 理事会（2002年3月7日開催）により出された決定（676号／2002／EC）

・欧州委員会が提出した，欧州におけるコミュニケーション政策に関する白書（COM（2006）0035）

・デジタル環境下でのメディア・リテラシーへの欧州的アプローチについて述べた，2007年12月12日付の欧州委員会報告書（COM（2007）0833）

・グリーン・ペーパー（EU のオーディオビジュアル政策との関わりの中で，いかに欧州のコンテンツ産業を強化するか，そのための戦略を示している）に係る欧州議会決議（1995年7月14日）

・EU 加盟国内でのメディアの多様性について論じた欧州委員会作業文書（SEC（2007）0032）

・基本的権利憲章11条2項で保障された表現と情報の自由が，EU 加盟国内，特にイタリア国内で脅かされている危険性があることに対する欧州議会決議（2004年4月22日）

・欧州議会により行われた研究「EU 内におけるコミュニティメディアの現状について」

・メディアの多様性とメディア・コンテンツの多様性について閣僚委員会が加盟国へ出した欧州評議会勧告（Community Media／Rec（2007）2）

・メディア集中が進む中，民主主義におけるメディアの役割を保護することをうたった，閣僚委員会による欧州評議会宣言（Decl-31.01.2007E）

・放送の多様性に関する共同宣言（2007年12月12日採択）――以下が草稿を作成――意見と表現の自由に関する国連特別報告者，メディアの自由に関する OSCE 担当者，表現の自由に関する OAS 特別報告者，表現と情報へのアクセスの自由に関する ACHPR（African Commission on Human Rights and Peoples' Rights）特別報告者

・欧州議会手続規則の規則45

・文化教育委員会による報告書（A6-0263／2008）

<u>欧州議会は以下を念頭に置き，この決議を行う</u>

A. コミュニティメディアは，貢献先のコミュニティに責任をもって関わる非営利団体である．

B. ここでの「非営利性」とは次を意味する．その種のメディアの第一の目的は，商業的あるいは一時的な儲けを一切伴わない，公私を利する活動へ従事すること，である．

C. 「貢献先のコミュニティに責任をもって関わる」という表現は次を意味する．コミュニティメディアは自らの行動や決定を，必ずコミュニティに知らせ，その妥当性を示さなければならない．仮に過ちを犯した場合にはペナルティを受けなければならない．

D. コミュニティメディアの広がりと影響力に関して，加盟国間で大きな差が存在する．コミュニティメディアの法的地位を明確に定め，その価値を認識している加盟諸国において，その広がりと影響力は最も顕著である．

E. コミュニティメディアは，コミュニティのメンバーが自由に制作に参加できる，開かれた場となるべきである．それにより，受動的なメディアの消費者としてではなく，メディアの生産者として，ボランティアが積極的に活動に参加するよう促すべきである．

F. コミュニティメディアはほとんどの場合，社会の多数派の声を代弁するのではなく，他のメディアには見落とされがちな，地域に多様に存在する比較的小規模な集団に的を絞って活動を行う．

G. ほとんど認識されていないことだが，コミュニティメディアはメディア構造の中で幅広い役割を果たしている（特に地域情報の源として）．また，コンテンツの革新性，創造性，多様性の向上を促進している．

H. コミュニティメディアは，その使命を明確に定め（例えば社会的利益の提供など），それを提示する義務がある．またその使命は，制作するコンテンツに反映されなければならない．

I. EU内のコミュニティメディアが抱える主要な課題の1つは，多くの加盟国でコミュニティメディアに対する法的な位置づけを欠いていることである．またさらに，関連するコミュニティ法令のうち，コミュニティメディアの課題について言及しているものは，未だ1つも存在しない．

J．コミュニティメディアの法的認知に加え行動基準を導入することで，このセクターの位置づけや手続き，役割を明確にすることができるかもしれない．その導入は，独立性の確保，誤った行為の防止につながり，このセクターを確固たるものとするのに役立つだろう．

K．インターネットにより，このセクターは新たな可能性と課題を抱えつつ，新時代へと突入している．アナログからデジタルへの移行にかかるコストは，コミュニティメディアにとって大きな負担となっている．

L．EUの2008年のテーマは「異文化間対話」であり，EU内のメディアは特に重要な役割を担う．それらは，社会の中の小規模な文化集団のために，また，2008年とそれ以降も異文化間対話を継続していくために，表現と情報取得に関わる極めて適切な手段を提供していかなければならない．

M．市民を力づけ，市民社会への積極的な関与を促進する上で，コミュニティメディアは重要な手段である．コミュニティメディアは多様な意見を伝達し，社会的議論を豊かにする．メディア所有の集中は，コミュニティ内のあらゆる集団の利益に関わる問題について，深く切り込んだ報道を行う際の妨げとなる．

<u>決議内容</u>

欧州議会は

1．次を重視する．コミュニティメディアは文化的および言語的多様性，社会的包摂，そして地域的アイデンティティを強化するための有効な手段であり，それゆえにセクター自体が多様性に富んでいる．

2．次を指摘する．コミュニティメディアは特定の集団のアイデンティティ強化に役立ち，同時にそれらの集団のメンバーが，社会の他の集団とつながることを可能とする．故に社会の寛容と多様性を促進し，異文化間対話に貢献する．

3．次を重視する．難民，移民，ロマやその他の民族的及び宗教的少数者など，排除により脅かされるコミュニティに関してマスメディアが植え付ける誤った考えを正し，否定的なステレオタイプの解消に努め，一般市民を教育することにより，コミュニティメディアは異文化間対話を促進する．同時に次を重視する．移民の統合を促すために，また社

会的弱者にとって重要な議論に弱者自身が関わり，積極的な参加者となることを可能にするために，有益な手段の1つがコミュニティメディアである．

4. 次を指摘する．コミュニティメディアは，大学を含む外部組織や技術の乏しいコミュニティのメンバーを巻き込んだ講習プログラムにおいて非常に重要な役割を果たし，職業経験へとつながる貴重なハブとして機能し得る．同時に次を指摘する．コミュニティメディアの活動への参加を通じて，人々はデジタル，ウェブ，編集のトレーニングを受け，有益で応用の効く技術を身につけることができる．

5. 次を指摘する．芸術家や創造性豊かな起業家に，新たなアイデアや概念を試すことのできる開かれた場を提供することにより，コミュニティメディアは地域の創造性を促す触媒として機能する．

6. 次を考慮する．市民が直接コンテンツの制作と配信に関わる機会を提供することで，市民のメディア・リテラシーの向上にコミュニティメディアは貢献する．また，学校を基盤とするコミュニティ施設に次のことを奨励する．市民社会の構成員としての姿勢を若者に身につけさせ，メディア・リテラシーを向上させると同時に，コミュニティメディアへの参加に役立つような技術を獲得させること．

7. 次を重視する．コミュニティメディアは，コミュニティの中心に横たわる課題について，異なる視点を加えることにより，メディアの多様性を強化することに役立つ．

8. 次を指摘する．遠隔地など，公共メディアや商業メディアが撤退した地域，もとから存在しない地域があり，さらに商業メディアが地域コンテンツを減らす傾向にあることを考えると，コミュニティメディアが，地域のニュースや情報の唯一の提供元，コミュニティの唯一の声，となる可能性がある．

9. 次の事実を歓迎する．コミュニティメディアにより，既存の公的サービスに対する市民の認識を高めることができ，また公的な議論への市民参加を促すことができる．

10. 次を考慮する．意図した特定の視聴者に語りかけることができるので，コミュニティメディアは，欧州連合とその市民との距離を縮める有効な手段となり得る．また次を推奨する．市民とより親密な対話を行うために，加盟国は更に積極的にコミュニティメディアと協働すること．

11. 次を指摘する．コミュニティメディア・セクターがその可能性を最大限発揮するためには，質の高いコミュニティメディアの存在が必要不可欠である．また次の事実を重視す

る．そのような質を有するには，適切な財源が必要である．次に配慮する．コミュニティメディアの財源は各々の団体により異なるが，概ね不足気味である．また次に同意する．資金の追加とデジタル技術への適応により，コミュニティメディア・セクターは，その革新的特性を拡大し，既存のアナログ・サービスに付加価値を与える新しく活気あるサービスを提供することができる．

12. 次に配慮する．コミュニティメディア・セクターは，欧州連合と各加盟国の政策決定者に対する関わりや影響力の向上のために多大な努力を費やさなければならないが，それに必要なサポートを欠いている．

13. 次を重視する．コミュニティメディアは政治的に中立でなければならない．

14. 欧州委員会ならびに加盟国へ要請する．この決議を考慮する際に，コミュニティメディアを次のように定義すること．

    a）非営利であり，国家権力のみならず地方権力からも独立している．第一に，公益的で市民社会の利益となる活動に従事している．明確に定められた目標（とする活動）のために奉仕する．またその目標（とする活動）は常に社会的価値を内包し，異文化間対話に貢献する．

    b）貢献しようとするコミュニティに責任を持って関わる．つまり，自らの行動や決定を，必ずコミュニティに知らせ，その妥当性を示す．仮に過ちを犯した場合にはペナルティを受ける．これらにより，サービスはコミュニティの利益にのっとって提供され続け，いわゆるトップダウン式の関係性が生まれることは防がれる．

    c）コミュニティのメンバーが自由に制作に参加できる，開かれた場である．メンバーは運営や管理のあらゆる場に参加することができる．しかしコンテンツの編集責任者は，専門的な知識や経験を有していなければならない．

15. 加盟国に助言する．従来のメディアが不利益を被らないよう配慮しつつ，コミュニティメディアを，商業メディア，公共メディアと並ぶ1つの明確な集団として法的に認知するべきである．（コミュニティメディアを，商業メディア，公共メディアと並ぶ1つの明確な集団と捉える認識は，未だ欠如している．）

16. 欧州委員会に要請する．メディアの多様性をはかる指標を定める際には，メディアの多様性を促進するためのオルタナティブかつボトム・アップな策として，コミュニティメ

ディアを考慮すること．

17. 加盟国に要請する．メディアの多様性を確保するために，コミュニティメディアをより積極的にサポートすること．ただしそのサポートが，公共メディアの不利益にならない場合に限る．

18. 次を重視する．「経済変革のための地方」プログラム（"Interreg" がその前身）のような，成功事例の共有を促進するプログラムを通じた支援とともに，適切なインフラ設備の提供により，コミュニティメディアを支援し促進する上で，地方レベル，地域レベル，国レベルの行政機関が果たし得る役割について．

19. 加盟国に要請する．テレビとラジオの周波数帯を，アナログ，デジタル双方で利用可能にすること．その際心に留めておくべきは，コミュニティメディアは，機会費用や周波数割当にかかる費用の妥当性によって評価されるのではなく，社会的価値によって評価される，ということである．

20. 次に同意する．欧州連合のサポートを申請し，利益を得ることができるほどの知識と経験を有するコミュニティメディアはほんの僅かである．また一方で助成担当の職員は，コミュニティメディアの可能性を正しく理解していない．

21. 次を認める．コミュニティメディア・セクターは，欧州連合のコミュニティ助成枠組みをさらに活用し，コミュニティメディアが目指す活動に役立てることができる．欧州地域開発基金，欧州社会基金などが行う多数のプロジェクトの実施に関わることが可能であるし，生涯学習プログラムのようなプロジェクトを通じて，ジャーナリストの教育，訓練を行うこともできる．しかしここで議会は次を重視する．財政的支援は，まずは国家や地方レベル，あるいはその他の財源から来るべきである．

22. コミュニティメディアに強く求める．セクターに有益な情報や関連情報を発信できる，インターネット上の欧州共通プラットフォームを構築すること．また，ネットワーキングと成功事例の共有を進めること．

23. 欧州議会議長に指示する．この決議を，EU 理事会，欧州委員会，欧州経済社会評議会，地域委員会，そして加盟諸国の政府と議会に送付すること．

翻訳：松浦哲郎

あとがき

　本書の編集の過程でもメディアをめぐる状況は目まぐるしく展開し，Twitter や Facebook が人々のテーマ関心を結び，コミュニケーションのありようを大きく変えている．本書で触れた小さなラジオ局の多くも，現在では自らのウェブサイトを開設し，地域コミュニティに密着する一方で全世界へ向けて声を届けている（その経路が，放送免許を失ったときには活動の命綱となる場合もある）．デジタル技術の恩恵によって，小さな声，新しい声が社会に届けられる機会が増加していることはとても望ましいことである．

　しかし，この世界で人々とメディアの置かれた状況を考えるとき，楽観視はできないことに気づく．本書の各章とコラムに執筆していただいた実践者の方々も，新しい技術をますます取り入れる一方で，現実がさらに厳しい局面を示していることにも自覚的である．メディアを社会問題解決に有効に用いるために，克服すべき問題はどこにあるのか．それはメディア本来の性質にあるのか，メディアを活用する環境や制度にあるのか，メディアを使おうとする私たち自身にあるのか．私たちは，それらの問いが十分検討されていないことにいらだちを感じてもいる．その焦燥感から，本書の企画は生まれた．

　本書は，生活や運動の現場からいま一度メディアを捉えなおし，人々が「生きられる」制度構築，政策形成に資することを意図したものである．これに共鳴くださった晃洋書房の丸井清泰さんに出版を応援いただいた．深く感謝申し上げる．また，ここにおひとりずつお名前を列挙しきれないほど多くのメディア実践者の方々，コミュニティ放送局や全国市民メディア交流集会（市民メディアフェス）の関係者の方々にご協力を賜った．訪問に快く応じていただき，情報提供や紹介の労をとっていただき，研究内容に深いご示唆をいただいたことも数知れない．心から御礼を申し上げたい．

　なお，2008年に小山帥人さんと編集した『非営利放送とは何か　市民が作るメディア』（ミネルヴァ書房）は本書のいわば姉妹編にあたり，共通の調査を基礎にした箇所が随所にある．小山さんをはじめ同書の執筆者のみなさまのご理解とご協力に感謝したい．

　最後に，本書を手に取ってくださった読者のみなさまのなかから，コミュニ

ティメディアに関心を寄せ，実際に活動に参加される方がひとりでも出てきてくだされば，それは私たちの望外の喜びである．

2010年2月8日

松浦さと子

付記

本書は「科学研究費補助金基盤研究（B）2006－2009年（代表 松浦さと子）課題番号：18402038『非営利民間放送の持続可能な制度と社会的認知 コミュニティ放送のモデルを探る』」の報告を兼ねている．これを活用した章では個別にご紹介していないが深謝申し上げたい．さらに，調査・講演などでは以下のご支援を得た．こちらにも深く感謝申し上げる．世界コミュニティラジオ放送連盟（AMARC），京都府平成21年度京都府地域力再生プロジェクト支援事業交付金（代表 松浦哲郎），2009年度学術振興野村基金，龍谷大学創立370周年記念事業費．

追記

Column 6 をご執筆くださった河戸道子さんが2012年9月25日に永眠されました．後進，特に女性を励ましてくださったご生前の活動に感謝申し上げます．

2013年9月

参考文献一覧

《外国語文献》

ACM [2003] "Seniors & Community Media," *Community Media Review*, 26 (3).
Alcock, P. and D. Scott [2002] "Partnerships with the voluntary sector: can Compacts work?" in Glendinning, C., Powell,M. and K.Rummery (ed.), *Partnerships, New Labour and the Governance of Welfare*, Bristol: Policy Press.
ALM (Arbeitsgemeinschaft der Landesmedienanstalten) [2009] *ALM Jahrbuch 2008*, Berlin: Vistas.
AMARC [2008] *Women's Empowerment and Good Governance Through Community Radio: Best Experienced for an Action Research Process*, AMARC International Secretariat.
AMARC Africa [1998] *What is Community Radio?; A Resource Guide*, AMARC Africa and Panos Suthern Africa.
AMARC Women's International Network [2008] *Gender Policy for Community Radio*, AMARC-WIN International.
Appadurai, A. [1996] *Modernity at Large : Cultural Dimensions of Globalization*, Minneapolis: University of Minnesota Press (門田健一訳『さまよえる近代――グローバル化の文化研究――』平凡社, 2004年).
Aqrabawe, T. [2008] "The Story of Jordan Valley Women's Radio: Grobal Context Tested in the Lowest Point on Earth!" in AMARC [2008].
Arendt, H. [1958] *The Human Condition*, Chicago : The University of Chicago Press (志水速雄訳『人間の条件』筑摩書房, 1994年).
Asakawa, G. [2004] *Being Japanese American: A JA Sourcebook for Nikkei, Hapa... and their Friends*,Berkeley, Calif.: Stone Bridge Press.
Barbetta, G. P. [1997] *The nonprofit sector in Italy*, Manchester: Manchester University Press.
Barron, J. [1973] *Freedom of the Press for Whom?: the Right of Access to Mass Media* (清水英夫・堀部政男他訳『アクセス権――誰のための言論の自由か――』日本評論社, 1978年).
Bauman, Z. [2001] *Community : Seeking Safety in an Insecure World*, Cambridge: Polity Press (奥井智之訳『コミュニティ――安全と自由の戦場――』筑摩書房, 2008年).
Berardi, F. [2003] "What is the Meaning of Autonomy Today?" http://www.republicart.net/disc/realpublicspaces/berardi 01_en.htm (櫻田和也訳「今日オートノミーとはなんであるか？」『VOL zine』(3), 2008年).
Berger, R.J. and R. Quinney (ed.) [2005] *Storytelling Sociology: Narrative as Social Inquiry*, Boulder, Colo.: Lynne Rienner.
Berrigan, F. J. [1979] *Community Communications : The Role of Community Media in Develop-*

ment, Paris: UNESCO.
―――― (ed.) [1977] *Access: Some Western models of community media*, Paris : UNESCO (鶴木眞訳『アクセス論――その歴史的発生の背景――』慶応通信, 1991年).
Borzaga, C. and J. Defourny (ed.) [2001] *The Emergence of Social Enterprise*, London : Routledge (内山哲朗・石塚秀雄・柳沢敏勝訳『社会的企業 (ソーシャルエンタープライズ) ――雇用・福祉の EU サードセクター――』日本経済評論社, 2004年).
Brecht, B. [1992] "Radio—eine vorsintflutliche Erfindung?/Der Rundfunk als Kommunikationsapparat," *Schriften 1, Gesammelte Werke*, Bd.21. Berlin; Frankfurt a.M.: Aufbau-Verlag ; Suhrkamp.
Breunig, C. [1998] "Offene Fernseh- und Hörfunkkanäle in Deutschland," *Media Perspektiven*, Nr. 5.
Buchholz, K.-J. [2001] "Nichtkommerzielle Lokalradios in Deutschland," *Media Perspektiven*, Nr. 9.
Buckley, S., Duer, K., Mendel, T. and S. O. Siochru [2008] *Broadcasting, Voice, and Accountability: A Public Interest Approach to Policy, Law, and Regulation*, Washington DC: IBA.
Cabrera-Balleza, M. [2008] "Community Radio as an Instrument in Promoting Women's Participation in Governance," in AMARC [2008].
Calleja, A. and B. Solis [2007] *con permiso: La radio communitaria en México*, Mexico: Gráficos eFe.
Chavez, M. [2008] "Women in Community Radio in Mexico: Contributing to Women's Empowerment," in AMARC [2008].
Cochrane, P. and G. Jeffery, G. et al. [2008] "The Arts and Community Radio: A CapeUK research report, Sheffield: Community Media Association (http://www.commedia.org.uk/wp-content/uploads/2008/11/communityradio1.pdf (2009年7月3日閲覧)).
Cojean, A. and F. Eskenazi [1986] *La folle histoire des radios libres*, Paris: Grasset.
Collin, C. [1980] *Hört die anderen Wellen: Radio Verte Fessenheim, Radio S.O.S. Emploi Longwy, Erfahrungen mit freien Radios in Frankreich und anderswo*, Berlin: Express-Ed.
Coyer, K. [2006] "'It's Not Just Radio', Models of Community Broadcasting in Britain and the United States," PhD Thesis, Department of Media and Communications, Goldsmiths College, University of London.
Coyer, K., Dowmunt, T. and A. Fountain [2007] *The Alternative Media Handbook*, London: Routledge.
Dahl, P. [1978] *Arbeitersender und Volksempfänger: Proletarische Radio-Bewegung und bürgerliche Rundfunk bis 1945*, Frankfurt a.M.
DCMS (Department for Culture, Media and Sport) [2001] Government Response to the Second Report from the Culture, Media and Sport Select Committee, London: HMSO (http://www.culture.gov.uk/PDF/CM5316.PDF (2009年7月3日取得)).
―――― [2007] *The Community Radio Sector: Looking to the future*, London: HMSO (http://www.culture.gov.uk/images/publications/communityradioreport_updatedjan07.pdf (2009年7月3日取得)).
Downing, J. D. H. [2001] *Radical Media: Rebellious Communication and Social Movements*, London:

Sage Publications.
Driver, S. and L. Martell [2002] Blair's Britain, Oxford: Polity Press.
Emery, M. [1996] *The Press in America: an Interpretive History of Mass Media*, Boston: Allyn & Bacon.
EMNID-Institut [2001] *Die niedersächsischen Bürgermedien und ihr Publikum: Eine Nutzungs- und Reichweitenanalyse*, Berlin: Vistas.
Engelman, R. [1996] *Public Radio and Television in America; a Political History*, Thousand Oaks, CA: Sage.
Etzioni, A. [1995] *The Spirit of Community: Rights, Responsibilities and the Communitarian Agenda*, London: Fontana Press.
Everitt, A. [2003] *New Voices: An evaluation of 15 Access Radio projects*, London: Radio Authority (http://www.ofcom.org.uk/radio/ifi/rbl/commun_radio/prsandl/backreading/new_voices.pdf (2009年4月5日取得)).
Fanon, F. [1966] *L'an V de la Révolution Algérienne*, Paris : François Maspero (宮ヶ谷徳三・花輪莞爾・海老坂武訳『革命の社会学』みすず書房, 1969年).
Fellow, A. [2005] *American Media History*, Belmont, CA: Wadsworth.
Finn, D. [2003] "Employment Policy," Ellison, N. and C.Pierson (ed.), *Developments in British Social Policy 2*, Basingstoke: Palgrave Macmillan.
Fraser, N. [1992] "Rethinking the Public Sphere : A Contribution to the Critique of Actually Existing Democracy," Calhoun, Craig (ed.), *Habermas and the Public Sphere*, Cambridge MA: MIT Press (山本啓・新田滋訳「公共圏の再考――既存の民主主義の批判のために――」クレイグ・キャルホーン編『ハーバマスと公共圏』未來社, 1999年).
Fuller, L. [1994] *Community Television in the United States: a Sourcebook on Public, Educational, and Governmental Access*, West Post, CT: Greenwod.
Giddens, A. [1998] *The Third Way: The Renewal of Social Democracy*, Cambridge: Polity Press (佐和隆光訳『第三の道――効率と公正の新たな同盟――』日本経済新聞出版社, 1999年).
Grieger, K., Kollert, U. and M. Barnay [1987] *Zum Beispiel Radio Dreyeckland: Wie freies Radio gemacht wird, Geschichte, Praxis, Politischer Kampf*, Freiburg: Dreisam.
郭曉真 [2007]「部落閲聴人観視原住民電視台之研究――以花蓮県重光部落太魯閣族人為例――」, 国立東華大学碩士（修士）論文.
Habermas, J. [1981] *Theorie des kommunikativen Handelns*, Frankfurt am Main: Suhrkamp (河上倫逸・藤沢賢一郎・丸山高司ほか訳『コミュニケイション的行為の理論』未來社, 1985-87年).
―――― [1990] *Strukturwandel der Öffentlichkeit: Untersuchungen zu einer Kategorie der bürgerlichen Gesellschaft*, Neuaufl. Frankfurt a.M.: Suhrkamp (細谷貞雄・山田正行訳『第2版公共性の構造転換――市民社会の一カテゴリーについての探究――』未來社, 1994年).
Hadl, G. [2007] "Community Media'? 'Alternative Media'? Unpacking approaches to media by, for and of the people," *International and Global Communication*, No. 2.

Halleck, DeeDee [2001] *Hand-Held Visions: The Use of Community Media*, New York: Fordham University Press.

Hallett, L. [2009] "The Space Between: Making room for Community Radio," in Gordon, J. (ed.), *Notions of Community: A Collection of Community Media Debates and Dilemmas*, Bern: Peter Lang.

行政院客家委員会 [2004]『全国客家人口基礎資料調査研究』(http://www.hakka.gov.tw/public/Attachment/9114945271.pdf (2009年8月31日閲覧)).

────── [2008]『97年度全国客家人口基礎資料調査研究』(http://www.hakka.gov.tw/public/Attachment/922415151571.pdf (2009年8月31日閲覧)).

行政院原住民族委員会 [2007]「原住民経済状況調査1期末報告」『民国95年台湾原住民経済状況調査』(http://www.apc.gov.tw/main/docDetail/detail_TCA.jsp?isSearch=&docid=PA000000001087&cateID=A000447&linkSelf=260&linkRoot=4&linkParent=49&url= (2009年8月31日閲覧)).

────── [2009]『97年原住民就業状況調査──失業率初估報告』(http://www.apc.gov.tw/main/docDetail/detail_TCA.jsp?isSearch=&docid=PA000000003068&cateID=A001114&linkSelf=339&linkRoot=4&linkParent=49&url= (2009年8月31日閲覧)).

Harris, M. [2001] "Voluntary Organisations in a Changing Social Policy Environment," in Harris, M. and C.Rochester (ed.), *Voluntary Organisations and Social Policy in Britain: Perspectives on change and choice*, Basingstoke: Palgrave.

Harris, M. et al. [2001] "Voluntary Organisations and Social Policy: Twenty Years of Change," in Harris, M. and C. Rochester (ed.), *Voluntary Organisations and Social Policy in Britain: Perspectives on change and choice*, Basingstoke: Palgrave.

Hartley, J. and K. McWilliam (ed.) [2009] *Story Circle: Digital Storytelling Around The World*, Malden, Mass.:Wiley Blackwell.

Heidinger, V., Schwab, F. and P. Winterhoff-Spurk [1993] "Offene Kanäle nach der Aufbauphase: Bilanz bisheriger Begleitforschungen," *Media Perspektiven*, Nr. 7.

Horstmann, R. [2007] *Reichweiten des Niedersächsischen Bürgerrundfunks 2006*, Berlin: Vistas.

Howley, Kevin (ed.) [2009] *Understanding Community Media*, London: Sage Publications.

Huesca, R. [1995] "A procedural View of Participatory Communication: Lessons from Bolivian Tin Miners' Rradio," *Media, Culture & Society*, 17.

Johnson, N. [1967] *How to Talk Back to Your Television Set*, Boston : Little, Brown (林雄二郎・小嶋国雄訳『テレビ文明への告発状』ダイヤモンド社, 1971年)

Kabeer, N. [2003] *Gender Mainstreaming in Poverty Eradication and the Millennium Development Goals: A hand book for policy-makers and other stakeholders*, International Development Research Centre.

Katsiaficas, G. [2006] *The Subversion of Politics: European Autonomous Social Movements and The Decolonization of Everyday Life, new edition*, Oakland: AK Press.

Kluge, A. and O. Negt [1972] *Öffentlichkeit und Erfahrung: Zur Organisationsanalyse von bürgerlicher und proletarischer Öffentlichkeit*, Frankfurt am Main: Suhrkamp.

Labour Party [2001] *Ambitions for Britain: Labour's Manifesto 2001*, London: Labour Party.

Lerg, W. B. and A. Rieger [1994] *Bürgerfunk in Nordrhein-Westfalen: Eine Studie zur Integrationsfähigkeit von 15%-Gruppen in kommerzielle Lokalradios in NRW*, Opladen: Leske und Budrich.

Lewis, P. M. [2002] "Radio theory and Community Radio," Jankowski, Nicholas W. (ed.), *Community Media in the Information Age, Perspectives and Prospects*, Cresskill: Hampton Press.

───── [2008] "Finding and funding Voices: the London experience," *Information, Society and Justice*, 2 (1).

Lewis, P. M. and J. Booth [1989] *The Invisible Medium: Public, Commercial and Community Radio*, London: Macmillan.

Linder, L. [1999] *Public Access Television: America's Electronic Soapbox*, Bloomington: Indiana University Press (松野良一訳『パブリック・アクセス・テレビ──米国の電子演説台──』中央大学出版部,2009年).

劉幼琍 [1998]「原住民対廣電媒体使用与満足之調査分析」『台大新聞論壇』No. 5.

MacIver, R. M. [1917] *Community: A Sociological Study*, Manchester: Ayer Co Publishing (中久郎・松本通晴監訳『コミュニティ──社会学的研究・社会生活の性質と基本法則に関する一試論──』ミネルヴァ書房,1975年).

mayaw biho wsay kolas [2005]「這是原住民的電視台?」『中国時報』11月23日.

Melucci, A. [1989] *Nomads of the Present: Social Movements and Individual Needs in Contemporary Society*, Philadelphia: Temple University Press (山之内靖・貴堂嘉之・宮崎かすみ訳『現在に生きる遊牧民〔ノマド〕──新しい公共空間の創出に向けて──』岩波書店,1997年).

Miglioretto, B. [2008] "Women in Ache Demand Gender Budgets," in AMARC [2008].

Miglioretto, B. and J. Lopez [2008] "Asia-Pacific Women Demand Equal Access to Leadership in Community Radio," in AMARC [2008].

Milan, S. [2008] "What makes you happy?: Insights into feelings and muses of community radio practitioners," *Westminster Papers in Communication and Culture*, Vol. 5 (1).

Monk, G., Winslade, J., Crocket, K. and D. Epston (ed.) [1997] *Narrative Therapy in Practice: The Archaeology of Hope*, San Francisco: Jossey-Bass Publishers (国重浩一・バーナード紫訳『ナラティヴ・アプローチの理論から実践まで』北大路書房,2008年).

O'Connor, A. [2004] *Community Radio in Bolivia: The Miners' Radio Station*, New York: Edwin Mellen Press.

Ofcom [2009] *Community Radio: Annual Report on the Sector*, London: Ofcom (http://www.ofcom.org.uk/radio/ifi/rbl/commun_radio/cr_annualrpt/cr_annualrpt.pdf (2009年7月3日閲覧)).

Osborne, J. [2009] *Radio Head: Up and Down the Dial of British Radio*, London: Simon & Schuster UK.

Osborne, S. P. and K. Ross [2001] "Regeneration: The Role and Impact of Local Development Agencies," in Harris, M. and C.Rochester (ed.), *Voluntary Organisations and Social Policy in Britain: Perspectives on Change and Choice*, Basingstoke: Palgrave.

Parisaca, J. [2008] "The Group of Women of Matagalpa: An Organization of Decided Women," in AMARC [2008].

Pinkau, R. and S. Thiermann [2005] *Freie Radiostationen: Aktuelle Frequenzen, Programme, Sendezeiten*, Meckenheim: Vth.

Putnam, R. D. [1993] *Making Democracy Work. Civic Traditions in Modern Italy*, Princeton: Princeton Univeristy Press (河田潤一訳『哲学する民主主義――伝統と改革の市民的構造――』NTT出版, 2001年).

―――― [2000] *Bowling Alone: The Collapse and Revival of American Community*, New York: Simon & Schuster (柴内康文訳『孤独なボウリング』柏書房, 2006年).

Radio Authority [2000] *Radio Regulation in the 21 st Century: A submission to the DCMS/DTI.*, London: Radio Authority (http://www.ofcom.org.uk/static/archive/rau/publications-archive/adobe-pdf/comminications-bill/Radio%20Regulation%20for%2021st%20Century.pdf (2009年7月3日閲覧)).

Raz, J. [1991] "Free Expression and Personal Identification," *Oxford Journal of Legal Studies*, 11(3) (「自由な表現と個人の証」, 森際康友編訳『自由と権利 ジョセフ・ラズ政治哲学論集』勁草書房, 1996年).

Rennie, E [2006] *Community Media: a Global Introduction*, Lanham, Maryland: Rowman & Littlefield.

Richardson, L. and K. Mumford [2002] "Community, Neighbourhood and Social Infrastructure," in Hills, J., LeGrand, J. and D.Piachaud (ed.), *Understanding Social Exclusion*, Oxford: Oxford University Press.

Rodríguez, C. [2001] *Fissures in the Mediascape. An International Study of Citizens' Media*, Cresskill NJ: Hampton Press.

Salamon, L. M. [1992] *America's Nonprofit Sector*. New York: Foundation Center (入山映訳『米国の「非営利セクター」入門』ダイヤモンド社, 1994年).

Sterling, C. Kittros, J. [2002] *Stay Tuned: a History of American Broadcasting*, Mahwah, N.J.: Lawrence Erlbaum Associates.

孫大千 [1995]「夾縫中的族群建構――泛原住民意識与台湾族群問題的互動――」, 蕭新煌編『敬告中華民国』日臻出版.

―――― [2000]『夾縫中的族群建構――台湾原住民的言語, 文化与政治――』聯合文學.

Tanesia, A. [2008] "Women as Producers of Information in Indonesia," in AMARC [2008].

Tocqueville, A. [1835-40] *Democracy in America*, London : Saunders and Otley (井伊玄太郎訳『アメリカの民主政治(上・中・下巻)』講談社, 1987年).

Tönnies, F. [1912] *Gemeinschaft und Gesellschaft: Grundbegriffe der reinen Soziologie*, 2. Aufl. Berlin: Curtius (杉之原寿訳「ゲマインシャフトとゲゼルシャフト――純粋社会学の基本概念――」

岩波書店，1954年）．
Touraine, Alain [1978] *La Voix et le Regard*, Paris: Seuil（梶田孝道訳『声とまなざし　社会運動の社会学』新泉社，1983年）．
Volpers, H., Salwiczek, C. and D. Schnier [2006] *Bürgerfunk in Nordrhein-Westfalen: Eine Organisations- und Programmanalyse*, Berlin: Vistas.
Walendy, E. [1993] "Offene Kanäle in Deutschland. Ein Überblick. Rechtsrahmen und Entwicklungsstand," *Media Perspektiven*, Nr. 7．
Walsh, M. [1996] *Graffitio*, Berkeley: North Atlantic Books（新田啓子訳「グラフィティをめぐる断章」『現代思想』10月号，2003年）．
Waltz, M. [2005] *Alternative and Activist Media*, Edinburgh: Edinburgh University Press（神保哲生訳『オルタナティブ・メディア──変革のための市民メディア入門──』大月書店，2008年）．
王甫昌［2003］『当代台湾社会的族群想像』（Ethnic Imagination in Contemporary Taiwan），群學出版有限公司．
魏玓［2005］「族群与媒体：給我們一個真正的原民台」『媒観電子報』No. 147.
Weichler, K. [1987] *Die anderen Medien: Theorie und Praxis alternativer Kommunikation*, Berlin: Vistas.
原住民族電視台［2009］『2008原住民族電視台年度報告』（http://www.pts.org.tw/titv/indigenoustv/information/01-operations/aa4.pdf（2009年8月31日閲覧））．

《日本語文献》
総合ジャーナリズム研究編［2009］「DATA新聞・通信社，NHK，民法の女性たち」『総合ジャーナリズム研究』2009春，No. 208.
赤木智弘［2007］「『丸山眞男』をひっぱたきたい　31歳フリーター．希望は，戦争」『論座』1月号．
秋田光彦［2009］「お寺の資源力を活かす　市民参加型寺院・應典院の実験」，上町台地コミュニティ・デザイン研究会編［2009］．
浅田繁夫［2008］「日本におけるコミュニティFMの構造と市民化モデル」『創造都市研究e』3（1）．
渥美公秀［2007］「協働的実践の成果表現における三層──減災コミュニケーションデザイン・プロジェクト──」『Communication-Design 2006──異なる分野・文化・フィールド　人と人のつながりをデザインする──』（大阪大学コミュニケーションデザイン・センター）．
有山輝雄［2009］『近代日本のメディアと地域社会』吉川弘文館．
池田緑［2004］「NPOの『情報化』をめぐる課題と『情報資源』」，川崎賢一・リ　ケンエン・池田緑編『NPOの電子ネットワーク戦略』東京大学出版会．
井上輝子・女性雑誌研究会［1989］『女性雑誌を解読する～COMPAREPOLITAN　日・米・メキシコ比較研究』垣内出版．
岩本太郎［2008］「『声明』『署名』をめぐる議論について」G8メディアネットワーク［2008］．
上町台地コミュニティ・デザイン研究会編［2009］『地域を活かすつながりのデザイン──大阪・

上町台地の現場から――』創元社.
魚住真司［2005］「パブリック・アクセスの開祖たち（下）」『放送レポート』197号.
VOL collective 編［2009］『VOL lexicon』以文社.
遠藤薫［2008］『ネットメディアと〈コミュニティ〉形成』東京電機大学出版局.
大畑裕嗣・成元哲・道場親信・樋口直人編［2004］『社会運動の社会学』有斐閣.
岡真理［2000］『記憶／物語』岩波書店.
小川明子［2006］「デジタル・ストーリーテリングの可能性――BBC・Capture Wales を例に――」『社会情報学研究』10（2）.
――――［2009］「ローカル新聞と日露戦争――豊橋『新朝報』における読者参加を例に――」『マス・コミュニケーション研究』75号.
小川明子・小島祥美・伊藤昌亮・稲葉莉奈［2009］「多民族・多文化共生のためのストーリーテリング実践――コミュニティ・サービスラーニングⅢ実践報告――」『コミュニティ・コラボレーション』2号.
小熊英二［1995］『単一民族神話の起源――「日本人」の自画像の系譜――』新曜社.
粕谷信次［2009］『社会的企業が拓く市民的公共性の新次元――持続可能な経済・社会システムへの「もう一つの構造改革」（増補改訂版）――』時潮社.
加藤晴明［2007］「コミュニティ放送の事業とディレンマ」、田村紀雄『現代地域メディア論』日本評論社.
金山智子編［2007］『コミュニティメディア――コミュニティFMが地域をつなぐ――』慶應義塾大学出版会.
金治宏［2008］「NPO 持続の条件」神戸大学大学院経営学研究科博士論文.
萱野志朗［2008］「アイヌ語を伝える FM ピパウシ」、松浦・小山編［2008］.
川上隆史［2006］「多文化主義カナダに根づく多様なメディア」、津田・平塚編［2006］.
川島隆［2006］「ブレヒト〈ラジオ理論〉の射程――ドイツ連邦共和国における市民メディア発展史との関連から――」『マス・コミュニケーション研究』69号.
――――［2008］「ドイツ――オープン・チャンネルを超えて――」、松浦・小山編［2008］.
河原俊昭・岡戸浩子［2009］『国際結婚――多言語化する家族とアイデンティティ――』明石書店.
岸本晃［2002］「IT 時代の紫式部と国創り――行動する熊本の住民ディレクター――」、津田・平塚編［2002］.
北九州市立男女共同参画センター"ムーブ"編［2005］『ジェンダー白書3 女性とメディア』（ムーブ叢書）、北九州市立男女共同参画センター ムーブ.
黒田研二・逢坂隆子・坂井芳夫ほか［2002］「大阪市における野宿者および簡易宿泊施設投宿者の死亡の実態」『Shelter-less』15号.
高祖岩三郎［2008］「アートとアクティヴィズムのあいだ――あるいは新しい抵抗運動の領野について」『VOL』（3）.
粉川哲夫［1982］『メディアの牢獄――コンピューター化社会に未来はあるか――』晶文社.
――――編［1983］『これが「自由ラジオ」だ』晶文社.

小林正［2003］「コミュニティ・ガバナンスと地域メディア」，田村紀雄編『地域メディアを学ぶ人のために』世界思想社．
小山帥人［2008］「フランス──アソシアシオンのラジオを支える仕組み──」，松浦・小山編［2008］．
斎藤純一［2005］「現われの消去──憎悪表現とフィルタリング──」，藤野寛・斎藤純一編『表現の〈リミット〉』ナカニシヤ出版．
─── ［2008］『政治と複数性』岩波書店．
坂田謙司［2003］「コミュニティFMによるインターネット放送──インターネット時代における地域メディアの新しい展開──」『マス・コミュニケーション研究』62号．
─── ［2008］「放送の多様性から見る営利／非営利問題」，松浦・小山編［2008］．
櫻田和也［2006］「プレカリアート共謀ノート」『インパクション』151．
佐藤一子［1984］『イタリア文化運動通信──ARCI・市民の担う文化プログラム──』合同出版．
佐藤卓己［1998］『現代メディア史』岩波書店
─── ［2008］『輿論と世論──日本的民意の系譜──』新潮社．
佐藤博昭［2008］『たたかうビデオカメラ』フィルムアート社．
佐藤慶幸［2002］『NPOと市民社会──アソシエーション論の可能性──』有斐閣．
G8MN［2008］『G8メディアネットワーク報告書』G8メディアネットワーク．
市民とメディア調査団（台湾）［2008］『台湾の市民とメディア』市民とメディア調査団．
白石克孝編・的場信敬監訳［2006］『英国における地域戦略パートナーシップへの挑戦』公人の友社．
白石草［2008］「入管問題とメディア対応」G8メディアネットワーク［2008］．
菅谷実［1997］『アメリカのメディア産業政策』中央経済社．
鈴木秀美［2000］『放送の自由』信山社出版．
鈴木秀美・山田健太・砂川浩慶編［2009］『放送法を読みとく』商事法務．
鈴木みどり［1997］「世界に広がるコミュニティラジオ運動」，鈴木みどり編［1997］．
─── ［2001］『メディア・リテラシーの現在と未来』世界思想社．
───編［1997］『メディア・リテラシーを学ぶ人のために』世界思想社．
成元哲［2003］「なぜ人は社会運動に関わるのか──運動参加の承認論的展開──」，大畑ほか編［2004］．
総務省［2007］（通信・放送の総合的な法体系に関する研究会　報告書のポイント）http://www.soumu.go.jp/menu_news/s-news/2007/pdf/071206_2_bs1.pdf
（特活）たかとりコミュニティセンターたかとり10年誌編集委員会［2005］『たきび　たかとり10年誌』特定非営利活動法人たかとりコミュニティセンター．
田村太郎［2005］「FMわぃわぃ "地域に役立つこと" を忘れた事業はいらない」，NPO法人ETIC．『Address the Smile　コミュニティ起業家の仕事』経済産業省．
ちろる・栗田隆子［2007］「私は日雇い派遣しかできません」『フリーターズフリー』1号．
塚本一郎・柳澤敏克・山岸秀雄編［2007］『イギリス非営利セクターの挑戦──NPO・政府の戦略

的パートナーシップ——』ミネルヴァ書房.
津田正夫［2006］「市民メディアの課題」, 津田・平塚編［2006］.
津田正夫・魚住真司編［2008］『メディア・ルネサンス——市民社会とメディア再生——』風媒社.
津田正夫・平塚千尋編［1998］『パブリック・アクセス——市民が作るメディア——』リベルタ出版.
―――［2002］『パブリック・アクセスを学ぶ人のために』世界思想社.
―――［2006］『新版　パブリック・アクセスを学ぶ人のために』世界思想社.
土屋豊［2005］「映像のゲリラたち——自主ビデオからの出発——」, 野中章弘編『ジャーナリズムの可能性』岩波書店.
―――［2009］「ビデオユニットが7月に北海道入りして活動を開始するまでの経緯」G8メディアネットワーク.
ドンキー工具. Jr・大澤信亮［2007］「期間工やる前に読んでおけ！」『フリーターズフリー』1号.
中田實［1993］『地域共同管理の社会学』東信堂.
中野卓・桜井厚編［1995］『ライフヒストリーの社会学』弘文堂.
中村美子［2009］「受信許可料はBBC以外に配分されるのか——イギリスの公共サービス放送の将来像議論の行方——」『放送研究と調査』59 (10).
中村美子・米倉律［2009a］「公共放送は人々にどのように『話題』にされているか——日本, 韓国, 英国を対象に公共放送と人々とのコミュニケーションに関する国際比較ウェブ調査——」『放送研究と調査』7月号.
―――［2009b］「人々の政治・社会意識とメディアコミュニケーション——日本, 韓国, 英国を対象に公共放送と人々とのコミュニケーションに関する国際比較ウェブ調査の2次分析から——」『放送研究と調査』9月号.
新川達郎［2009］「市民社会におけるコミュニティ・デザイン」, 上町台地コミュニティ・デザイン研究会編［2009］.
野家啓一［2005］『物語の哲学』岩波書店.
野口裕二［2005］『ナラティヴの臨床社会学』勁草書房.
野中章弘編［2005］『ジャーナリズムの可能性』岩波書店.
野村直樹［2002］「ナラティヴという視点——会話が作る空間とは？　可能性とは？——」『精神科看護』29 (11).
長谷川公一［1990］「資源動員論と「新しい社会運動」論」, 長谷川公一編『社会運動論の統合をめざして　理論と分析』成文堂.
林香里［1996］「ローカルラジオの可能性と限界——ドイツにおけるもう一つの〈ニューメディア〉——」『マス・コミュニケーション研究』48号.
―――［1997］「独のオープンチャンネル——多メディア・多チャンネル時代の市民メディア空間——」『総合ジャーナリズム研究』34 (1).
―――［2002］『マスメディアの周縁——ジャーナリズムの核心——』新曜社.
林茂樹［1996］『地域情報化過程の研究』日本評論社.

原麻里子［2009］「『公共放送』概念の転換？――『デジタル・ブリテン』が示す放送の未来像――」『月刊民放』9月号.
原崎恵三［1995］『海賊放送の遺産』近代文藝社.
東野真［2003］『緒方貞子 難民支援の現場から』集英社.
日隅一雄［2009］『審議会革命――英国の公職任命コミッショナー制度に学ぶ――』現代書館.
日比野純一［2006］「多文化・多民族社会を拓くコミュニティ放送局」, 津田・平塚編［2006］.
―――［2007］「コミュニティのラジオが果たす役割――日本と世界の温度差――」, 田村紀雄・白水繁彦編『現代地域メディア論』日本評論社.
―――［2008］「マイノリティの非営利放送と市民社会の成熟――地域のメディアを考える論点と課題――」, 松浦・小山編［2008］.
平塚千尋［1998］「どうする日本のメディアアクセス」, 津田・平塚編［1998］.
平塚千尋・松浦さと子［2006］「教育・研修で充実を図るドイツの市民メディア」, 津田・平塚編［2006］.
広井良典［2009］『コミュニティを問い直す――つながり・都市・日本社会の未来――』筑摩書房.
船津衛［1994］『地域情報と地域メディア』恒星社厚生閣.
干川剛史［2003］『公共圏とデジタル・ネットワーキング』法律文化社.
松浦さと子・小山帥人編［2008］『非営利放送とは何か――市民が創るメディア――』ミネルヴァ書房.
松浦哲郎［2007］「自発的ジャーナリズム「G8」を総力取材」『GALAC』10月号.
マッキノン, R.［2007］「参加型グローバル・メディアの未来――ブログ, ジャーナリズムそして信頼性――」, 小野善邦編『グローバルコミュニケーション論――メディア社会の共生・連帯をめざして――』世界思想社.
松原明［2005］「時代を撃つビデオ・アクティビスト」, 野中章弘編［2005］.
松本恭幸［2009］『市民メディアの挑戦』リベルタ出版.
丸山里美［2009］「ソーシャルセンター」, VOL collective 編『Lexicon』以文社.
水越伸［2005］『メディア・ビオトープ』紀伊國屋書店.
簑葉信弘［2003］『第二版 BBCイギリス放送協会――パブリック・サービス放送の伝統――』東信堂.
村松康子・H. ゴスマン編［1998］『メディアがつくるジェンダー――日独の男女・家族像を読みとく――』新曜社.
安田幸弘［2008］「G8メディアネットワークの呼びかけまで」G8メディアネットワーク［2008］.
矢部史郎［2009］「アウトノミア」, VOL collective 編『Lexicon』以文社.
山口洋典［2009］「ネットワーク型まちづくりでつながる・まとまる・ひろがる」, 上町台地コミュニティ・デザイン研究会編［2009］.
山田富秋［2005］『ライフストーリーの社会学』北樹出版.
吉澤弥生［2009］「欧州における芸術と社会運動の現在（1）」, コンフリクトの人文学国際研究教育拠点編『コンフリクトの人文学（1）』大阪大学出版会.

吉富志津代［2007］「多文化が活かされる地域社会　神戸の事例から」，毛受敏浩・鈴木江理子編『「多文化パワー」社会　多文化共生を超えて』明石書店．
―――［2008］『多文化共生社会と外国人コミュニティの力――ゲットー化しない自助組織は存在するか？――』現代人文社．
若林正丈［2008］『台湾の政治――中華民国台湾化の戦後史――』東京大学出版会．
鷲尾和彦［2007］『共感ブランディング』講談社．

《ウェブサイト》

OurPlanetTV（東京）　http://www.ourplanet-tv.org/
Independent Media Center（インディメディア）　http://www.indymedia.org/
FM わぃわぃ　http://www.tcc117.org/fmyy/
Bundesverband Offene Kanäle（オープンチャンネル連盟：ドイツ）　http://www.bok.de/
川辺川を守りたい女性たちの会　http://ww71.tiki.ne.jp/~ayutra/
京都コミュニティ放送　http://radiocafe.jp/
記録と表現とメディアのための組織 remo　http://www.remo.or.jp/
国際先住民族ネットワーク（FM ピパウシ）　http://www.aa.alpha-net.ne.jp/skayano/
Community Media Association（コミュニティメディア協会：英国）　http://www.commedia.org.uk/
Alliance for Community Media（コミュニティメディア連合：米国）　http://www.alliancecm.org/
しんぐるまざあずふぉーらむ関西　http://smf-kansai.main.jp/
世界コミュニティラジオ放送連盟（AMARC）　http://www.amarc.org/
総務省電波利用ホームページ（コミュニティ放送の現状）　http://www.tele.soumu.go.jp/j/adm/system/bc/now/index.htm
ディ！あまみエフエム　http://www.npo-d.org/pc/
ドキュメンタリー映画「フツーの仕事がしたい」　http://nomalabor.exblog.jp/
難民ナウ！　http://www.geocities.jp/nanmin_now/
日本コミュニティ放送協会（JCBA）　http://www.jcba.jp/
フリーターズフリー　http://www.freetersfree.org/
ミックスルーツ・ジャパン　http://www.mixroots.jp/
むさしのみたか市民テレビ局　http://www1.parkcity.ne.jp/mmctv/
ラジオパープル　http://radiopurple.org/
レーバーネット日本　http://www.labornetjp.org/

索　引

ア　行

アイデンティティ　54-58, 65-66, 140, 230-31, 234, 237-38, 274, 281
——の承認　2-3, 244, 249-50
アイルランド　29, 31, 41, 66, 187, 190
アウトノミア運動　100-101, 108, 144-45
青の会　83
空家占拠→スクウォット
アクセス権　3, 58, 140, 148, 157, 164, 166, 169, 274-75
アクセス・センター　161
アソシエーション　4-5, 9, 102, 147, 149, 261
アチェ　30, 46
アチュリー, デイナ　213, 219
アパデュライ, アルジュン　222
AMARC（世界コミュニティラジオ放送連盟）　10, 20, 29, 35, 38, 40, 45, 116-25, 127-41, 153, 185, 256-60
——女性国際ネットワーク　40-47, 50
——日本協議会　20, 48, 125, 138-39
阿里巴巴　227
アルジェリア独立闘争　143
アレックス→オープンチャンネル・ベルリン
アーレント, ハンナ　54
OurPlanet-TV　87, 92
アンダーソン, ベネディクト　222
飯村隆彦　83
イギリス　5, 11, 27, 151-52, 181-208, 216-18, 251
イタリア　10-11, 29, 98-110, 144-45, 148-49
イブラヒム, ゼイン　250
移民　7, 94, 146, 163, 175, 177, 202, 211, 216, 228-30, 281
イラク戦争　3
インターネット　3, 6-7, 18-19, 32, 50, 54, 62-64, 86-87, 127, 133, 165-66, 173, 175, 227-39, 243-44, 251-52, 257, 261, 266, 269-70, 281

インディメディア　86
インド　36-38, 46-47
インドネシア　29-30, 46
ウェールズ　66, 187, 190, 213, 217-18
ウォルシュ, マイケル　98
ウルグアイ　31
英国→イギリス
エヴェリット, アンソニー　188, 201
SNS（ソーシャル・ネットワーキング・サービス）　7, 11, 32, 166, 212, 232-35, 238
エスニック・グループ　55, 58-61
エッツィオーニ, アミタイ　181
NHK　44, 91, 251, 253, 255
NPO　8-9, 14, 19-23, 107, 243, 253, 256, 264-67, 271-72
FM
——サラン　124
——ピバウシ　11, 124-26
——ユーメン　14, 18, 124
——ヨボセヨ　14, 18, 124
——わぃわぃ（神戸）　5, 10, 14-28, 48, 138-39, 264-67
——わぃわぃ放送番組基準　24-25
アリグル——（パリ）　149-50
ミニ——　5, 14, 124-25, 264, 266
レゾナンス——（ロンドン）　204
FCC（連邦通信委員会）　159
日本版——→通信・放送委員会
オアハカ州（メキシコ）　47, 122
緒方貞子　242
小川紳介　83
オーストラリア　29, 31-32, 216
オーストリア　94
Ofcom（通信庁）　152, 187, 189, 196-98, 201
オープンチャンネル　169-76, 187, 269-70
——ドルトムント　174
——ベルリン　174-76
表参道ジャック　247

オライリー，ローナン　151
オーラル・ヒストリー　218
オランダ　31

カ 行

外省人　55
海賊放送　3, 18, 29, 121, 145, 151
開発　3, 29-30, 42, 152, 216
課題情報
　　地域——　245, 259
　　地域外——　249
ガタリ，フェリックス　146
家庭内暴力　50, 62
カナダ　31, 127-33, 148, 160-61, 216
カブレラ，マビック　40, 50
釜ヶ崎（あいりん地区）　10, 67
カメルーン　45
川辺川ダム　85, 240-41
環境保護　2, 145-47, 149, 169
韓国　93, 130, 251
関西非正規労働組合　70
患者たちの声　216
漢族　55, 59, 61, 65
カンボジア　67
記者クラブ制度　7
ギデンズ，アンソニー　5, 181-82
キャプチャー・ウェールズ　213, 217
行政院原住民（族）委員会　58
京都地域創造基金　256
協同組合　3, 9, 104, 110, 145, 205
京都コミュニティ放送　11, 21, 48, 242, 253, 264-65
京都三条通りジャック　247-48
京都三条ラジオカフェ→京都コミュニティ放送
京の三条まちづくり協議会　248
グッドウィル　70
グテーレス，アントニオ　247
グラフィティ（落書き）　6, 98-99
クロスオーナーシップ　91
携帯電話　7, 32, 37, 49-50, 68-69
ケーブル通信政策法（アメリカ合衆国）　162

ケーブル TV　3, 58-59, 84-86, 156-67, 169-71, 209
ケベック州（カナダ）　128-30
原住民（台湾）　54-66
原住民族基本法　58
原住民族教育法　58-59
原住民（族）電視台　58-65
原子力発電所　145-47
公共圏　1, 91, 111-12, 144, 191
　　対抗——　2, 142, 144, 146, 173
広告　6, 30, 32, 105, 120, 146, 149-50, 201, 251, 276
鉱夫の声　114
公民権運動　2-3, 94, 129, 144, 170
高齢者　7, 91, 188, 190, 197, 216-17
国語　55
ゴード，アラン　129
コミュニケーション
　　——に関する法律（ボリビア）　115-16
　　——の権利　8, 28, 82, 90-94, 132, 134-38, 255
　　——の自由に関する法律（フランス）　149, 269
コミュニタリアン思想　5
コミュニティ　4-6, 30, 181-82, 222
　　——アクティベーション　98
　　——ガバナンス　245, 249, 251
　　——テレビ（北米）　11, 156-67
　　——ビジネス　9, 23, 272
　　——放送（日本）　5-10, 15, 39, 48-49, 242-44, 256-58, 263-67, 270-72, 285
　　——放送基金（オーストラリア）　31-32
　　地域——　6, 9, 11, 19, 30, 63-64, 150, 158, 190, 222, 245-49, 251, 275, 285
　　テーマ（関心）——　6, 11, 30, 190, 245-49, 251, 275
コミュニティメディア　1, 3-7, 30, 42, 83, 98, 107-108, 110-12, 127, 140, 199, 207, 251-53, 255-61, 263-84
　　——協会（英国）　185-89, 197-200
　　——に関する決議（欧州議会）　1, 5, 27, 179,

索引 *301*

270, 278-84
──レビュー　162
コミュニティラジオ
　──フォーラム（インド）　37
　──基金（英国）　157, 190-91, 197
　──放送協会（ネパール）　37
　──法令（英国）　189, 197
　──協会→コミュニティメディア協会
ComRights　12, 28, 90-92
雇用　7-8, 10, 67-80, 149, 176, 191, 197
コロンビア　31, 115-17

サ 行

災害対策（防災）　5-6, 20, 36, 38, 63, 270
在日外国人　14-24, 27, 91, 228-29
サッチャー，マーガレット　152
佐藤重臣　83
サパティスタ解放戦線　121
三元体制　1, 8, 35, 116, 139, 168, 192, 274, 283
シェイクフォワード！　235-37
G8メディアネットワーク　87-89
J-FUN（日本 UNHCR-NGOs 評議会）　247
シェフィールド・ライブ　29, 201
ジェンダー　10, 38, 40-53, 77, 91, 135, 137, 216, 258
資源動員　107, 110
視聴覚高等評議会（フランス）　149
市民メディア
　──全国交流集会（日本）　7, 95, 263, 285
　──全国交流協議会　90, 95
社会運動　2-4, 10-11, 56, 107, 144, 179, 192, 207, 255-56
　新しい──　2-3, 9, 110, 142, 145-47, 168-69
社会関係資本　8, 197, 202
社会センター（イタリア）　101-102
社会的企業　9, 71, 201, 205-207, 256
社会的起業→社会的企業
社会的経済　9, 207
社会的排除　9, 183, 186, 197
社会的包摂　187, 207, 281
集中排除　169

住民ディレクター　86
受信許可料→受信料
受信料　91, 150, 169, 175, 179, 200, 208, 251, 255
主体の現われ　54, 66
首都圏青年ユニオン　70
シュレーダー，ゲルハルト　150
障害（がい）者　19-20, 25-27, 38, 91, 94, 197, 216-17
少数者→マイノリティ
情報通信法（案）　90, 266-67
女性差別撤廃条約　43
女性の井戸端会議ラジオ　41
シングルマザー　50, 52-53, 71
親密圏　2, 10
スクウォット　100-102, 176
スコット，キャシー　84
スコットランド　4, 66, 187, 190, 231
ステレオタイプ　41, 59, 65, 234, 281
ストーニー，ジョージ　160-62
スリランカ　36-37
生活世界の植民地化　2, 99
政党
　キリスト教民主同盟（ドイツ）　150, 169, 178-79
　社会党（フランス）　146
　社会民主党（ドイツ）　150, 170, 172, 178
　自由民主党（日本）　7, 89
　保守党（英国）　151
　緑の党（ドイツ）　147, 172, 178
　民主党（日本）　7, 93, 270
　労働党（英国）　5, 151-52, 181-83, 200, 205
世界コミュニティラジオ放送連盟→AMARC
世界人権憲章→世界人権宣言
世界人権宣言　27, 34, 43, 118
世論（公論）　2, 12
セン，アシシ　10, 33-39
セン，アマルティア　34
先住民　11, 54-66, 113-26, 216, 230, 266
族群→エスニック・グループ
ソーシャル・ネットワーキング・サービス→SNS

SONY（ソニー）　83, 85, 161
ソレルヴィセンス，マルセロ　128

タ 行

第三の道　152, 182
台湾　54-66
台湾原住民族権利宣言　57
台湾原住民（族）権利促進会　56-57
タウンミーティング　158
たかとりコミュニティセンター（TCC）　14
ターゲスツァイトゥング　146
ダブリン　29
多文化共生　16, 20-24, 229
地域政策　5-6, 152, 160-62, 183
地域戦略パートナーシップ（英国）　183, 205
地域力再生プロジェクト支援事業交付金（京都府）　249
チャリティ委員会（英国）　205
チリ　41
Twitter　253, 285
通信庁→Ofcom
通信・放送委員会（日本版FCC）　7
土本典昭　83
ディープディッシュ・テレビ　164
底辺民主主義　147, 177
デヴェルー，ジャッキー　199
デジタル格差（デバイド）　18, 166, 185, 261
デジタル・ストーリーテリング　11, 211-24
テニエス，フェルディナント　4
テレストリート　100
テレビは一望の荒野　159
デローム，ミシェル　128
電波ジャック　100
デンマーク　31
ドイツ　4, 11, 142-43, 146-48, 150-51, 168-80, 269-70, 272
東京ビデオフェスティバル　83
トクヴィル，アレクシス・ド　157-58
特定非営利活動法人→NPO
独立財源ニュース制作機構　200
独立テレビ（英国）　151, 184, 200
独立ローカルラジオ（英国）　151
ドメスティックバイオレンス→家庭内暴力
トーレス，ファン・ホセ　115

ナ 行

ナイジェリア　45
内藤正光　7, 92, 139
内部的多元主義　169
中谷美二子　83
ナラティブ・セラピー　215
南島語族　55
難民　11, 38, 67, 190, 192, 201, 228, 242-53
　ネットカフェ——　69
難民ナウ！　11, 242-53
ニカラグア　47
ニジェール　45
ニーダーザクセン州（ドイツ）　150, 172, 176-79
ニート　73, 76, 78
ニュージーランド　66, 231
ネットワーク形成　10, 37-38, 127, 136, 256-60, 284
ネパール　34-35, 37
野宿者　67-69
ノルウェー　66
ノルトライン＝ヴェストファーレン州（ドイツ）　170, 172-74

ハ 行

パイスル，ヘルムート　94
バクリー，スティーブ　10, 29-33, 187, 200-202, 256
派遣労働　7, 68-70
客家人　55, 60
パットナム，ロバート　8, 159
バッハ，フォルカー　175
羽仁進　83
ハーバーマス，ユルゲン　1-2, 99
パブリック・アクセス　3, 7, 84-85, 91, 139, 156, 162, 170, 187, 251, 270
パブリック・ヒストリー　218

索引 303

パリ　145-46, 149
ハーレック，ディーディー　164
バングラデシュ　36
阪神・淡路大震災　5, 14-18, 26-28, 107, 138, 264
非営利　4, 30, 42, 127, 149-50, 263, 274, 280, 283
──セクター　9, 107, 205, 243, 255-56
ビクター　83
VIDEO ACT !　84
ビデオ活動　3, 82-85
ビデオカメラ　3, 63, 79, 85, 160
BBC　104, 151, 184, 200, 213, 227
ビフォ→ベラルディ
日雇労働者　10, 67-69
表現の自由　82
閩南人　55
ファノン，フランツ　143
フィリピン　29, 33
フィルム・アンデパンダン　83
Facebook　232, 238, 253, 285
ブエノスアイレス　134, 136
フェミニズム　2, 41, 146-47
フォティ，アレックス　102
ブラウン，ゴードン　182, 191
ブラジル　136, 230
フランス　27, 29, 31, 145-46, 149-50, 268-69, 272
フランチャイズ・フィー（地域営業権料）　162
フリーター　67-78, 102
ブルキナファソ　45
フルキャスト　69
ブレア，トニー　152, 182, 205
フレイザー，ナンシー　2
プレカリアート　102, 108
ブレーキング・バリアーズ（ブラックウッド）　217
フレックス化　106
ブレヒト，ベルトルト　142-44, 146
ブログ　3, 32, 106, 200, 212, 266
北京行動綱領　43, 51
ベトナム反戦運動　2, 144

ベナン　29, 31
ペニープレス　157
ベネズエラ　31, 231
ペーパータイガー TV　84
ベラクルス州（メキシコ）　119
ベラルディ，フランコ（ビフォ）　94, 100
ベルリン　142, 148, 170-71, 174-76, 269-70
ベルルスコーニ，シルヴィオ　105, 149
変革への挑戦　156, 160
放送の自由　168
ボゴタ　136-38
ポータパック→ビデオカメラ
ポッドキャスト　32, 106, 243, 253
ボランティア　4, 8, 14-16, 23, 123, 145, 149-50, 164, 182, 192, 202, 210, 238, 280
堀江貴文　71
ボリビア　113-17, 125-26, 133, 143

マ 行

Myspace　232
マイノリティ（少数者）　2, 14-28, 40, 44, 50, 59, 94, 130, 148, 163-64, 178, 188, 190, 192, 197, 210, 257
マッキーヴァー，ロバート・モリソン　4
マナグア　117, 132
ミクシィ（mixi）　232, 234
ミックスルーツ　228, 233, 237
ミッテラン，フランソワ　146, 269
水俣　83, 244
南アフリカ　29, 31, 66-67, 250
ミラノ　101-105, 145
ミリントン，ニック　206
ミレニアム開発目標　38, 42, 51
民衆のメディア連絡会　84
むさしのみたか市民テレビ局　86, 208-10
メキシコ　33, 47, 117-24
メディア
──・リテラシー　7, 43-45, 150, 173, 206, 210, 214, 279, 282
市民──　4, 11, 83, 86, 111, 140, 168-80, 252, 263, 269-70

州——機関（ドイツ）　150, 169
メルッチ，アルベルト　3
物語　9, 212, 217-23
モラレス，エバ　116
モントリオール　127-31, 153, 258-59

ヤ 行

柳田国男　220
有限責任事業組合（LLP）　9, 71-75
YouTube　106, 166, 173, 221, 269
UNESCO　30, 42, 45, 119
余暇・文化協会（イタリア）　102-104
ヨルダン　47, 138
輿論→世論

ラ 行

ライブドア　71, 227
落書き→グラフィティ
楽天　227
ラジオ
　——・アリチェ（ボローニャ）　100, 105, 145, 149
　——・キャロライン（海賊放送）　151
　——・雇用SOS（ロンウィー）　146
　——・スタテンサ　115
　——・テオセロ　118-20
　——・ドライエックラント（フライブルク）　148, 150
　——・ナンディア（マサトラン）　122-24
　——・ピオ12世　115
　——・フローラ（ハノーファー）　177-79
　——・ポポラーレ（ミラノ）　29, 104-105, 110, 131, 145
　——・ルクセンブルグ　151
　——テレビ電気通信委員会（カナダ）　128

——パープル（ウェブ—）　50
——表現支援基金（フランス）　31, 149, 269
コミュニティ——（世界）　10-11, 20, 29-39, 41, 45-47, 113-41, 148, 184-91, 196-204, 250, 256-60
サウス・シティ・——（ロンドン）　203
自由——　3, 11, 131, 142-53, 169, 172, 177-79, 268-69
デシ・——（ロンドン）　202-203
非商業ローカル——（ドイツ）　150, 172, 176-77, 269
ブッシュ——（ケープタウン）　250
緑の——　145-47
ラ・ボラドーラ・——（アメカメカ）　120-22
ラテンアメリカ（南米）　11, 29, 41, 47, 113-26, 133-41, 274-77
Loving Day　230, 237
ラロンド，ブリス　145
ライフ・ヒストリー　218
リンケ，ユルゲン　175
ルフェビュール，アントワーヌ　146
ルーラル・メディア・カンパニー（ヘレフォード）　205-207
連邦通信委員会→FCC
ローカリズム→地域コミュニティ
ローカリティ→地域コミュニティ
ロライ，マルチェロ　104
ロレーヌ鋼の心（ロンウィー）　146

ワ 行

若者　7, 190, 197, 203-204, 206
ワーキングプア　70
湾岸戦争　3, 84

《執筆者紹介》(執筆順, *は編著者)

＊松浦さと子（まつうら　さとこ）　[序章, 第14章, 終章1節・4節, あとがき]
　《編著者紹介》参照

＊川島　　隆（かわしま　たかし）　[序章, 第10章, 第12章]
　《編著者紹介》参照

　日比野純一（ひびの　じゅんいち）　[第1章, 第8章]
　龍谷大学大学院経済学研究科修士課程修了
　現在，特定非営利活動法人エフエムわぃわぃ代表理事，世界コミュニティラジオ放送連盟（AMARC）日本協議会代表，神戸学院大学学際教育機構・防災・社会貢献ユニット客員教授
　著書・論文等
　『現代地域メディア論』（共著），日本評論社，2007年
　『非営利放送とは何か——市民が創るメディア——』（共著），ミネルヴァ書房，2008年
　『災害コミュニティラジオの役割』（共著），京都大学，2012年

　スティーブ・バクリー（Steve Buckley）　[第2章1節]
　英国ケンブリッジ大学大学院修了
　現在，AMARC前国際理事長，Sheffield Live！代表理事
　著書・論文等
　（共著）*The Media Freedom Internet Cookbook*, OSCE, 2004
　（共著）*Broadcasting, Voice, and Accountability*, The University of Michigan Press, 2008

　アシシ・セン（Ashish Sen）　[第2章2節]
　英国ケンブリッジ大学大学院修了
　現在，AMARCアジア・太平洋地域理事長
　著書・論文等
　"Media reform in India: Legitimising community media," *Media Development*, WACC, 2004
　（共著）*Practicing Journalism*, SAGE Publications, 2005

　松浦哲郎（まつうら　てつお）　[第2章翻訳, 第9章1節, 終章3節, 資料3翻訳]
　京都大学大学院人間・環境学研究科修士課程修了
　現在，大妻女子大学文学部コミュニケーション文化学科助教
　著書・論文等
　『非営利放送とは何か——市民が創るメディア——』（共著），ミネルヴァ書房，2008年
　『超入門ジャーナリズム——101の扉——』（共著），晃洋書房，2010年

牧田 幸文（まきた　ゆきふみ）　［第2章翻訳，第3章］
　　オックスフォードブルックス大学社会科学学科社会学博士課程修了
　　現在，福山市立大学都市経営学部特任教員
　　著書・論文等
　　『国際比較　働く父母の生活時間――育児休業と保育所――』（共著），御茶の水書房，2005年
　　『介護・家事労働者の国際移動――エスニシティ・ジェンダー・ケア労働の交差――』（共著），日本評論社，2007年

林　　怡蓉（りん　いよう）　［第4章］
　　関西学院大学大学院社会学研究科博士後期課程満期退学，博士（社会学）
　　現在，大阪経済大学准教授
　　著書・論文等
　　『ネット時代のパブリック・アクセス』（共著）世界思想社，2011年
　　『台湾社会における放送制度』晃洋書房，2013年

生田 武志（いくた　たけし）　［第5章］
　　同志社大学文学部卒業
　　現在，野宿者ネットワーク代表，社団法人「ホームレス問題の授業づくり全国ネット」代表理事，任意団体「フリーターズフリー」編集発行人
　　著書・論文等
　　『〈野宿者襲撃〉論』人文書院，2005年
　　『貧困を考えよう』岩波書店，2009年

白石　　草（しらいし　はじめ）　［第6章］
　　早稲田大学教育学部卒業
　　現在，特定非営利活動法人 Our Planet-TV 代表理事
　　著書・論文等
　　『ジャーナリズムの挑戦　ジャーナリズムの条件4』（共著），岩波書店，2005年
　　『ビデオカメラでいこう』七つ森書館，2008年

山口 洋典（やまぐち　ひろのり）　［第7章］
　　大阪大学大学院人間科学研究科ボランティア人間科学講座博士後期課程修了，博士（人間科学）
　　現在，浄土宗應典院主幹，立命館大学共通教育推進機構准教授
　　著書・論文等
　　『地域を活かす　つながりのデザイン』（共著），創元社，2009年
　　『地域社会をつくる宗教』（共著），明石書店，2012年

吉富志津代（よしとみ　しづよ）　[第9章2節，資料2翻訳]
京都大学大学院人間・環境学研究科博士後期課程修了，博士（人間・環境学）
現在，大阪大学グローバルコラボレーションセンター特任准教授，
特定非営利活動法人多言語センターFACIL理事長，FMわぃわぃ代表理事
著書・論文等
『現代地域メディア論』（共著），日本評論社，2007年
『多文化共生社会と外国人コミュニティの力』現代人文社，2008年
『グローバル社会のコミュニティ防災』大阪大学出版会，2013年

魚住真司（うおずみ　しんじ）　[第11章]
州立ハワイ大学大学院修士課程修了，修士（コミュニケーション）
現在，関西外国語大学外国語学部准教授
著書・論文等
『「知る権利」と「伝える権利」のためのテレビ──日本版FCCとパブリックアクセスの時代──』（共編著）花伝社，2011年
「FCC規則に対する司法審査申立──放送フラグをめぐるALA v. FCC──」『同志社法学』360号，2013年

サルヴァトーレ・シーフォ（Salvatore Scifo）　[第13章]
シエナ大学コミュニケーション学科修士課程修了
現在，コチ大学講師，2013年より研究員（COSMICプロジェクト）
著書・論文等
（共編）"Community media – The long march," *Telematics and Informatics*, 27（2），2010
（共著）*The Alternative Media Handbook*, Abingdon and New York: Routledge, 2007

近藤薫子（こんどう　かおるこ）　[第13章翻訳]
ウェストミンスター大学大学院博士課程修了，博士（コミュニケーション；メディア研究）
現在，ウェストミンスター大学，カンタベリークライストチャーチ大学非常勤講師
著書・論文等
「ロンドン駐在員家庭における子供向けグローバルメディア」『慶応大学メディア・コミュニケーション研究』No. 58, 2008年
"Research methods used in studying media consumption and children' in a diaspora: a case of Japanese families in London," in Rydin and U. Sjöberg (eds.), *Mediated Crossroads: Identity, youth culture and ethnicitiy*, Nordicom: Göteborg, 2008

小川明子（おがわ　あきこ）　[第15章]
　　東京大学大学院人文社会系研究科社会情報学専門分野博士後期課程中退
　　現在，名古屋大学大学院国際言語文化研究科准教授
　　著書・論文等
　　『メディアリテラシー・ワークショップ』（共著），東京大学出版会，2009年
　　「物語を紡ぎ出すデジタル・ストーリーテリング──メディア・コンテ・ワークショップの試み──」（共著）『社会情報学研究』14（2），2010年

須本エドワード豊（すもと　えどわーど　ゆたか）　[第16章]
　　ジョージタウン大学卒業
　　現在，在大阪英国総領事館，西日本担当科学技術担当官

宗田勝也（そうだ　かつや）　[第17章，終章2節]
　　同志社大学大学院総合政策科学研究科博士後期課程修了
　　現在，難民ナウ！代表，世界コミュニティラジオ放送連盟（AMARC）日本協議会メンバー，日本UNHCR-NGOs評議会（J-FUN）会員，龍谷大学・神戸親和女子大学非常勤講師
　　著書・論文等
　　『誰もが難民になりうる時代に──福島とつながる京都発コミュニティラジオの問いかけ──』現代企画室，2013年
　　（共著）*Too See Once More the Stars -Living in the Post-Fukushima World*, The New Pacific Press

池田悦子（いけだ　えつこ）　[資料1]
　　龍谷大学大学院経済学研究科修士課程修了
　　現在，特定非営利活動法人JIPPOスタッフ
　　著書・論文等
　　「講義への民際学的手法導入のこころみ」（共著），『龍谷大学経済学論集』47（5），2008年

《編著者紹介》

松浦さと子（まつうら　さとこ）
　　名古屋大学大学院人間情報学研究科（情報科学研究科に改組）後期課程修了，
　　博士（学術）ウエストミンスター大学客員研究員を経て
　　現在，龍谷大学政策学部教授
　　著書・論文等
　　『新版　パブリック・アクセスを学ぶ人のために』（共著），世界思想社，2006年
　　『非営利放送とは何か──市民が創るメディア──』（共編），ミネルヴァ書房，
　　2008年
　　『英国コミュニティメディアの現在──「複占」に抗う第三の声──』書肆クラルテ，2012年

川島　　隆（かわしま　たかし）
　　京都大学大学院文学研究科博士後期課程研究指導認定退学，博士（文学）
　　現在，京都大学文学部准教授
　　著書・論文等
　　『非営利放送とは何か──市民が創るメディア──』（共著），ミネルヴァ書房，
　　2008年
　　『ネット時代のパブリック・アクセス』（共著），世界思想社，2011年

　　　　　　コミュニティメディアの未来
　　　　　　──新しい声を伝える経路──

| 2010年3月30日　初版第1刷発行 | ＊定価はカバーに |
| 2013年10月15日　初版第2刷発行 | 表示してあります |

	編著者	松浦さと子 ⓒ
		川島　　隆
編著者の了解により検印省略	発行者	川東　義武
	印刷者	河野　俊昭

　　　　　　発行所　株式会社　晃洋書房
　　　　　　〒615-0026　京都市右京区西院北矢掛町7番地
　　　　　　　　　電話　075 (312) 0788番(代)
　　　　　　　　　振替口座　01040-6-32280

ISBN978-4-7710-2150-1　　印刷・製本　西濃印刷㈱

JCOPY　〈(社)出版者著作権管理機構　委託出版物〉
本書の無断複写は著作権法上での例外を除き禁じられています．
複写される場合は，そのつど事前に，(社)出版者著作権管理機構
（電話 03-3513-6969, FAX 03-3513-6979, e-mail:info@jcopy.or.jp)
の許諾を得てください．

小黒 純・李 相哲・西村敏雄・松浦哲郎 著
超入門ジャーナリズム
――101の扉――

A5判 222頁
定価 2,205円

リムボン・東自由里・大津留(北川)智恵子・出口剛司・吉田友彦 共著
躍動するコミュニティ
――マイノリティの可能性を探る――

A5判 212頁
定価 2,730円

広原盛明 著
日本型コミュニティ政策
――東京・横浜・武蔵野の経験――

A5判 518頁
定価 5,040円

見上崇洋・森裕之・吉田友彦・高村学人 編著
地域共創と政策科学
――立命館大学の取組――

A5判 330頁
定価 4,410円

大阪市立大学大学院創造都市研究科 編
創造の場と都市再生

A5判 232頁
定価 1,995円

小長谷一之・福山直寿・五嶋俊彦・本松豊太 著
地域活性化戦略

A5判 304頁
定価 2,835円

中谷常二・渡辺広之 編著
まちづくりの創造
――ソーシャル・コミュニケーションと公益ビジネスの視点から――

四六判 220頁
定価 2,730円

三好皓一 編著
地域力
――地方開発をデザインする――

A5判 232頁
定価 2,415円

織田直文・鈴木好美・廣川桃子 著
京都・山科 まちづくり物語
――産公民学際連携型まちづくりへの挑戦――

四六判 230頁
定価 2,310円

=============== 晃 洋 書 房 ===============